전자항법과 GPS

전자·위성항법의 이론과 실무

전자항법과 GPS

전자·위성항법의 이론과 실무

2022년 12월 20일 초판 인쇄
2022년 12월 25일 초판 발행

지은이 | 고광섭 · 최창묵 · 김득봉 · 이홍훈 · 오성원
펴낸이 | 이찬규
펴낸곳 | 북코리아
등록번호 | 제03-01240호
전화 | 02-704-7840
팩스 | 02-704-7848
이메일 | ibookorea@naver.com
홈페이지 | www.북코리아.kr
주소 | 13209 경기도 성남시 중원구 사기막골로 45번길 14
　　　우림2차 A동 1007호
ISBN | 978-89-6324-895-0 (93560)

값 29,000원

전자 · 위성항법의 이론과 실무

전자항법과 GPS

고광섭 · 최창묵 · 김득봉 · 이홍훈 · 오성원 공저

북코리아

머리말

    현대의 인류는 미국의 전 세계 위성항법 시스템인 GPS는 물론 중국의 Bei-DOU(일명 COMPASS), 러시아의 GLONASS 및 유럽연합의 GALILEO 시스템 등에서 제공하는 고정밀 항법 정보를 지구 전역에서 사용할 수 있다. 이와 같은 항법정보 서비스를 위해 현재도 100여 개의 항법위성이 지구 상공에서 작동 중이며, 한반도 상공에서도 20여 개의 항법위성을 상시 관측할 수 있다. 위성항법 수신기만 있으면 언제 어디서나 누구라도 과거와는 비교도 할 수 없을 만큼 정밀해진 3차원 위치정보, 속도 및 시각 정보를 얻을 수 있는 시대가 된 것이다. 따라서 현대의 위성항법 정보는 4차 산업 시대의 과학기술 시대를 맞아 민간 및 군사 영역 모두에서 핵심 요소가 되었다.

    인공위성항법도 큰 틀에서는 전자항법에 속한다. 전자항법 시스템은 20세기 초 중파 무선항법 방향탐지기 개발이래 현대의 GPS, BeiDOU, GLONASS 및 GALILEO 등 전 세계 인공위성항법 방식이 범용의 전자항법 시스템으로 발전하기까지는 100여 년의 시간이 걸렸다. 100여 년 동안 레이더를 비롯한 많은 전자항법 시스템이 각 시대의 최첨단 과학기술에 힘입어 선진국 주도로 군사용 목적으로 개발되어, 군과 민간용 선박과 항공기의 항법용 계기로 널리 사용되었다. 그럼에도 불구하고 현재는 레이더를 제외하고 대부분 역사 속으로 사라진 상태다. GPS를 비롯한 전 세계 인공위성항법(GNSS) 시스템이 전자항법 시스템의 '게임

체인저'로 부상했기 때문이다.

우리나라에서 전자항법 시스템 활용도가 가장 많은 분야는 선박항해 분야였던 관계로, 과거 전자항법 교육이나 연구도 해양계 대학이나 연구 기관에서 활성화되었다. 그러나 인공위성 항법 시스템이 선박, 항공기, 자동차, 통신, 물류 등 산·학·관·군 모든 분야에서 핵심 요소로 떠오르면서 연구의 방향이나 주도 그룹도 크게 변했다.

본 서적은 40여 년 가까이 GPS를 연구하고 전자항법 강의를 해온 필자와, 실무와 교육현장에서 경험이 많은 항법 전문 교수들이 중지를 모아 저술된 전자·인공위성 항법 책이다.

이 책은 마땅한 전자항법·인공위성 항법 기본 서적을 찾기 힘든 우리나라 현실을 고려하여 아래와 같은 점에 중점을 두고 저술했다.

첫째, 항해, 해양, 항공, 통신, 교통 등의 산업 및 군 관련 종사자들의 기본 지식을 함양하는 데 도움이 되도록 했다.

둘째, 항법의 기초부터 지상파항법, 인공위성항법, 응용 단계까지 차례로 이해할 수 있도록 고려했다.

셋째, DPS(동적위치제어 시스템), ECDIS(전자해도정보표시장치) 및 수중위치 결정 방식을 포함했다.

넷째, 독자들의 선행 지식 및 사용 목적에 따라 산업현장, 학교 및 연구기관 등에서 선택적으로 활용할 수 있도록 고려했다.

이 책은 총 15장으로 구성되었으며, 제1장부터 제3장까지 항법의 기초, 제4장부터 제5장까지 전자항법의 기본 이론, 제6장부터 제7장까지 레이더의 기본 이론과 성능, 제8장에 지상파항법 방식, 제9장부터 제13장까지 GPS/GNSS, DGPS/DGNSS 기본원리와 응용, Beidou, GLONASS, GALILEO 및 QZSS, MSAS 등을 다루었다. 제14장에는 ECDIS, 제15장에는 DPS 시스템을 수록했다.

아무쪼록 본 서적이 전자항법을 공부하는 많은 분들에게 유익한 도움이 되기를 기원한다. 끝으로 본 서적 편집과 출판에 적극적인 협조를 해주신 북코리아 관계자 분들께 깊은 감사의 말씀을 드린다.

2022년 12월
대표저자 고광섭

목차

제3장　지구, 위치좌표 및 측지계

제4장　전파의 기본 이론 및 안테나

제5장　전파를 이용한 위치측정 원리와 항법시스템의 오차

제6장 레이더 원리

제7장 해상에서의 레이더의 성능

제8장 지상파 항법 방식

제9장 인공위성항법 GNSS 및 GPS

제10장 GPS의 위치결정 원리와 오차

제11장 GPS의 위성의 신호 변조 및 복조

제12장 중국·러시아·유럽 등의 GNSS

제13장 DGPS와 DGNSS 시스템

제14장 ECDIS와 ENC

제15장 동적위치결정(DP) 시스템의 원리와 응용

부록

제1장

항해학이란
무엇인가?

1. 과거와 현재의 항해학 개념

과거의 항해학은 바다에서 활동하는 배를 위주로 2차원 위치결정 및 방향을 주로 다루어 온 반면, 위성항법 출현 이후의 항해학은 선박은 물론 자동차, 비행기 등에서 3차원 위치결정, 방향, 실시간 속력 및 시간까지 다루고 있다. 더욱이 미국의 GPS를 비롯한 전 세계 위성항법 GNSS 응용 기술은 이동통신 및 인터넷 기술 등과 더불어 21세기 정보화 시대를 선도하는 첨단 응용과학 기술로 발전했다.

Navigation이란 단어는 라틴어 중 배를 의미하는 navis와 움직임을 의미하는 agere에서 유래되었다. 그리스어에서 유래된 nautics 또한 같은 의미이다. Navigation 기술서 또는 교재의 원조격인 "the Aamerican Practical Navigator"는 함정 또는 로켓 등이 한 곳에서 다른 한 곳으로의 움직임을 계획하고 기록하고 통제하는 과정에서 파생되는 기술 또는 학문을 "Navigation"이라 정의하고 있다. 또한, 우주 내에서 어떤 운동을 하려고 하면 일정한 점으로 가겠다는 의도에 개념을 두고, Navigation을 그 점에 도달할 수 있는 방법과 운동을 하는 일로 정의하기도 한다. 현대적 의미의 Navigation이란 넓게는 선박, 자동차, 항공기, 우주선 및 미사일 등의 이동체를 어떤 위치에서 다른 위치로 이동시키는 과학기술 즉, 학문을 말하며, 우리말로는 항해학, 항법학 및 항법이라 부르고 있다. 근래에는 "내비게이션"이라는 표현이 광범위하게 사용되고 있다(이하 항법, 항해학 및 내비게이션을 혼용하기로 한다).

위치결정이 하나의 점을 결정하는 데 반해 항해학은 위치결정을 포함하여 2차원 또는 3차원 공간에서 운용되는 어떤 대상이나 이동체의 이동을 다루게 됨을 주목해야 한다.

최근 자동차에 많이 탑재되어 광범위하게 사용되는 내비게이션 장비에 대한 표현이 잘못되고 있는 경우가 많다. 즉, 자동차에 내비게이션을 달았다, 내비게이션 판매라는 표현 등은 올바른 표현이라고 볼 수 없다. 이 경우 "내비게이션 장비(Navigation Equipment)" 또는 "위성항법장비"라고 부르는 것이 더 타당하다.

2. 항해학의 문제와 기본용어

1) 항해학의 기본문제

항해학이 선박, 항공기, 자동차 등 어떤 시스템에서 적용되든지 아래의 몇 가지 기본문제를 해결할 수 있어야 한다.

첫째, 어떻게 위치를 결정할 것인가?
둘째, 한 위치에서 다른 위치로 이동하는 데 필요한 방향을 어떻게 결정할 것인가?
셋째, 이동할 때의 거리, 속력 및 시간을 어떻게 측정할 것인가?
넷째, 각종 항법정보들을 어떻게 표시할 것인가?

상기 기본문제에서 가장 근본적인 문제는 현재의 위치를 결정하는 일이다. 현재의 위치를 알지 못하면 의도하는 목적지에 도착할 수 없기 때문이다.

2) 위치

위치는 인위적 좌표를 기준으로 하여 정의되는 점 또는 식별할 수 있는 장소를 의미한다. 하나의 위치는 명확히 정의된 좌표계 안에서 좌표의 집합으로 주어지며, 이러한 좌표계는 좌표축의 방향과 원점에 대한 정의가 있어야 한다. 하나의 위치를 구하는 과정을 위치결정(Position Determination)이라 부르고, 보통 Positioning 이라고도 한다. 위치결정은 절대위치 결정방식과 상대위치 결정방식이 있다.

3) 방향

방향이란 입체적이 될 수도 있고 해상방법에서 자주 사용되는 바와 같이 수평면에 있어서의 평면적이 될 수도 있다. 방향은 항해사(또는 항해 장비를 운용하는 사람)로 하여금 그가 있는 곳에서 그가 가고자 하는 곳으로 침로를 결정하게 하고, 그 목적지로 갈 수 있게 하는 위치 사이의 관계를 말한다. 위치 사이의 방향은 각 거리로 측정되며 각 거리는 극좌표 제도의 기준을 사용하여 호의 돗수로 표시된다. 보통 사용하는 기준은 진북이다. 그러나 이 책에서 다른 기준을 사용하는 때도 있을 것이다. 이에 대하여는 뒤에서 설명하기로 한다.

4) 거리

거리는 방향에 관계없이 두 위치가 공간적으로 떨어진 것을 말한다. 거리는 두 점을 연결하는 지구 표면 상의 선의 길이를 "마일", "미터" 또는 "야드" 등의 단위로 측정되는 것이 보통이다.

5) 속도

속도는 한 점에서 다른 점으로 항행하는 데 있어서 달린 거리의 시간율을 말하며 매 시간당 거리로 표시된다. 위치와 방향을 결정하는 데는 세 요소 즉, 거리, 시간, 속도의 상호관계를 잘 알고 있으면 지구상의 한 지점에서 다른 지점으로 선박이나 항공기 등을 이동시키는 문제를 해결할 수 있다.

6) 항로와 유도

위치결정이 "어디에 있는가?"를 의미하는 반면, 항로 결정이란 "어디를 가는

가", "어떻게 가는가?"에 대한 문제이며, 항로 유도는 정해진 목표로 항로를 적절히 안내하는 것을 말한다.

3. 위치결정 방식의 유형

위치결정 방식 구분은 외부로부터 신호 입력 없이 위치결정을 자력으로 할 수 있느냐 없느냐에 달려 있다. 외부로부터의 신호 입력이란 지상 또는 송신국에서 발사되는 전파신호 입력을 의미한다. 이러한 관점에서 본다면 지구물리 또는 천체물리를 응용한 지문항법, 천문항법 또는 관성항법 등은 자력 위치결정 방식, 위성항법과 기타 전파항법 등은 비자력 위치결정 방식이라 볼 수 있다.

각각의 위치결정 방식은 시대에 따라 또는 사용분야에 따라 다르지만 현대적 개념의 위치결정 방식은 높은 정밀도는 물론, 자동화 및 정보화 등에 부합하여야 한다.

4. 항해(항법) 기술의 유형

항해기술의 유형은 크게 자동항법 기술과 비자동항법 기술로 구분할 수 있다. 외부로부터 항법정보 지원이 없이 독자적으로 임무수행을 가능케 하는 기술을 자동항법 기술이라 한다. 자동항법 기술은 자력 위치결정 방식과 비자력 위치결정 방식 모두에서 얻은 위치 정보를 사용할 수 있다. 반면에, 비자동항법 기술은 외부

전자항법과 GPS: 전자·위성항법의 이론과 실무

로부터 통신 체계에 의해 지원받은 항법정보에 의존한다. 토마호크 미사일에서 응용되는 항법시스템은 자력 위치결정을 할 수 있는 관성항법 장비와 비자력 위치결정 방식인 GPS 위성항법 수신기 정보를 이용하여 자동적으로 항법문제를 해결할 수 있는 자동항법 기술의 유형이라 할 수 있다. 또한, 위치정보, 속도정보 및 방향정보 등을 동일 운용 시스템 내부의 각 장치에서 구하여 자동적으로 항법문제를 해결할 수 있는 항법시스템도 자동항법 기술의 유형으로 포함시킬 수 있다. 반면에, 항만이나 공항에 접근하는 선박이나, 항공기가 관제소에서 보내온 항법정보를 이용하여 항행을 할 경우는 비자동항법 기술의 유형이라 볼 수 있다.

5. 측량과 내비게이션

측량과 내비게이션은 상호 유사한 부분이 많다. 각각의 특징으로는 측량은 높은 수준의 위치정밀도가 요구되는 반면, 내비게이션에 필요한 위치정밀도는 측량에서 필요한 정도보다 다소 낮아도 무방하나, 실시간으로 위치정보가 제공되어야 하는 특징이 있다. 최근 위성항법 기술의 발달로 인하여 실시간 고정밀 위치정보를 얻을 수 있는 장비들이 시판되고 있다.

6. 항법시스템의 기본 파라미터

항법시스템의 기능 수행은 항법시스템 설계 또는 운영 측면에서 몇 가지 중요한 파라미터 충족 여건에 따라 평가된다. 이에 대한 대표적인 것들을 보면 다음과 같다. 다음은 미합중국 전파항법계획서에서 제시한 주요 내용들이다.

사용가능구역(Coverage)

사용자가 항법시스템이 제공할 수 있는 수준의 정밀도로 위치결정을 할 수 있는 표면적 또는 입체적 영역을 의미하며, 항법시스템 구성의 기하학적 배치, 신호의 강도, 수신기 감도, 대기의 잡음 상태 등에 영향을 받는다.

정확도(Accuracy)

항법시스템이 제공하는 정확도는 측정되거나 예측된 값과 실제값 사이의 오차를 말하며, 주로 주어진 값의 확률을 반영하는 신뢰도와 함께 통계적인 의미를 갖는다. 대부분 95% 또는 그 이상의 신뢰도가 사용된다.

이용도(Availability)

항법시스템의 서비스 가능시간을 백분율로 나타낸다. 즉, 특정한 구역 내에서 항법시스템이 제공할 수 있는 능력 표시의 수치라 할 수 있으며, 전파를 이용한 항법시스템의 경우 신호이용도라고 볼 수 있다. 이용도는 전파 송수신 환경의 물리적 특성과 기술능력에 영향을 받는다.

신뢰도(Reliability)

내비게이션 시스템이 주어진 시간 동안 주어진 조건에서 실패 없이 작동될 수 있는 확률을 말한다.

지속성(Continuity)

내비게이션 시스템이 지속적으로 작동될 수 있는 능력을 말하며, 보통 내비게이션 작동 시작 단계에서부터 지정된 목표의 임무수행을 지속할 수 있는 확률을 의미한다.

무결성(Integrity)

항법시스템을 사용자가 이용하지 말아야 할 때를 알려주는 일종의 경고능력을 의미한다. 여기에는 경고시간, 최대허용오차 및 경고주기 등 필요한 정보들이 포함된다.

수용력(Capacity)

항법시스템을 동시에 사용할 수 있는 사용자 수를 의미한다.

차원(Dimension)

항법시스템이 제공할 수 있는 위치정보(종종 위치정보 외의 정보도 포함)가 몇 차원 위치정보인가를 의미한다. 최근의 위성항법 시스템 이전의 항법시스템은 대부분 2차원 위치정보를 제공했으나 요즈음의 위성항법 시스템은 3차원 이상의 정보(3차원 위치정보, 시간, 속도 등)를 제공할 수 있다.

위치 측정률(Update Rate)

단위 시간에 독립적으로 측정된 위치의 수로 정의된다.

7. 항해학의 분류

1) 위치정보 전달매체에 의한 분류

광파항법(Light Wave)

광파는 주로 고정된 육상의 두 지점 사이의 측량에 사용되며, 광파를 만드는 광원으로 레이저, 발광 다이오드 등이 있다. 이러한 인공적 빛을 이용한 거리 및 방향 측정 방식을 광파항법으로 볼 수 있으며, 태양빛, 달빛 및 별빛 등의 자연광을 전달 매체로 한 지문항법과 천문항법도 광파항법으로 분류할 수 있다.

전파항법(Radio Wave)

현대항법의 주축을 이루는 항법방식이다. 마이크로파대, 초단파대, 중파 및 장파 등 전파를 위치정보 전달 매체로 한 모든 항법방식을 전파항법이라 한다. GPS, GLONASS, Beidou/COMPASS 및 GALILEO 등 인공위성 항법방식도 전파항법 방식에 포함된다. 통상적으로 말하는 인공위성 항법이란 전파를 발사하는 송신국이 우주공간에 떠 있는 위성이라는 점이 과거 대부분의 전파항법 송신국이 지구 표면 위에 있었던 것과는 크게 다르다.

전파항법과 전자항법은 개념상 차이가 있다.

즉, 전파항법이 위치정보 전달 매체에 중점을 둔 것이라면, 전자항법은 전자공학 기술에 중점을 둔 표현이다. 따라서 전자항법의 범위가 전파항법보다는 넓은 의미를 내포하고 있다. 즉, 관성항법, 소나항법 등을 전파항법이라 할 수 없지만 전자항법의 범위에 포함시킬 수 있다. 이러한 관점에서 본다면 인공위성 항법은 전파항법 또는 전자항법 어느 곳에도 포함시킬 수 있다.

음파항법(Supersonic Wave)

30~100KHz의 수중음파를 이용한다. 펄스파를 이용한 거리측정방식과 복수의 파원으로부터의 지속파의 위상을 비교하여 위치를 결정하는 방식이 있다. 소나는 대표적인 음파항법 방식이다.

2) 항법 적용장소에 따른 분류

항법은 전통적으로 오랜 기간 그 적용대상이 선박과 바다였다. 항공기 운항에 따른 항법 적용장소 확대에 이어 본격적으로 자동차와 육상에서 항법시스템을 사용하게 된 것은 2000년대 이후의 일이다. 자동차 항법과 육상 항법이라는 말이 보통 사람들에게도 낯설지 않게 된 것도 비교적 최근의 일이다. 따라서 항법시스템의 사용 장소 또는 사용 공간에 따른 유형에는 지상(육상)항법, 해양(수상 항법, 항공항법과 우주항법을 포함시킨다.

지상항법

지상에서 적용되는 항법에 관한 구체적인 정의는 없다. 통상적으로 수송과 비수송으로 분류가 가능하며, 수송은 도로와 철로, 항로, 비수송에는 비도로 항법, 농업, 긴급 상황처리, 극비 상황처리, 취미활동, 보도 항법, 기계의 유도, 로봇, 운동 측정, 환경 관찰 등의 응용분야가 있다.

해양/수상항법

해양/수상항법에는 네 가지 유형이 있다. 대양항법, 연안항법, 항구 접근 항법, 강과 같은 수상에서의 항법 등이 있다.

항공항법과 우주항법

항공항법에는 엔루트 항법, 종착지점에서의 항법, 접근과 착륙·이륙에 필요한 항법으로 구분되고, 이착륙의 경우 정밀과 비정밀 방법으로 분류되며, 3가지의 카테고리(CAT I, II, III)로 나뉜다. 우주항법은 지상 발사단계, 궤도진입 및 운항단계, 회수단계 등으로 구분된다.

3) 기타 항법 유형

위에서 분류한 방법 외에도 여러 측면으로 항법을 분류할 수 있다. 즉, 군사항법과 민간항법, 계측항법과 추측/목측항법 등 다양한 방법으로 구분할 수 있으며, 항법기술과 적용분야가 다양해짐에 따라 시대에 따른 새로운 방식의 분류도 가능해질 것으로 예측된다.

8. 사용자의 항법 정확도 요구수준 추세

현대 항법시스템 사용의 세계화 추세에 따라 항법시스템이 제공하는 정확도의 사용자 요구수준은 대체적으로 첨단 항법시스템 개발의 선도적 역할을 하고 있는 미국의 주정부에서 발행하는 미합중국 전파항법계획서를 참고하고 있다. 이책에서도 이들을 준용한다. 항법장치의 정확도는 사용자가 사용하려는 항법의 유형에 따라 다르지만, 항법 응용분야에 따라 주로 결정되는 경향이 있다. 즉, 대양과 항만에서의 사용자 요구수준은 다르다. 최근 사용자의 정확도 충족요건으로 항법시스템의 이용도는 거의 100%에 근접해야 하고, 항법서비스 범위와 항법시스템이 제공하는 위치정보의 차원은 응용분야에 따라 다르다. 예를 들어 우리나라 영역에서 운행하는 자동차, 선박 및 항공기의 경우 항법시스템의 서비스 범위는 우리나라 영역으로 제한하여도 무방할 것이나, 다른 나라를 왕래하는 선박이나 항공기에서 요구되는 서비스 범위는 세계적이어야 할 것이다.

9. 국제 항법기구 소개

　　관련 규정을 제정하고 준수여부를 관리감독 하는 등 국제적으로 활동하는 해양과 항공항법, 다양한 기구, 협회, 단체들이 있다.

　　대표적으로 항공항법에 관해서는 the International Civil Aviation Organization이 있고, 해양항법에서는 the International Maritime Organization, the International Hydrographic Organization이 있다.

　　우주항법은 미국의 the National Aeronautics ang Space Administration이나 the European Space Agency, 혹은 the Russian Space Agency가 있다.

　　이 외에도 the International Association of Institutes of Navigation, the International Association of Marine Aids to Navigation and Lighthouse Authorities, the International Telecommunication Union, the U.S. Federal Aviation Administration, European Organization for the safety of Air Navigation, the U.S. Coast Guard Navigation Center 등의 보다 많은 기구들이 있다. 우리나라의 경우 관련 기관에서 대부분의 국제기구에 회원국으로 가입하여 활동하고 있으나, 지상항법에 대한 국제적 기구의 권한과 구속력은 여러 가지 여건상 아직도 미흡한 관계로 이에 대한 우리나라의 국제적 활동 역시 활발하지 못하다.

제2장

항해학의 역사

1. 개요

전통적으로 항해학은 선박의 항해에 국한된 응용과학으로 인식되어 왔으나, 오늘날의 항해학은 선박, 자동차, 항공기 및 우주선의 항행까지를 다루는 학문으로 변해가고 있다. 또한, 인간이나 생물체가 시각, 감각 및 지각 등을 갖고 보금자리를 찾거나 먹이를 찾아 목표지점을 찾아 이동하는 행위, 또는 이러한 자연적인 동작을 인공적으로 수행하게 하는 최근의 과학적 시도 역시 항해학의 한 분야로 보는 것도 무리가 아니다. 더욱이 현대의 첨단무기체계 운용의 성패는 인공위성 항법시스템의 성능에 달려 있다고 해도 과언이 아니다. 이와 같은 현대의 항해학의 역할과 발전은 인류의 과학발전과 역사를 같이해 왔다. 이 장에서는 항법장치 또는 시스템 개발과 사용역사를 살펴봄으로써 전자항법을 공부하고자 하는 분들의 이해를 돕고자 한다.

2. 항해학의 기원

고대시대부터의 항해에 대한 신뢰성 있는 자료는 흔하지 않다. 항법 장비가 개발되지 않던 초기에는 시각항법이 사용되었다. 항해사들은 해도가 없는 바다에서 항해하기 위하여 천체를 관찰해야 했다. 최초의 항해장비에 대해서는 역사에서도 아직 완벽하게 밝혀내지 못했으며, 아마 앞으로도 밝혀내지 못할 것으로 보인다. 거리 측정기구의 유래는 500미터 단위인 "리"로 측정하여 기록하는 중국의 북 운반 수레로부터 고안된 것으로 알려지고 있다. 이 고전적인 거리 측정기구는 톱니바퀴를 수레의 바퀴에 연결해서 1리마다 수레 위의 드럼을 때리고, 10리마다 종을 치게 했다고 한다. 기어원리에 기반을 둔 주행거리계의 또 다른 유래는 고대 중국의 전차가 남쪽을 가리키도록 한 것으로서, 당시 어떤 나침반도 발명되지 않던 3세기에 처음 보고되었다. 이 전차는 이미 기원전 2600년경 고대 중국의 황제에 의해 개발되었다고 한다. 이 전차는 회전평판 위에서 움직이는 팔 모양의 지시기가 이 전차 진행방향을 남쪽으로부터 가리킬 수 있었다고 전해진다. 또한, 중국에서는 기원전 2000년경 최초의 연안과 강이 표시되어 있는 지도가 있었다고 한다.

3. 헬레니즘 시대와 로마 제국

헬레니즘 시대는 기원전 4세기에서 기원전 1세기까지의 기간이다. 로마 제국은 초기 제국(B.C. 27 ~ A.D. 284)과 후기 제국(A.D. 285~476)이 있다. 기원전 4세기경 Helaclides는 지구 안쪽에 있는 행성들이 태양 주위를 회전하고 있으며, 지구 또한 지축에 의해 회전하고 있다고 추측했다. 1세기 후에 그리스의 천문학자 Aristarchus는 지구가 지축을 중심으로 회전하고 있으며, 다른 행성과 마찬가지로 태양을 중심으로 회전하고 있다고 주장했다. 그의 아이디어는 2,000년 후에 Nicolaus Copernicus에 의해 제안된 지동설 제창에 큰 영향을 주었다.

기원전 3세기에 Eratosthenes는 지구의 원주를 처음으로 산정한 측지학자로 유명하다. 기원전 100년경 Alexandria의 영웅이며 로마의 건축가인 Vitruvius는 주행거리계에 대하여 매우 상세한 소개를 했다. 이 주행거리계의 거리측정은 직경을 알고 있는 바퀴의 회전수를 측정함으로써 가능했다.

항법의 역사를 통해 지도는 하나의 도전적인 연구 주제가 되었다. 기원전 225년경에 Eratosthenes는 일찍이 해시계 바늘의 그림자 길이를 측정하여 위도를 구하는 계산기를 발명한 Pytheas의 관찰결과에 기반을 둔 지도를 만들었다. 기원전 2세기경 Hipparchus는 위도와 경도 시스템을 제안했다. Claudius Ptolemaeus라 불리는 Ptolemy(A.D. 100~160 추정)는 350년 후에 첫 세계지도를 만들었다. 위대한 수학자 Ptolemy는 유명한 Almagest(Ptolem의 천문학서)를 썼고 내비게이션 계산 문제에서 많이 다루어지는 구면 삼각형의 특징을 조사했다.

4. 중세시대와 15~16세기

시각에 의한 추측 항법은 12세기에서 13세기로 넘어가는 시기에 발명된 자기나침반에 의해 활성화되었다. 자기나침반은 중국과 이탈리아에서 각각 독립적으로 개발되었으며, 중국 나침반은 기준방향을 남쪽, 이탈리아 나침반은 북쪽을 가리키도록 했다. 해양활동을 하는 사람들에 의한 천체에 있는 물표의 고도를 측정하는 최초의 기구는 레오나르도 피보나치(1180~1250)에 의해 유럽에 소개된 사분의라는 기구가 있었다. 15세기경에는 천문학자들이 수학과 투영법을 이용하여 정교한 천체관측 기구들을 개발했는데 육분의로 대체될 때까지 300년을 넘게 사용되었다.

배의 속력을 기록하는 것은 뱃머리로부터 나무의 큰 조각이나 통나무를 던져서 해결하게 되었다. 배 길이를 통과하는 데 걸린 시간을 바로 속력으로 나타냈다. "log"란 본래 항해사들이 거리나 속력을 측정하는 용어로 사용했으며, 후에 좀 더 정확한 속력 표시를 위해 knots라는 단위가 붙여졌다. 오늘날까지 속력은 여전히 knots단위로 측정된다(1 knots= 1nautical mile per hour).

15세기와 16세기는 순항의 시대였다. Christophler Columbus(1451~1506)는 1492년에 아메리카를 발견했다. 같은 해에 독일의 지리학자 Martin Behaim

(1459~1507)은 최초의 지구의를 만들어 냈다. Amerigo Vespucci(1451~1512)는 남아메리카의 동쪽 연안을 발견했으며, 포르투갈의 Ferdinand Magellan (1480~1521)은 남아메리카를 향해 항해를 시작했다. 항해 당시 Magellan은 해도, 지구의, 경위의, 사분의, 나침반, 자침, 모래시계 그리고 배를 후진시킬 통나무 등을 갖추었다. 1520년경에 Magellan은 그의 이름이 붙여진 해협과 태평양에 들어갔다. Magellan은 필리핀 원주민에 의해 살해되지만 부선장인 Juan Sebastian de Elca-no(1487~1526)에 의해 Victoria호는 항해를 계속했고, 지구를 최초로 일주한 배가 된다.

항법 문제를 해결하는 데 중요한 수학적 발명으로는 점장도법, 구면 삼각법, 대수학이 있다. 지도 제작자이자 지리학자인 Gerhard Kremer(1512~1594), 라틴어로 Mercator라 불리는 사람이 지구를 평면에 투영하는 투영법을 고안했으며, 19세기에 이르러 Carl Friedrich Gauss(1777~1855)가 투영법에 대한 일반적인 이론을 정립했다.

5. 17세기와 18세기

삼각함수는 측량, 건축학, 천문학 등으로부터 발전되었는데, 천체 삼각형에 대한 법칙은 John Napier(1550~1617)에 의해 이론 정립이 되었다. 1600년경 유럽에서는 새로운 과학발명의 전환점을 맞는다. Johanannes Kepler(1571~1630)는 행성에 대한 3법칙을 연구하여 1609년 2개의 법칙을, 10년 뒤 제3법칙을 발표 했다. 이탈리아 물리학자 겸 천문학자 Galileo Galilei(1564~1642)는 기계에 대한 힘, 모멘텀, 관성의 이론 정립과 목성을 발견했다. Issac Newton(1642~1727)은 중력의 법칙에 근거한 운동의 법칙을 제안했다. 그는 그의 이론과 Kepler 법칙의 상호 연관에 대하여 입증했고, 지구, 태양 그리고 목성에 대한 질량을 추정했으며, 지구 회전체에 대하여 이론 정립을 했다.

수 세기 동안 시간 측정을 충족시켜야 하는 경도에 대한 결정은 미결 상태로 남겨졌으나 네덜란드 물리학자 Chritian Huygens(1629~1695)가 주동이 되어 지상의 경도 결정에 선구자적 역할을 했다. 한편, 영국에서는 바다의 경도 발견이 정치적 이슈로 되어 1765년 6월 22일 그리니치 천문대를 창설하게 되며, 경도 발견에 대한 대대적인 시상식이 거행되었다. 결국, 경도 측정용 초정밀 시계인 크로노미터 발견의 공로로 John Harrrison(1693~1776)이 당시 천문학자들의 연봉의 200배에 해당하는 거액의 부상을 영국 의회로부터 받은 대표적 인물이 되기도 했다. 오랜 기간의 경도에 대한 연구결과는 1884년 워싱턴에서 개최된 국제 기준 자오선 관련 국제회의에서 결실을 얻었다. 이 회의에서 영국의 그리니치를 통과하는 자오선을 기준자오선으로 정했고, 아울러 그리니치 평균시간을 다른 지역 시간대를 구하는 데 기준시간으로 하기로 했다. 이러한 계기와 크로노미터와 육분의 등의 항법 기구들의 도움으로 천문항법 활용의 본격적인 전환점을 맞는다. 모든 항해사들에게 현재까지도 육분의와 크로노미터 등은 중요한 항법계기로 다루어지고 있다.

6. 19세기부터 21세기까지

19세기 초 전기와 자기에 대한 과학자들의 연구와 학문적 발전으로 인하여 항법 발전에도 새로운 전환점을 맞는다. 이탈리아 물리학자 Alessandro Volta(1745~ 1827)에 의한 최초의 건전지 개발, 영국의 물리학자이자 화학자인 Michael Faraday(1791~1867), 프랑스의 물리학자 Andre Marie Ampere(1775~1836)에 의한 전기장과 자기장 연구는 James Clerk Maxwell(1831~1879)에 의한 Maxwell 방정식 발견으로 이어진다. Maxwell 방정식을 기초로 독일의 물리학자 Heinrich Rudolph Hertz(1857~1894)가 전파를 발생시키는 장치를 발명함으로써 항법에도 전파라는 새로운 매체를 사용할 수 있는 길이 열렸다. 1840년 Henry Raper는 *Practice of navigation and nautical astronomy*라는 유명한 책을 출간했다. 1920년경에는 항공기에서 사용 가능한 육분의가 개발되기도 했다.

1) 자기나침의, 회전의, 회전나침반

배에서 철을 함유하는 물질로 인한 자기나침의의 자차는 16세기 항해사 Joao de Castro가 처음으로 언급했다. 수학자 George Airy(1801~1891)는 자차 문제에 관심을 갖고 배에 영구 자성이 존재한다는 것을 유도했다. 하지만 영구자성은 훨씬 더 효력이 강해 보정이 필요하게 되었다.

자이로라는 말은 본래 자이로스코프 또는 자이로컴퍼스의 약어로 통용되고 있으나, 자이로스코프와 자이로컴퍼스에 대한 의미를 분명히 해둘 필요가 있다. 자이로스코프는 고속으로 회전하는 회전반으로 구성되어 있으며, 회전반은 회전축이 모든 방향으로 자유롭게 회전할 수 있고 부속 부품과 장치들의 움직임과는 별도로 공간에서 항상 절대적인 방향을 유지할 수 있도록 되어 있다. 자이로컴퍼스는 위도와 움직이는 기구의 속도에 적응하면서 지구 표면을 따라 진북을 가리키는 자이로스코프 로터를 보유하고 있는 항법 컴퍼스이다. Johann Gottlieb Friedrich Bohnenberger(1765~1831)가 만든 장치를 Gibert's Annalen이 1818년 발표한 것이 최초 자이로스코프 연구의 시작이다. Jean Foucault (1819~1868)는 자이로스코프 원리를 설명했고 이름을 정했으며, 2자유도를 갖는 자이로의 축은 공간에서 고정된 방향을 가리킨다는 것을 알아냈다. 1908년에는 자이로컴퍼스와 자이로로 진북을 찾으려는 시도가 있었다. Anschiitz-Kaempfe(1872~1931)와 A. Sperry(1860~1930)는 자이로컴퍼스 개발에 크게 기여한 사람들이다. 특히, 1914년

Sperry의 아들 Lawrence는 자동조종장치인 "airplane stabilizer(비행자동안정장치)"를 고안했다. 최초의 관성항법 시스템은 1920년에 연구가 시작되어 1963년 항공기에서 공식적으로 사용되기 시작했으며, 잠수함 및 군사 무기체계 등에서 활용되고 있다.

2) 자동차항법

전 세계에서 자동차 문화가 가장 잘 발달한 미국의 교통안내와 자동차 내비게이션에 대한 역사적 흐름을 살펴보는 것은 흥미로운 일이다. 1895년 미국의 도로지도가 출판된 이래 1900년경 유적지, 명승지 및 주요거리에 대한 방향을 화살표로 표시했으며, 이어서 주요지역의 숙박소, 식당, 주유소, 가스 저장소, 타이어 판매점 같은 여행자를 위한 편의시설 등을 지도에 표시했다.

1910년 이후 미국에서는 거리나 방향을 측정할 수 있는 기계적인 항법 장치들을 선보이게 되었다. 최초의 전자부품으로 구성된 자동차용 합법방식은 2차 세계대전 중 미 육군에 의하여 개발되었다. 이 장치는 적절한 스케일의 지도위에 차량궤적이 자동으로 표시되는 주행기록계의 한 종류였다. 이 장치는 주행거리계와 마그네틱 컴퍼스를 결합하여 구성되었으며, 군용차량의 위치를 표시하는 데 사용되었다.

현대적 개념의 ITS(Intelligent Transportation System)는 1960년대 말경 미 중앙정부 도로 관련 기관들이 선도적으로 도입하여 운전자들에게 보다 과학적인 도로정보를 제공하기 시작했다. 디지털 지도 제작기술과 마이크로프로세서의 발전은 미국의 차량 항법장치 발전에 큰 영향을 끼쳤다. 1970년대 초 시제품이 소개되면서 차량 항법장치는 디지털 지도를 갖추었고 보다 더 편리한 방법으로 운전자들에게 도로 정보를 제공할 수 있도록 발전되었다.

1980년대에는 차량 항법장치에 CD-ROM을 장착했고, 컬러 화면에 정보를 표시했으며, 1990년대에는 GPS 수신기를 장착한 오늘날의 자동차 항법장치가 소개되기 시작했다. 1990년 초부터 실용화되기 시작한 차량 항법장치의 개발은 미국, 유럽 및 일본 등의 자동차 회사 또는 전자회사들이 선도적 역할을 해왔다.

지금은 우리나라에서도 GPS 수신기를 탑재한 차량 항법장치들이 광범위 하게 시판되어 사용 중이다. 과거 선박이나 항공기 관련 직종에 종사하는 전문가들의 전유물로 여겨지던 항해 또는 항법장치들이 우리 일상생활에 빠르게 공급됨으로써 일반 사람들에게는 외래어인 "내비게이션" 또는 '내비게이션 장치'라는 말이 항법 또는 항해장치보다도 더욱 친숙해졌다.

3) 전파항법

방향과 거리탐지장치

전기와 자기 발견 이후 전파 발사를 위한 장치인 안테나의 발견은 오래 걸리지 않았다. Guglielmo Marconi(1874~1937)는 접지 안테나와 긴 수평 안테나를 발명 했는데, 1897년 그는 20km 떨어진 선박과 전파를 통해 의사소통을 했고, 1901년 대서양에서 전파 송수신 실험에 성공했다.

1910년 최초의 전파항법장치로 기록되고 있는 방향탐지장치(RDF: Radio Direction Finder)가 개발된 이래 1920년대 방향탐지장치와 무지향성 비이콘(NDB: Nondirectional Beacons)이 일반적으로 사용되었다. 이어서 방위와 거리로 항공기의 위치를 찾는 VOR(VHF Omnidirectional Range)과 DME(Distance Measuring Equipment)가 개발되었고, 1948년 ICAO(International Civil Aviation Organization)는 계기 착륙 시스템으로 ILS(Instrument Landing System)를 표준으로 채택했다. 1978년에는 MLS(Microwave Landing System)를 착륙 시스템으로 사용하기 시작했다. 1920년대 전파를 이용한 거리측정은 전리층 연구, 측량, 고도 측정 응용 및 연구의 원천이 되었다. 거리 측정은 송수신파의 위상차로 측정하거나 송수신 펄스 간의 시간차로 측정할 수 있다. 음극 오실로스코프는 레이더 발전에 중요한 이정표가 되었고, 1940년대 역사적인 마이크로파 시대의 장이 열리게 되었다. 2차 세계대전 이후 레이더는 함정에서 중요한 항법 및 탐지 장치로 사용되었다.

쌍곡선항법

VHF 신호를 사용하는 쌍곡선 전파항법 시스템인 영국 Gee system은 1942년에 이용되기 시작했으며, 장거리 쌍곡선항법방식인 LORAN-A 시스템이 1945년 미국에서 개발되어 항법 역사에 또 하나의 기록을 남겼다.

LORAN-A와 LORAN-B를 거쳐 Loran-C를 변형한 Loran-D는 군대에서만 사용되었으나 범용으로 사용되지는 못했고, 펄스파의 위상차 측정을 근간으로 하는 가장 널리 사용된 Loran-C 시스템은 1957년에 운영되기 시작했다. Soviet Union에서도 LORAN-C와 비슷한 전파항법 시스템인 Chayka 시스템을 개발하여 1970년대까지 사용되었고, 1980년대 우리나라, 일본, 러시아 등이 극동 아시아 쌍곡선항법 방식 전파 송신을 위한 국가 간의 시도가 있었으나 위성항법의 파급으로 인하여 활성화되지는 못했다.

1950년대 쌍곡선항법 시스템은 오메가와 데카 시스템 개발로 한층 발전됐다. 오메가는 5,000~6,000마일의 기선을 사용하여 1970년대 민간선박, 군함 및 항공기에서 핵심적인 전성기를 맞았다. 오메가 시스템의 역사적 의미는 전 세계에 8개의 송신국을 두고 10KHz대의 초저주파를 송신하여 지구 전역을 서비스 범위로 한 세계 최초의 글로벌 내비게이션 시스템이었다는 데 있다. 데카는 주로 위상차 기술을 이용하여 연안항해에 사용됐다. 두 시스템은 반세기 동안 사용되어 왔으나 위성항법의 발전으로 지금은 사용되지 않는다.

위성항법

구소련은 1957년 10월 4일 세계 최초의 인공위성 Sputnik 1호를 발사했다. 미국 과학자들은 도플러 효과를 이용하여 Sputnilk호의 궤도를 계산하는 데 성공했으며, 계산된 인공위성 도플러 변이 측정으로 수신자의 위치를 결정하는 데 사용될 수 있음을 알게 되었다. 1967년 Johns Hopkins 대학 물리학과 교수들에 의해 세계 최초의 인공위성 항법인 미 해군 위성항법 시스템(NNSS: Navy Navigation Satellite System)이 개발되어 군함을 비롯해 민간 선박 위주로 사용되었으나 고속 선박이나 항공기 및 미사일을 비롯한 군사 무기체계 등의 분야에서는 한계가 드러나 NNSS의 실용과 동시에 미군 종사자들로부터 새로운 위성항법 시스템 개발이 요구되었다. 구소련의 Tsikada 시스템도 거의 비슷한 시기에 개발되었으나 서방 세계에서는 거의 사용되지 못했다.

1974년부터 미국과 러시아에서 각각 새로운 위성항법이 군사적 목적으로 개발되기 시작하여 1995년 미국의 GPS, 1996년 러시아의 GLONASS 위성항법 시스템이 실용화되어 현재 널리 사용되고 있다. 다만, 몇 년 전만 해도 GLONASS의 경우 우주 공간에 러시아 내부의 경제적 이유로 인하여 위성항법 설계계획보다 적은 수의 항법위성이 공간에 배치되어 있어서 GPS만큼의 위력 발휘를 못해왔으나 현재는 모든 성능 측면에서 GPS와 비교해도 전혀 떨어지지 않는 수준까지 도달했다.

GPS와 GLONASS 두 시스템 모두 서비스 영역을 전 세계로 하고 있으며, 정밀한 3차원 위치정보, 시간정보 및 속도정보를 동시에 실시간으로 제공할 수 있다. 두 시스템 모두 군사적 목적으로 개발되었음에도 불구하고, 오늘날 정보화의 힘과 더불어 과거에는 상상도 못했던 우리 일상생활에서까지 위성항법 시스템이 널리 사용되고 있으며, 보통 사람에게도 내비게이션이라는 용어가 친숙하게 되었다. 현대의 위성항법은 사용구역이 전 세계이고, 위성항법 시스템에서 제공되는 정보의 활용 가치가 군사적, 외교적, 경제적으로 매우 중요하기 때문에 위성항법 시스템 운용을 국제 공동으로 공유할 수 없는 부분이 있다. 근래 유럽연합이 주관이 되어 공동으로 수행되고 있는 GALILEO 개발 동기는 이를 잘 대변해 주고 있다. 한편 최근에는 중국의 COMPASS 위성항법 시스템이 빠르게 발전하여 운용되고 있다. 일본 및 인도 또한 지역 위성항법 시스템도 운용되고 있다.

7. 항법시스템과 인공위성항법의 미래

인류 과학역사와 함께해온 항법시스템의 개발은 당대의 과학발전 수준, 새로운 세계에 대한 인간의 도전의지, 군사적 목적 등과 깊은 상관관계가 있다. 21세기로 접어들면서 항법시스템의 활용은 산업 및 군사적 목적은 물론 우리 일상생활에까지 널리 필요하게 되었다. 또 정보화 기술의 발전으로 인공위성 항법 시스템은 더욱 지능화되고 자동화된 첨단 시스템으로 진화되어 왔다.

미국의 GPS뿐만 아니라 러시아의 GLONASS, 중국의 Beidou/COMPASS 및 유럽의 GALILEO 위성항법 등 4개의 독립적 전 세계 위성항법 시스템 운용을 위해 100여 개의 항법위성이 서비스 중에 있다. 이는 위성항법의 다원화 시대가 도래했음을 의미하며, GPS 일변도의 전 세계 위성항법의 시대적 환경에 많은 변화를 예고하고 있다. 도래하는 4차산업 혁명시대에 다원화된 위성항법 시스템과 정보화 기술이 접목되어 어떠한 시너지 효과를 보일지 주목할 필요가 있다.

제3장

지구, 위치좌표 및 측지계

1. 지구타원체와 지구의 모양

1) 지구타원체

지구 표면은 산, 강, 바다 등 여러 형태의 지형으로 복잡하게 구성되었다. 지구는 완전한 구가 아니고 적도반경이 극반경보다 긴 타원체 모양이다. 또 이러한 지구 표면의 요철을 무시하고 적도반지름과 편평도 등으로 지구의 모양을 나타낸 것을 지구타원체 또는 지구회전타원체 등으로 부른다. 지구타원체를 만드는 데 필요한 상수 측정은 지상측량을 하여 결정하는 방법, 지표면에서 중력값을 측정하여 중력이론에 따라 결정하는 방법 및 인공위성 관측결과를 이용하여 결정하는 방법 등이 있다. 지구타원체는 지도를 만들 때 기준타원체로 활용된다. 지구의 실제 모양과 지구타원체상의 모양은 다소 차이가 있기 때문에 지구 표면의 요철을 고려할 필요가 있다. 이를 위하여 평균해수면을 연장하여 지구의 모양을 나타낸다. 이를 지오이드라 부른다.

평균해수면은 해면의 높이를 어느 일정 기간의 높이로 평균한 때의 면을 의

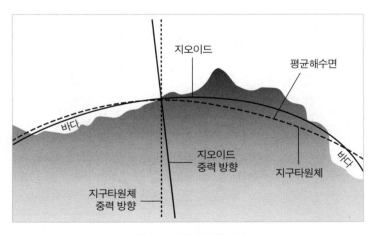

〈그림 3.1〉 지구타원체 개념도

미한다. 지오이드 높이는 매우 복잡하고 지역마다 다르기 때문에 정확하게 나타내기에는 한계가 있다. 따라서 지오이드면은 지구 모양을 근사하게 표현하는 것으로서 실제 지구모양과 지구타원체의 중간에 위치한다고 보면 편리할 때가 많다.

2) 지구의 모양

지구면을 표시하는 〈그림 3.2〉를 참조해 보자. $PnPs$는 종이의 면에 놓인 회전축이다. 반구 $PnWPs$가 있는 모든 점은 책을 보는 사람 쪽으로 접근하고 반대쪽에 있는 반구로 멀어지는 방향으로 지구가 회전한다. 축의 양단인 점 Pn과 Ps는 각각 북극과 남극이다. 지구의 면 위에 서서 회전하는 방향을 바라보고 있는 사람은 그의 왼쪽에 북극이 있고 그의 앞이 동쪽이고 그의 오른쪽에 남극이 있고 그의 뒤가 서쪽이 된다. 원주 WE를 적도라고 하며 적도는 면으로서 그 면이 지구 중심을 통과하여 회전축과 직각이 되는 원이라고 정의할 수 있다.

지구의 적도 지름은 WGS-84(측지계 편에서 상세 설명)를 기준으로 했을 때 약 6,378km이고 양극의 지름은 6,357km이다. 두 지름 사이의 차인 21km는 지구의 타원율을 측정하는 데 사용된다.

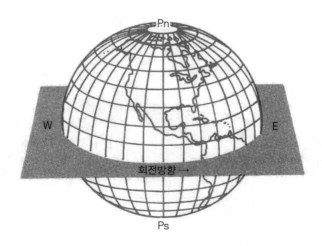

〈그림 3.2〉 회전축과 적도를 나타내는 지구의 모양

편평률은 약 0.0033, 이심율은 약 0.082로서 나중에 설명하겠지만 이와 같은 지구의 수치는 GPS와 같은 현대항법과 지도 및 해도 제작의 근간이 되고 있다.

2. 항해학의 기초용어

1) 대권(Great Circle)과 소권(Small Circle)

대권이란 지구면의 원으로서 그 면이 지구의 중심을 통하는 원을 말한다. 대권은 지구면을 똑같은 두 부분으로 나눈다는 것을 알 수 있다. 소권이란 지구면에 있어서 대권이 아닌 모든 원이라고 하는 것이 가장 알기 쉽다. 소권의 면은 지구의 중심을 통하지 않는다.

〈그림 3.3〉 대권인 적도

2) 위도선(Parallel)과 자오선(Meridian)

위도선 즉 위도의 선이란 것은 적도면에 면이 평행하는 지구면의 소권을 말한다.

지구에 있어서 가장 큰 원인 적도는 〈그림 3.4〉에 보인 바와 같이 특수한 의미에 있어서의 위도선이다. 자오선은 양극을 통하는 지구의 대권이다. 자오선의 면은 적도의 면과 같이 지구의 중심을 통한다. 자오선의 면은 적도의 면과 달리 양극을 통한다.

지구의 축은 모든 자오선의 면에 놓인다. 적도의 면은 축에 수직하므로 모든 자오선의 면에 수직하게 된다.

지구를 본뜬 지구의에 있어서 자오선은 5° 또는 10°의 간격을 두고 그려진다. 만약 모든 자오선을 그려 넣는다면 지구의는 새까맣게 된다는 것을 알아야 한다. 자오선은 지구면에 있는 모든 점을 통한다고 볼 수 있다. 지구의 둘레를 이루는 360°의 매 도에 있는 모든 점을 통할 뿐만 아니라 도를 나눈 호의 매 분과 매 초에 있는 모든 점을 통한다고 생각할 수 있다.

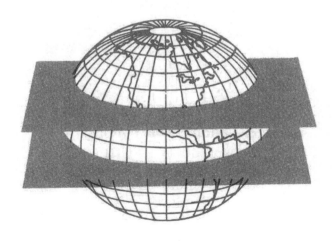

〈그림 3.4〉 위도선의 면과 적도면

전자항법과 GPS: 전자 · 위성항법의 이론과 실무

〈그림 3.5〉 양극을 통하는 대권인 자오선

본초자오선(Prime Meridian)은 면이 영국의 "그리니치" 천문대를 통하는 자오선이다. 이것을 "그리니치" 자오선이라고도 한다. 본초자오선은 경도를 측정하는 기선으로 사용된다.

위도선과 자오선에 관해서 다음과 같은 사실을 알고 있어야 한다.

위도선은 90° 각을 가지고 자오선과 교차한다. 위도선은 그 이름(평행선)이 의미하는 바와 같이 그 전체 둘레를 통해 평행하며 어느 두 위도선 사이의 직선거리는 어느 경도에 있어서나 동일하다. 이러한 점에 있어서 위도선은 자오선과 다르

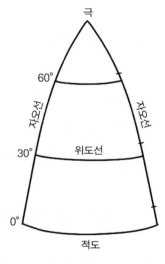

〈그림 3.6〉 위도선과 자오선[1]

---

1 Richard R. Hobbs(1981), *Marine Navigation*, 2th Edition, pp. 18-22.

다. 자오선은 양 극에 접근하는데 따라 가까워져서 양 극에서 교차한다. 이러한 사실로 보아 어느 두 자오선 사이의 직선거리는 모든 위도에 있어서 같지 않다는 것을 알 수 있다. 이러한 특성을 잘 기억하고 있어야 한다. 왜냐하면 해도에서 거리를 측정할 때 이들은 실제 방법에서 중요성을 가지고 있기 때문이다.

3) 위도(Latitude)와 경도(Longitude)

지구상의 어느 점에 있어서의 위도라는 것은 그 점의 적도로부터의 남-북 거리를 말한다. 위도는 그 지점의 자오선에 따르는 호를 도, 분, 초로 측정하는 것을 말한다. 위도는 적도를 $0°$로 하고 남으로 남극을 $90°$로 하여 측정한다. 위도를 말하는 약호는 보통 Lat이며 기호는 L로 표시한다. 약호와 기호에는 그 위도가 각각 남인가 북인가에 따라 N 또는 S를 붙여서 사용한다. 위도와 위도선이라는 용어는 관계가 있다 할지라도 동의어가 아니라는 것을 알고 있어야 한다. 위도선은 개념적 선이고 위도는 각 거리 값이다. 어느 지점의 경도(Long)란 본초자오선과 그 지점의 자오선 사이의 적도의 호를 말한다. 경도란 호를 도, 분, 초로 표시하는 각 거리 값이다. 경도는 본초자오선으로부터 동쪽으로 $0°$에서 $180°$까지 그리고 서쪽으로 $0°$에서 $180°$까지 측정하며 그 경우에 따라 동(E) 또는 서(W)라는 자를 붙인다. 자오선과 경도라는 용어는 서로 관계가 있다 할지라도 동의어가 아니라는 것을 알고 있어야 한다. 자오선은 개념적 선이고 경도는 각 거리 값이다.

4) 위도 차와 경도 차

어떤 항법 문제에 있어서 두 지점은 위도와 경도에 있어서 얼마나 떨어져 있는가를 알 필요가 있다. 두 점 사이의 위도 차란 두 지점이 포함되는 두 위도선 사이의 자오선 호의 각 거리를 말한다. 두 지점이 적도에서 같은 쪽에 있으면 ℓ은 두 위도의 차이다. 두 지점이 서로 적도의 반대쪽에 있으면 ℓ은 두 위도의 합계가 된

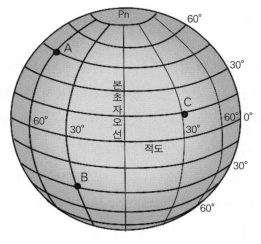

〈그림 3.7〉 A, B, C의 위도 차

다. 〈그림 3.7〉에 있어서 A의 위도는 45°N이고 B의 위도는 30°S이다. 위도 차 ℓ은 45° + 30°=75°이다. C의 위도가 15°N이라면 A와 C 사이의 위도 차는 45°-15°=30° N 또는 S를 사용할 수 있다.

항법에서 때때로 사용되는 중분위도(Mid latitude)(Lm)란 말은 적도로부터 같은 쪽에 있는 두 위도의 평균을 의미한다. 따라서 〈그림 3.7〉에 있어서 점 A와 C의 중간 위도는 30°N이다.

두 점이 서로 적도에서 반대쪽에 있으면 이러한 방법은 거의 사용되지 않으며, 계산에서 적도와 각 점 사이의 중분위도를 구하는 것이 보통이다.

두 점 사이의 경도 차라는 것은 두 접점을 포함하는 각 자오선 사이의 적도의 호를 말한다. 두 위치가 다 같이 서경에 있거나 또는 다 같이 동경에 있으면 경도의 차가 경도 차가 된다. 두 위치가 다른 경도에 있으면 두 경도의 합계가 경도 차가 된다. 그러나 합계가 180°보다 크면 360°에서 그 합을 뺀 값이 경도 차가 된다.

5) 방향(Direction)

방향이란 공간에 있는 한 점의 위치를 다른 점에 관해 말하는 것으로 양자 사이의 거리에 관계가 없다는 것을 알고 있어야 한다. 특히 항해학에서 지구상의 점을 통하는 선의 방향이란 진북에서 시침 회전 방향으로 그 지점의 자오선에 대한 선의 경사도를 말한다. 다시 말하면 모든 자오선은 남-북을 가리키는 선이므로(양극을 통하므로) 선이 자오선과 이루는 각으로서 그 교차점에서 시침 회전 방향으로 측정한 각을 그 교차점에 있어서의 선의 방향이라고 한다.

일반적으로 항해학에서 방향은 세 단위의 숫자로 수평선을 360°로 나눈다. 북에서 000°로 시작하여 시침 회전 방향으로 동, 남, 서를 통한다. 방향은 진북에서 수평선상을 360°로 재어 표시한다. 극지점의 자오선은 수평선과 000°및 180°에서 교차하고 동은 090°가 되고 서는 270°가 된다. 방향의 숫자적 표시는 세 단위 수로 한다. 따라서 4°는 004°라고 쓰고「영영 4도」라고 읽는다.

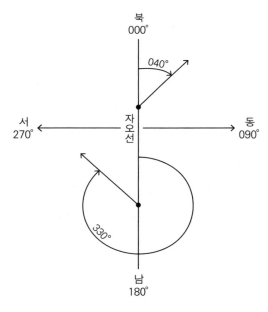

〈그림 3.8〉 진방향의 숫자적 표시법

항해학에서 한 선은 서로 반대로 방향이 뻗어 나간다. 이것을 역방향이라 한다. 따라서 동과 서를 통해 선을 그을 때 동(90°)은 서(270°)의 역방향이 된다. 방향을 측정하거나 표시할 때 필요한 방향을 역방향으로 사용하는 일이 없도록 주의해야 한다. 숫자상에 있어서 역방향은 180°의 차를 가진다. 선은 그 자체의 한 방향만을 표시하지 않는다. 따라서 방향을 말하려면 화살표 또는 기호를 사용하여 표시해야 한다. 방향을 포함한 제반 항법 문제를 풀 때 위에서 설명한 관계를 잘 이해하고 있어야 한다.

6) 항법에 있어서의 방향의 제 요소

방향을 결정하는 것은 항해학에 있어서 중요한 일이므로 방향을 의미하는 여러 용어를 잘 이해하고 있어야 한다. 다음 용어를 설명하는 데 있어서 방향을 표시하는 현행 숫자법을 사용했다.

침로(Course)

침로란 목적지를 향해 방향을 정하고 진행하는 방향을 말한다. 침로는 기준방향에 따라 진침로, 자기침로, 나침로 등으로 구분할 수 있으며 000°에서 시침 회전 방향으로 360°에 이르기까지 그 기준 방향을 기준으로 하는 각으로 표시된다.

침로선(Course Line)

침로선이라는 것은 침로를 항행해도에 표시하는 것을 말한다.

선수방향(Heading)

선수방향이라는 것은 어느 특정한 순간에 있어서 선수가 실제로 가리키는 방향을 말한다. 선박의 용골이 그 점을 통하는 자오선과 이루는 각을 말한다. 선박이 침로를 벗어나는 경우는 자주 있으나 선수방향을 벗어나는 일이란 있을 수 없다. 선수방향과 침로를 혼동하는 일이 있어서는 안 된다. 선수방향은 세 종류이다. 즉 진, 자기 및 나침의 방향이 있으며 이것은 각각 북을 000°로 하여 시침회전 방향 360°에 이르는 돗수로 표시된다.

추측 항적선(Dead Reckoning Track Line)

DR(Dead Reckoning) 항적이라고 자주 불리는 추측 항적선은 「방향」과 「거리」의 두 요소로 구성되는 침로선이다. 선박이 그 침로를 변경시킬 때 DR 항적도 그와 같이 그 방향을 바꾸며 속도와 시간으로 해도 상에 일련의 선분(Segment)을 결정해 준다.

방위(Bearing)

방위는 지구상 한 지점의 다른 지점에 대한 수평 방향을 말한다. 〈그림 3.9〉에 있어서 선박으로부터의 등대 방향이 시각방위(Visual Bearing)라고 하는 시선으로 표시된다. 방위는 두 기준방향 즉, 진북 또는 선박의 선수가 가리키는 방향 중 어느 한 방향을 기준으로 하여 명시되는 것이 보통이다. 진북이 기준방향이라면 그 방위는 진방위라고 한다. 기준 방향이 선수방향이라면 그 방위를 상대방위라고 한다. 그러므로 상대방위는 지구상 어떤 물체와 선박의 선수에 대한 방향이다.

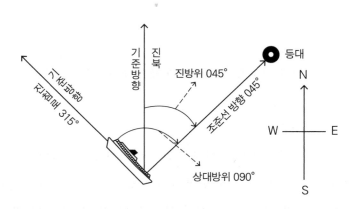

〈그림 3.9〉 방위는 두 기준 방향 즉, 진북 또는 선수방향 중 어느 한 방향을 말함

전자항법과 GPS: 전자·위성항법의 이론과 실무

상대방위는 선박의 선수미선과 그 물체에 대한 시선이 이루는 각이며 선박의 선수를 000°로 하여 360°의 각으로 표시되는 것이 보통이다. 〈그림 3.9〉에 보인 바와 같이 등대의 진방위는 045°이고 상대방위는 090°이다.

항정선 / "럼 라인"(Rhumb Line)

모든 자오선과 같은 경사각을 이루는 선을 "럼 라인"이라고 한다. 구면 또는 지구 위에서 "럼 라인"을 계속 그으면 일정한 진방향을 가지고 양극을 향해 나선을 이룬다. 등사곡선(Loxodrome Curve)이라고 하는 이 나선을 〈그림 3.10〉에 보였다.

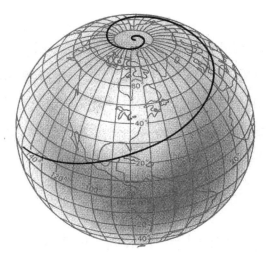

〈그림 3.10〉 "럼 라인" 또는 경사각 곡선

거리(Range)

거리는 두 점을 연결하는 선의 길이로 측정된다. 한 면에 있는 두 점 사이의 가장 짧은 거리는 두 점을 연결하는 직선의 길이인 것과 같이 구면에 있는 두 점 사이의 가장 짧은 거리는 면에 그 두 점이 들어가는 대권의 짧은 호의 길이이다. 항해학에서 거리를 측정하는 데 가장 흔히 사용되는 단위는 "마일"이지만 "마일" 은 여러 가지 길이를 가지므로 어떤 "마일"을 의미하는가를 잘 알아야 한다.

"마일"이라는 말은 "라틴"어 Mille(천)에서 나왔으며 원래의 "마일"은 "로마" 시대에 행군거리를 나타내는 기준이 1,000걸음이었기 때문에 그렇게 사용되었다. 선박이나 항공기의 항행에서는 거리 단위로 국제 해리(International NauticaL Mile)를 사용한다.

이 국제 해리의 길이는 지리위도 45도에 있어서 위도 1분에 대한 자오선의 길이 1,852m를 1해리로 한다. 그러나 어느 지역의 지리위도 1분의 길이를 그 지역에서 1해리로 사용하더라도 큰 지장은 없다. 그러나 미국이나 영국에서는 육상거리를 측정하는 단위로는 1마일을 1,609.3m를 택하여 사용하고 있다.

속도(Velocity)

선박이나 항공기에서의 속도는 "노트"로 표시되는 것이 관례이다. "노트"(kt)라는 것은 시간당 1해리의 속도를 말한다. "노트"는 속도에 따르는 거리와 시간 관계를 다 같이 포함한다는 것을 알고 있어야 한다. 따라서 시간당 "노트"(Knots per hour)라고 하는 것은 가속을 의미하지 않는 한 부정확한 표현법이다.

3. 위치결정에 이용되는 좌표계와 측지계

1) 좌표계

지구의 표면을 포함하여 그 상공의 위치를 표시하기 위한 좌표계로는 직교좌표계에 근간을 둔 지구중심 지구고정좌표계(ECEF: Earth-Centered Earth-Fixed)와 지구 회전타원체 좌표계(구면좌표계)가 주로 사용된다. 타원체 좌표계는 위도, 경도 및 고도를 그 요소로 하며, ECEF 좌표계에서는 직교좌표계의 X, Y, Z를 요소로

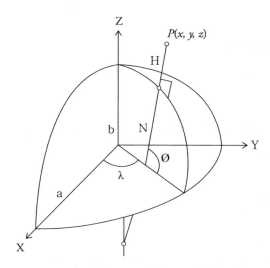

<그림 3.11> 직교좌표계와 회전타원체 좌표계[2]

취한다. 좌표의 기준에 대하여는 위도의 기준을 적도, 경도의 기준을 기준자오선 (또는 본초자오선), 고도의 기준을 지오이드로 한다. 지구의 모양은 회전타원체로 간주하며, 측지계는 WGS-84를 취한다.

GPS와 같은 인공위성 항법시스템의 경우 수신기에서는 1차적으로 3차원 위치인 X, Y, Z 좌표로 계산되지만, 수신기 내부에 회전타원체 좌표로 변환할 수 있는 알고리즘이 내장되어 있어서 사용자의 위치를 위도, 경도, 고도로 표시할 수 있다. 이러한 표시는 지도나 해도위에 기점을 용이하게 하여 사용자들에게 현재의 위치를 쉽게 파악할 수 있도록 한다.

<그림 3.11>에서 보는 바와 같이, 지구 중심을 원점으로 하는 직교좌표계 X, Y, Z를 고려하면, Z축은 북극을 향하고 XY면은 적도면 내에 있으며, X축은 경도 0°, Y축은 동경 90의 방향을 지시하며, 지구상의 임의의 점 $P(x, y, z)$는 다음 식으로 나타낼 수 있다.[3]

---

2   B. Hofmann-Wellenhof, H. Lichtenegger, J. Collins(1993), *Global Positioning System*, Springer-Verlag Wein New York, pp. 229-251.

3   위의 책.

$$x = (N+H)COS\ \phi\ COS\ \lambda \quad\text{..}\quad (3.1)$$

$$y = (N+H)COS\ \phi\ SIN\ \lambda \quad\text{..}\quad (3.2)$$

$$z = (\frac{b^2}{a^2}N + H)SIN\phi \quad\text{...}\quad (3.3)$$

여기서, N은 주수직권에서의 곡률반지름(지구타원체로부터 지오이드까지의 고도)으로 다음 식과 같다.

$$N = \frac{a^2}{\sqrt{a^2\cos^2\phi + b^2\sin^2\phi}} \quad\text{...}\quad (3.4)$$

여기서 a와 b는 준거타원체의 장반경과 단반경, ϕ는 위도, λ는 경도, H는 지구타원체로부터 지구표면까지의 고도로서, 위의 식을 역으로 변환하여 구할 수 있다. 역변환으로 위도, 경도, 고도를 구하는 계산식은 생략하며, 자세한 계산식이나 절차를 알고자 하는 독자는 별도의 참고문헌[4]을 참고하기 바란다.

2) 측지계

고전적인 측지계와 세계측지계

앞에서 설명한 바와 같이 지구는 완전한 구가 아니지만, 도법을 적용하기 위해서는 지구의 형상을 회전타원체(spheroid)로 해석하는 것이 보편적이다. 지구의 치수와 형태는 과거부터 많은 과학자들이 측정했으나, 그 값이 일정하지 않다. 따라서 어떤 형태의 측지계를 선택하느냐에 따라 특정 위치에 대한 경위도는 달라질 수 있다. 예를 들면 한국과 일본의 경우 Bessel 타원체를 기준으로 한 지도 및 해도를 사용했을 시 CLARK 타원체를 기준으로 했을 당시의 미국의 지도와 해도와는 상호 일치하지 않는다.

---

4 앞의 책.

〈표 3.1〉에 고전적인 측지계를 나타냈다. a는 지구의 적도 반지름(장반경), 양극 반지름(단반경), f는 장반경과 단반경의 차와 장반경의 비가 되는 타율을 나타낸다. e는 타원의 중심 및 초점 간의 거리와 적도 반지름과의 비가 되는 이심율을 나타낸다.

우리나라에서는 과거 국립지리원이나 수로국에서 Bessel이 1841년에 산출한 값을 사용했으나 현재는 WGS-84 측지계에 근간을 둔 지도와 해도를 사용하는 것이 보편화되었다.

〈표 3.1〉 Classical Geodetic Datum[5]

Datum	Year	a(m)	b(m)	1 / f	e	Country
Bessel	1841	6377 397.155	6356 078.936	299.1528128	0.08170	한국, 일본, 인도네시아
Clark	1880	6378 249.0	6356 515.095	293.47	0.08248	북아메리카
IAU	1924	6378 388.0	6356 912.0	296.96	0.08200	유럽
IAU	1976	6378 140.0	6356 755.29	298.257	0.0818192	
Krass-ousky	1940	6378 245.0	6356 863.0	298.3	0.08181	구소련

이와 같이 세계 각국에서는 국가별로 정한 기준 원점에 있어서의 측지계를 설정하여 지도 및 해도를 작성하고 있기 때문에 서로 다른 두 측지계를 사용할 때 동일지점에서의 경위도는 일치하지 않게 된다.

항해 분야에 여러 종류의 전자항법 방식이 도입되고 측량에서도 광파 또는 전자파를 사용한 전자측량장치가 개발되었고, 종래의 삼각측량 대신 정도가 높은 세변측량이 행해지게 되었으며, 인공위성을 이용한 기술을 이용하여 넓은 지역에 걸쳐 여러 지점의 기하학적인 상대위치관계를 정확하게 구할 수 있게 되었다.

---

5 고광섭 · 임정빈 · 임봉택(1995), 측지계 변환에 따른 해양 안전에 관한 연구, 해양안전학회지 1권 2호, pp. 39-51.

또 인공위성 과학기술을 비롯한 발전된 궤도해석 덕분에 지구의 치수와 형태 및 지구 각부의 중력분포를 보다 상세하게 구할 수 있게 되었다. 지상의 천문경위 도 측량과 더불어 지구를 기존의 편평타원체라는 평균타원체가 아니라 지역마다 지오이드가 각각 다른 울퉁불퉁한 구의 형태로서 각 지역마다 정확한 측지계를 만들게 되었다.

이러한 기하학적, 역학적 결과를 병행하여 지구상의 각 관측점의 위치를 원 점으로 하는 정밀한 좌표계를 구할 수 있는데 이것을 세계측지계(World Geodetic Systim, WGS)라 한다. 〈표 3.2〉에 세계측지계를 나타냈다. 표에서 보는 바와 같이 위성에 의한 측지계 역시 서로 다르며 국제적으로 통일된 측지계가 없으나 미국 을 중심으로 WGS-84 위성측지계의 사용이 확대되고 있다.

〈표 3.2〉 World Geodetic Datum by Satellite[6]

Datum	Year	a(m)	b(m)	l/f	e	Remark
Mercury	1960	6378 166.0	6356 784.3	298.3	0.08181	
Modified Mercury	1968	6378 150.0	6356 764.8	298.25	0.08182	
SAO-C7	1967	6378 142.0	6356 760.4	298.3	0.081813	
NWL-8D	1967	6378 145.0	6356 760.1	298.255	0.0818195	
WGS-72	1972	6378 135.0	6356 750.5	298.26	0.081818848	in NNSS
WGS-84	1984	6378 137.0	6356 752.3	298.2572235	0.081819218	in GPS

좌표계가 각국마다 상이하기 때문에 발생한 예로서는, 걸프전 당시 연합군 의 지도좌표계가 서로 다르기 때문에 장거리 유도무기체계 사용에 문제점이 발 생하여 미국은 전 세계 국가를 대상으로 WGS-84로의 좌표체계 변환을 제안한 바 있다.

---

6 앞의 논문.

WGS-84의 정착

WGS는 1960년 이래 많은 연구자와 연구기관에 의해서 다양한 종류의 것이 개발되어 측지학, 지구 물리학 연구와 NNSS(Navy Navigation Satellite System) 항법에 이용되었다. 이 연구는 미국의 존스홉킨스대학의 응용물리연구소(Applied Physics Laboratory, APL) 및 해군무기연구소(Naval Weapon Laboratory, APL)가 중심적 역할을 했다. 이보다 전인 1960년대 이전부터 미 국방부(DoD)는 세계 공통의 측지계와 기존의 세계 각지의 측지계를 연결시키는 계획과 연구 결과 WGS-60, WGS-66을 경유해서 WGS-72를 개발하여 NNSS에 적용했고, 이어서 WGS-84가 1987년 1월 이후부터 전 세계적으로 확대되어 현재는 3차원 위성항법 시스템인 GPS 등 위성항법에 널리 적용되고 있는 실정이다.

3) 측지계 선택에 따른 위치 변화

Bessel 측지계 기준의 위치를 WGS-84 측지계 기준의 위치로 변환하거나 또는 역변환을 위한 소프트웨어는 미국 DMASC(Defence Mapping Agency Systems Center)의 Bradford Drew와 Robert Ziegler에 의해 설계된 MADTRAN이라는 소프트웨어가 광범위하게 사용된다. MADTRAN의 좌표변환에 이용하는 좌표계는 경위도 표시의 GP 좌표(Geodetic Position Coordinates) 구역과 방향으로 표시하는 UTM 좌표(Universal Transverse Mercartor Grid Coordinates)를 사용자가 선택할 수 있고, 측지계의 종류는 약 100여 가지를 제공하고 있다.

〈표 3.3〉은 아시아 각국의 측지계를 이용하여 동일한 위도(35°00' 00" N) 및 경도(128°00' 00" E)에서 WGS-84 좌표값으로 변환한 것으로 동일지점에서 측지계 종류에 따른 좌표변환값의 차를 구한 것이다. 이 결과에서 TAIWAN의 경우, WGS-84로 좌표변환할 경우 최대편차를 나타내어 기존 위치에서 남쪽으로 228.4m, 동쪽으로 1,021.7m 편위됨을 나타낸다. 한국의 경우는 북쪽으로 약 345.7m, 서쪽으로는 240.8m 편위됨을 나타낸다. 상기 계산에 이용한 지리위도 1'

에 대한 자오선의 길이는 우리나라에서 따르고 있는 1929년 국제수로국(IHB)에서 정한 위도 45°에서의 자오선 호의 길이 1,852m를 나타낸다.

〈표 3.3〉Datum Transformation to WGS-84[7]

Datum	to WGS-84	Differnce in seconds	Difference in meters
Australian Geodetic 1984(Australia, Tasmania)	35° 00' 03.1"N 128° 00' 05.3" E	+ 03.1" + 05.3"	+ 95.7 + 163.6
Hong Kong 1963 (Hong Kong)	34° 59' 54.4"N 128° 00' 11.4"E	− 05.6" + 11.4"	− 172.9 + 351.9
Hu-Tzu-Shan (Taiwan)	34° 59' 52.6"N 128° 00' 33.1"E	− 07.4" + 33.1"	− 228.4 + 1,021.7
Indian (India, Nepal)	35° 00' 05.0"N 127° 59' 33.0"E	+ 05.0" − 27.0"	+ 154.3 − 833.4
South Asia (Singapore)	34° 59' 59.6"N 128° 00' 00.0"E	− 03.1" + 00.0"	− 95.7 + 0.0
Tokyo (Okinawa)	35° 00' 10.8"N 127° 59' 52.6"E	+ 10.8" − 07.4"	+ 333.4 − 228.4
KOREA (South Korea)	35° 00' 11.2"N 127° 59' 52.2"E	+ 11.2" − 07.8"	+ 345.7 − 240.8
WGS 1972 (Global Definition)	35° 00' 00.1"N 128° 00' 00.6"E	+ 00.1" + 00.6"	+ 3.1 + 18.5

4) WGS-84 기준 좌표체계와 해도의 오차

WGS-84 기준 좌표체계와 Bessel 타원체 기준 좌표체계 비교

전술한 바와 같이 측량 및 해도제작 체계는 Bessel 타원체에 의한 좌표체계와 WGS-84 좌표체계로 대별되었으나, 걸프전 당시 다원화된 좌표체계로 인하여

---

7 앞의 논문.

작전수행 시 많은 문제가 있었다는 교훈을 바탕으로 Bessel 타원체에 의한 동경 기준점을 적용하고 있는 해도 제작 체계를 WGS-84 체계로 전환하여 일원화 되었다.[8]

WGS-84 좌표체계는 1984년 미국에서 인공위성으로 관측하여 지구의 크기를 결정한 세계 측지계로서 WGS-84 타원체(지구반경 6,378,137.0m)를 사용했으며, 경도 6도, 위도 8도씩 분할한 지역 내에서 중앙 자오선과 적도가 만나는 점을 원점으로 하여 평면 상의 거리를 m로 표시한다.

〈표 3.4〉 Bessel 좌표체계와 WGS-84 좌표체계

구분	Bessel 좌표체계	WGS-84 좌표체계
지구타원체	Bessel 타원체(1841)	WGS-84 타원체(1984)
기준점	각 지역별 수준점 ※ 대한민국: 국립지리원 내 경위도 원점	지구 질량 중심
좌표	2차원(평면) 좌표	3차원(공간) 좌표
측지방법	지상 측량자료 사용(동경 기준점)	인공위성(GPS) 측량자료 사용

Bessel 좌표체계와 WGS-84 좌표체계는 서로 다른 지구타원체 모형을 사용하므로 지구표면 상의 동일 지점에 대한 지도 상 좌표값이 다르게 나타난다.

〈표 3.4〉에서 보는 바와 같이 GPS를 이용하는 WGS-84 좌표체계 좌표값과 베셀 타원체에 근거한 좌표값을 비교 시에 우리나라 위치도 WGS-84 좌표체계를 이용하는 경우 북쪽과 서쪽으로 편위하게 됨을 알 수 있다.

---

8   B. Hofmann-Wellenhof, H. Lichtenegger, J. Collins, 앞의 책.

5) 해도와 전자해도의 오차원

종이해도의 오차

선박이 안전항해를 하기 위해서 해도는 선위를 확인하는 데 필요불가결한 항해 용구로 선박 안전법, 선원법 및 어선·구조 등 특수 규정에 반드시 비치하도록 규정하고 있다. 해도를 만드는 데 있어서 지구는 거의 구에 가까운 회전타원체이기 때문에 원통형이나 원추형 물체의 표면을 평면에 투영하는 것처럼 지구 표면의 일부를 평면 위에 신축되지 않게 투영하기란 사실상 불가능하며, 어떠한 방법을 사용해도 반드시 거리 관계가 일치하지 않고, 면적의 비가 같지 않으며, 모양이 일그러지거나 또는 방향이 실제와 다르게 된다.

그러므로 오차를 작게 하여 지구상의 경위도선을 평면에 표현하는 방법이 중요한데 이러한 수단을 도법이라 한다. 항해에 사용되는 해도는 대부분 점장도법에 의하여 만들어졌으며, 점장도법은 모든 자오선과 거등권이 직선으로 표시되며, 서로 직교하도록 작성하여 표시하는 방법이다. 이것은 항정선이 직선으로 표시되어 거리와 방위를 쉽게 측정할 수 있고 위치 기점이 용이하다.

해도에서 수심을 결정하거나 지형의 높이를 표시할 때 기준으로 정한 면을 해도의 기준면이라 하며, 국가에 따라 해도의 기준면은 서로 다르지만, 수심과 높이의 측정 단위는 m나 Ft(Fathom) 등으로 표시한다. 따라서 해도는 이러한 사항을 충분히 고려하여 간행하나, 간행 후 시일이 경과하면 지형과 수심이 변화가 생기고, 도법에 따라 편집 자료의 통일이 되지 않으므로 생기는 오차 등이 포함되는 것을 유의하여야 한다.

전자해도의 오차

전자해도는 지금까지 종이해도에서 보았던 해도 상의 여러 가지 정보를 ECDIS에서 볼 수 있게 만든 디지털 해도로 S-57 국제 제작기준에 따라 각국의 정부기관이 제작하여 신뢰성이 보장된다. ECDIS는 국제기준인 S-52에 따라 전자해도 위에 선박의 위치·침로·속력·레이더 정보 등을 결합하여 컴퓨터 화면에 실시간, 연속적으로 표시하도록 제작된 선박운항시스템의 일종이다. 이러한 전자해도표시시스템은 야간이나 악천후 속에서도 항해자가 선박의 위험 여부와 주변 상황을 컴퓨터 화면을 통해 바로 판단할 수 있으며, 좌초·충돌을 예방할 수 있도록 경보기능이 있고, 사고가 발생하여도 항해자의 운항과실을 밝힐 수 있는 자동 항적기록기능 등을 기본적으로 갖추고 있어 종전의 종이해도와는 근본적으로 차이가 있다.

그 뿐만 아니라 전자해도는 선박 자체의 안전과 운항효율 향상 외에도 VTS (Vessel Traffic Services), AIS(Automatic Identification System), DGPS 운영, 전자표지측정선 운항, 선위통보제도, 군지휘체계 자동화 등 선박관제가 필요한 많은 분야에 이용된다.

전자해도 구축을 위한 과정은 디지타이징과 스캐닝을 통한 다양한 자료원들의 입력으로부터 출발한다. 스캐닝은 종이해도, 측량원도와 같은 종이에 표현된 정보를 그래픽 데이터 형태로 읽어 들이는 스캐너를 통해 컴퓨터에 저장하는 방식이다. 스캐닝을 통해 입력된 데이터는 이미지 형태이기 때문에 수치화하기 위해 벡터라이징 과정을 필요로 한다. 디지타이징 과정은 스캐닝을 통하지 않고 곧바로 수치 데이터를 컴퓨터에 입력할 수 있도록 하며, 시간이 오래 걸린다는 단점은 있지만, 우리나라 정부기관에서 인준하는 전자해도는 이 과정으로 되어 있다.

전자해도의 오차요소는 이러한 과정에서 발생하는 오차, 즉 전자해도는 종이해도를 근간으로 했기 때문에 종이해도의 오차요소를 배제할 수 없으며, 디지타이징 과정에 있어서의 오차요소와 PC 환경 구현상 S/W의 오차요소도 배제할 수 없다. 그리고 제작된 전자해도가 각국의 정부기관에서 제작하여 신뢰할 수 있는 것인지 아니면 사기업에서 제작한 것인지에 따라서 신뢰도가 차이가 날 수 있으며, 주기적인 업데이트가 어떻게 이루어지느냐에 따라서 급변하는 현대의 환경 속에서 항해안전에 막대한 영향을 미칠 수가 있다. 따라서 기존 종이해도 사용시 항행통보에 의하여 소개정이 이루어지는 만큼보다도 더 체계적으로 업데이트가 이루어지는 것이 무엇보다도 중요하다.

6) 전자해도의 오차 실험 및 결과 분석사례

전자해도가 내재되어 있는 ECDIS를 사용할 때에 고려할 수 있는 오차요소로는 GPS 오차, 제작과정의 오차요소를 포함한 전자해도 상의 오차 등이 있다. 지금부터는 전자해도의 해상 사용에서의 오차 정도를 알아보기 위한 사례를 소개하기로 한다.

전자해도 오차실험을 위하여 우선 GPS 오차는 15m 수준으로 설정했으며, 그 외 오차요소인 GPS Plotter 전자해도 상 오차를 산출하기 위해서 실측을 위한 측정 시스템을 구성하고, 측정장비로 이용한 DGPS의 정밀도를 기준으로 GPS Plotter의 전자해도 상 해안선은 기준면의 차이로 조석의 차에 따라 기준점으로부터 비교분석이 곤란하므로 비교가 가능한 참조점, 즉 항로 표지인 등대를 기준으로 분석하여 오차를 산출했다.

GPS Plotter 내의 전자해도와 실측 데이터의 비교를 위하여 비교 가능한 참조점으로 영도 등대(위도 35° 03′ 08.64″N, 경도 129° 05′ 30.9″E)를 설정하여 분석에 이용

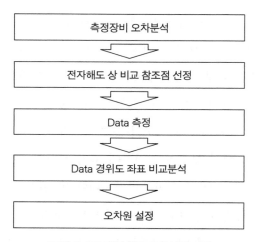

〈그림 3.12〉 전자해도 오차실험 과정

했다.

결과 및 요약

오차요소 분석을 위하여 사용되는 DGPS 장비의 정밀도를 확인하기 위하여 측량정점에서 데이터를 수신하여 분석했다.

데이터를 분석한 결과 〈그림 3.13〉에서 정점으로부터 위도 거리오차를 m 단위로 도시했다. 〈그림 3.14〉에서는 정점으로부터 경도 거리오차를 m 단위로 도시했다. 또한 〈그림 3.15〉에서는 경·위도 좌표를 정점에서 분석하여 2DR MS(Distance Root Mean Square) 2m임을 확인하여 이를 GPS Plotter 상의 전자해도 오차분석 시에 실험장비 오차원으로 설정했다.

그리고 GPS Plotter내의 전자해도 상 비교 참조점으로 선정한 항로표지 영도 등대의 전자해도 상 좌표와 실측데이터와 비교하여 위도·경도 거리오차를 〈그림 3.16〉에 도시하여 수신데이터의 평균점의 편위가 남동쪽(138도) 방향으로 19.8m 임을 확인했다.

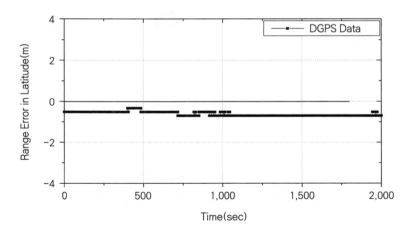

〈그림 3.13〉 Range Error from reference point in Latitude[9]

---

9 고광섭 외 2(2003), 복잡한 해역에서의 위성항법장치의 효과적인 활용에 관한 연구, 해양연구논총, 제31집.

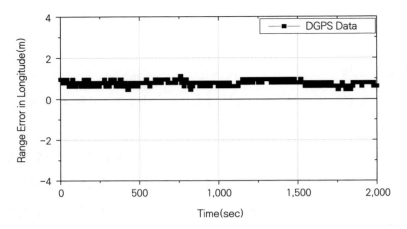

〈그림 3.14〉 Range Error from reference point in Longitude[10]

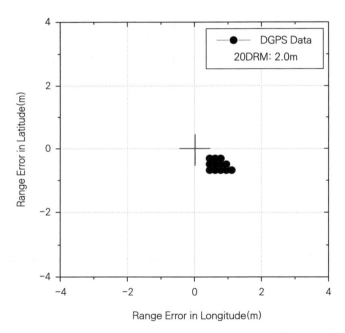

〈그림 3.15〉 Range Error from reference point[11]

---

10 앞의 논문.

11 앞의 논문.

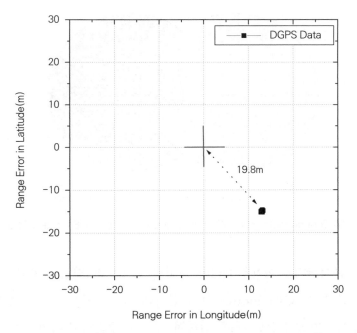

〈그림 3.16〉 Range Error of ENC data and measured data[12]

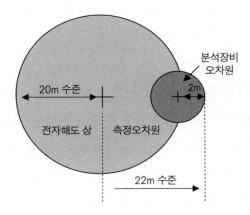

〈그림 3.17〉 Error budgets with ENC Error and measured Equipment Error[13]

---

12 앞의 논문.

13 앞의 논문.

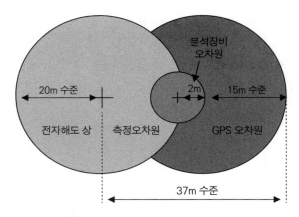

<그림 3.18> Error budgets with ENC Error, measured Equipment Error, and GPS Error[14]

따라서 분석장비로 이용한 DGPS 장비의 오차가 2m임을 감안할 때, 이 오차를 포함한 결과 즉, GPS Plotter 상의 전자해도의 오차요소는 실측결과 오차 19.8m와 실험장비의 정밀도 2m를 합하여 약 22m 수준임이 확인되었으며 <그림 3.17>과 같다.

그리고 Plotter상에 GPS를 연동시켜 사용할 때는 GPS 오차요소를 포함하여 <그림 3.18>처럼 약 37m 수준이었다.

전자해도 또는 ECDIS 사용시 주지사항

선박에서 ECDIS를 이용하여 복잡한 수로와 열악한 기상 현상 하에서 항해할 때 수로상 저수심 및 위험물, 어망 등을 기점하여 위험을 회피하는 등 위성항법 장치에 대한 의존도가 높다. 그러나 실제 해상에서 전자해도 상 신호 기점 시 잘못 기점되는 사태가 발생한 경우도 있으며, 정상적인 항로로 항해하는데 저수심 지역으로 도시되는 상황이 발생한 경우도 있다. 상기 사례 설명에서는 GPS Plotter 상에 발생할 수 있는 오차요소를 확인하고 그 요소를 수치화하여 제시했다.

먼저, 고려할 수 있는 오차요소로는 GPS 오차, 전자해도 상의 오차 등이 있다.

---

14 앞의 논문.

본 사례에서 얻은 GPS Plotter의 오차는 GPS 오차 15m 수준, 전자해도와 GPS 위치의 불일치 오차 22m 수준을 고려할 때 약 37m 수준 이었다.

이상의 사례분석에 기초하여 안전항해를 위해 전자해도 또는 ECDIS 사용자에게 다음 사항을 제안한다.

첫째, ECDIS 상의 전자해도와 GPS 상 좌표체계가 WGS-84로 일치되어 있는지 확인하는 것이 무엇보다 중요하다. 해도의 좌표체였던 도쿄데이텀 Bessel 좌표체계와 GPS로 인하여 활성화된 세계좌표체인 WGS-84 좌표체계는 변환 시 우리나라 지역에서 400m 수준의 오차를 가지고 있기 때문에 미국의 GPS SA정책이 중지되어 있는 현재의 상황에서는 좌표체계 일치만으로도 수십 미터 내의 정밀도를 보장받을 수 있다.

둘째, 국제 표준으로 인증된 전자해도를 사용한 ECDIS를 사용해야 한다.

셋째, 전자해도의 오차 최소화를 위하여 주기적인 업데이트가 지속적으로 이루어져야 한다. 종이 해도는 항행통보가 있어서 소개정을 함으로 인하여 새로운 자료를 입력할 수 있었고, 안전항해에 도움이 되었다. 그러나 ECDIS 상의 전자해도도 업데이트가 정상적으로 이루어져야 한다.

넷째, 오차가 최소화되어 있는지 확인을 위하여 주기적인 Cross Check가 이루어져야 된다. ECDIS만 믿고 항해할 시 오차가 발생되어도 사고가 나기 전에는 오차가 있는지 확인되지 않을 수 있기 때문이다. 따라서 Radar, 기존의 지문항법 등 가용 수단을 이용하여 주기적인 Cross Check가 이루어져야 한다.

결론적으로 복잡한 해역에서 야간 또는 저시정 항해 시 믿고 의지하는 ECDIS에도 항상 오차요소가 포함되어 있음을 인지하고 안전항해를 위해 항해 당직자로서 ECDIS의 특성과 오차 한계 등을 숙지하고 해상에서의 다양한 상황에 적합한 판단을 내릴 수 있도록 정확한 관찰과 예측을 하여야 한다.

4. 인공위성 항법 시스템의 측지계

WGS-84와 PZ-90S는 인공위성 항법 시스템의 대표적인 측지계이다. GPS
가 WGS-84에 기준을 두고 있는 반면, GLONASS는 PZ-90을 기준으로 하고
있다.

두 측지계에서 비록 원점이 지구의 질량 중심에 위치하지만, Z-축의 방향이
다르다. 따라서, 비록 동일 지점이라 할지라도 서로 다른 측지계를 기준으로 만들
어진 지도나 해도 상에서는 측지계가 다름으로써 발생하는 위치 차이가 있다. 또
한, GPS나 GLONASS 수신기로 측정한 위치의 값도 두 시스템이 서로 다른 측지
계를 사용하고 있기 때문에 이에 따른 위치 차이가 있다.

통상적으로 GPS와 GLONASS 복합 수신기에는 WGS-84 측지계로 위치파

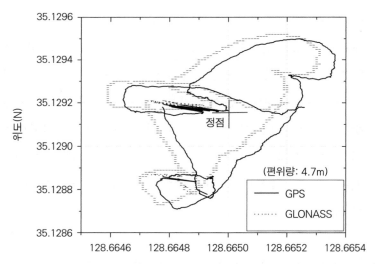

〈그림 3.19〉 한반도 남해안에서의 GLONASS/GPS 2차원 좌표변환 경 · 위도 변환 결과[15]

---

15 고광섭(1999), 인공위성 항법시스템 GNSS(GPS + GLONASS)의 좌표 변환과 위치 편위에 대한 연구, 해
양연구논총, 제27집.

악이 되도록 하는 기능을 내장하고 있다.

〈그림 3.19〉는 GLONASS 좌표와 GPS 좌표 사이에 발생하는 좌표 상의 편위량 추정을 위하여 한반도 남해안에서 수신한 실험 결과로서 약 5m 정도로 나타남을 알 수 있다.

제4장

전파의 기본 이론 및 안테나

1. 전파의 기본 이해

전파란 전자파를 간단하게 부르는 말로서 사전적 의미로는 우리나라 전파법에 명시한 바와 같이 "전파란 인공적 매개물이 없이 공간에 전파하는 3,000GHz보다 낮은 주파수의 전자파"라고 정의하고 있다. 넓은 의미의 전파는 무선통신에 사용되는 무선 주파수를 포함하여 적외선, 가시광선, 자외선, X선, 우주선 등을 총칭한다. 일반적으로 좁은 의미의 전자파는 무선주파수에 사용되는 전파를 의미한다. 빛은 인류가 오래전부터 조명, 항해, 통신 등에 이용하여 전자파의 한 부분으로서 19세기 후반에 알려진 무선주파수의 전파와 성질이 같다. 이 책에서 다루는 전파항법이란 위에서 언급한 좁은 의미의 전자파를 의미한다.

2. 전파의 전계, 자계 및 파동

전파에 대한 기본 이해를 돕기 위해 우리 일상생활에서 경험할 수 있는 예를 들어 설명해 보자. 잔잔한 호수 표면에 돌을 던져 일어나는 상태로부터 전파에 대한 기본 설명을 하는 것은 흥미로운 일이다. 비록 이러한 생각이 정확하지 않다고 할지라도 그것이 전파의 운동을 아주 잘 알려진 실제 운동과 비교하기 때문에 곧잘 이용된다. 전파의 운동은 조용한 지역에서 일어나는 물결파의 운동과 다소 같은 점이 있다. 〈그림 4.1〉은 떨어지는 돌이 수면에 파동을 어떻게 전달하는가를 나타낸 것이다. 계속적인 파동이 떨어진 돌에 의해 수면에 전해지지 않는 것을 제외하고는 전파방사와 유사하다.

〈그림 4.2〉에서 보는 바와 같이 전파는 서로 직교하는 전계와 자계의 진폭이

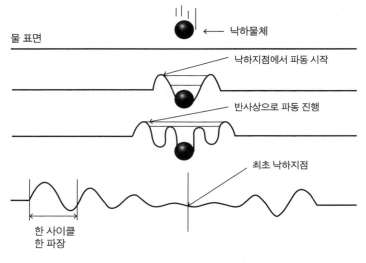

낙하물체

물 표면

낙하지점에서 파동 시작

반사상으로 파동 진행

최초 낙하지점

한 사이클
한 파장

〈그림 4.1〉 전파의 개념 이해: 수면 위에 떨어진 물체의 파동

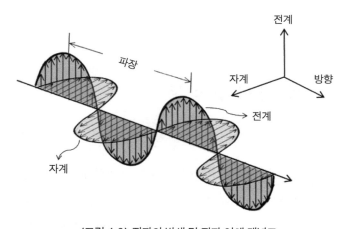

전계

파장

자계

방향

전계

자계

〈그림 4.2〉 전파의 발생 및 전파 이해 개념도

진동하면서 유한한 속도로 매질 속에서 이동하는 파동으로 표현할 수 있으며, 전계와 자계는 전하에 의해 만들어진다. 전계는 대전체가 존재하는 공간 각 점의 전기적 상태를 나타내는 양을 말하는데 음극 또는 양극을 가진 전하가 각각 다른 극의 전하에 힘을 미치며 형성된다. 자계는 전하가 움직이면서 다른 전하에 힘을 가해 만들어진다.

　　　　전자항법과 GPS: 전자 · 위성항법의 이론과 실무

3. 전파의 일반적인 성질

전파의 성질은 멕스웰 방정식으로 설명할 수 있으며 아래와 같은 성질을 갖고 있다.

① 전파는 균일한 매질 내에서 일정한 속도로 직진한다.
② 전파는 물체에 부딪혀 반사하는 성질을 갖고 있다.
③ 전파는 다른 매질의 경계면을 통과하는 경우 굴절한다.
④ 진공 중에서의 속도는 광속(1초에 30만 km로서 대략 지구의 7바퀴 반의 거리)과 같다.
⑤ 전파는 진행 중에 주파수가 일정하게 유지된다.
⑥ 전파는 파원에서 멀어짐에 따라 강도가 감쇠하여 무한 원점에서 소멸된다.
⑦ 전파는 회절현상이 있다.

이 외에도 전파는 2가지 이상의 동일 주파수가 합쳐질 때 위상에 따라 간섭현상이 나타나고, 물체에 흡수되기도 한다. 아래에서는 대표적인 전파의 성질에 대해서 설명하기로 한다.

1) 직진(Straight)

전파의 성질은 주파수와 파장으로 설명할 수 있다. 주파수가 높을수록 빛에 가까운 성질을 갖게 되고 직진성이 강하고, 데이터 전송량이 많아진다. 주파수가 높을수록 전파전송로 중간에 장애물이 있을 경우 직선거리로는 충분하게 전파도달이 가능한 지역도 난시청이 생기는 것도 이러한 이유 때문이다. 최근의 위성항법이나 위성통신 또는 레이더와 같은 시스템은 높은 주파수를 쓰고 있기 때문에

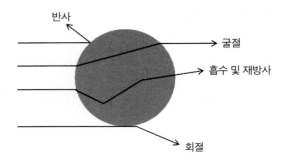

〈그림 4.3〉 전파의 대표적인 성질 개념도

전파의 직진성에 영향을 주어 도심지역이나 산악지역에서 신호수신이 어려운 경우도 발생한다.

아울러 주파수가 높으면 파장이 짧아지고 구름이나 안개 등을 통과할 때 감쇄가 커지는 단점도 있다. 반대로 주파수가 낮아지면 직진성은 약해지나 회절성이 커지기 때문에 낮은 주파수대의 AM 라디오는 계곡이나 산 밑에서 청취가 용이할 뿐 아니라 넓은 지역까지도 방송할 수 있는 반면, AM 라디오 주파수보다 상대적으로 높은 주파수를 사용하고 있는 FM 방송이나 TV는 지형지물에 따라 전파 사각지역이 생기고, AM 라디오에 비하여 비교적 근거리까지 방송을 할 수 있는 것도 이와 같은 주파수에 따른 전파의 성질 때문이다. 과거 초저주파를 사용한 오메가 전파항법 방식은 이러한 전파의 성질을 이용하여 전 세계를 사용영역으로 운용한 바가 있었다. 이 외에도 전파는 아래와 같은 성질을 갖는다.

2) 반사(Reflection)

직선으로 주행하는 것과 같은 전파와 광선이 주행 도중에 부딪히는 적절한 특성과 밀도를 가진 물체나 날카로운 물체들로부터 반사되기도 한다. 반사에 필요한 표면의 크기는 파장과 입사각에 달려 있다. 파가 평평한 면으로부터 반사될 때 그 위상변위가 발생한다.

3) 굴절(Refraction)

빛의 경우에서와 같이 전파는 처음 매체와 다른 한 매체에서 다른 매체로 이동할 때 구부러진다. 굴절이라고 부르는 이 휨(Bending)은 속도가 가장 적은 매체로 향한다. 만약 파 전면이 지구에서 아무렇게나 주행하다가 보다 큰 전파속도를 갖는 매체에 부딪히게 되면 새로운 매체에 먼저 들어간 파 전면의 일부는 나중에 들어간 파 전면들보다 빠르게 주행한다.

4) 회절(Diffraction)

전파는 물체의 가장자리를 통과할 때도 휜다. 회절이라 불리는 휨은 일직선 통로로부터 에너지 일부의 방향 변경을 유발한다. 이 변경으로 해서 방해물의 정상 아래의 약간의 거리와 방해물의 주위에서 에너지를 수신할 수 있다. 지상파 전파지역에서 전파가 어떻게 지구 수평선 뒤에까지 회절되는가를 나중에 보여줄 것이다. 어떤 경우에는 고전력과 VLF를 사용함으로써 전파가 회절에 의해 지구를 돌 수 있게 한다.

4. 주파수, 파장 및 사이클

1) 주파수(Frequency)

전파의 주파수는 1초 동안에 발생하는 사이클의 수이다. 만약, 주파수가 1초당 10사이클이라면 주파수는 10Hz라고 한다. 초저주파수를 갖는 그림에서 설명

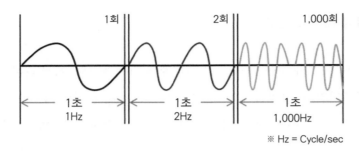

<그림 4.4> 주파수 개념

한 파와는 달리 전파는 수천 Hz 주파수나 수백만 Hz의 주파수를 가지기도 한다. 무선주파수의 단위가 수적으로 무척 커지기 때문에 주파수는 천백만, 억, 조 단위로 계산된다. 이는 미터제도에서 온 4개의 해당 접두어를 사용한다. kHz, MHz, GHz 등의 단위를 사용한다.

2) 진폭(Amplitude)

진폭은 정 혹은 부 방향으로 측정된 교류전압 혹은 전류의 최대 순시치이다. 파의 진폭은 평균면에서부터 파의 첨두까지의 거리이다. 말을 바꾸면, 진폭이란 파의 에너지 수준의 측정이다. 이는 에너지 수준의 측정처럼 진폭이 전파에 적용된다는 개념이다.

3) 사이클(Cycle)

사이클은 파동의 완전한 변화의 연속이다. 보통 사이클은 평균면의 지점에서 마루와 골을 거쳐 다시 평균면까지를 나타낸다. 따라서 기준점으로서의 평균면과 함께 각 사이클은 2개의 반전으로 이루어진다. 완전한 하나의 사이클은 파가 한 방향으로 먼저 시작하여 다시 다른 방향으로 이동하고 다음 사이클을 시작하기 위해 첫 방향으로 되돌아간다.

4) 파장(Wave Length)

전파는 빛과 같은 속도로 주행한다. 이는 자유공간에서 초당 약 186,000mile 의 속도이며(초당 300,000,000m)이다. 무선신호의 파장은 전자 혹은 정전변위가 하나의 완전한 주기의 위상에서 차이를 갖는 동안 파가 1Hz 내에서 주행한 거리이다. 파장은 또 하나의 파 첨두에서 다음 파 첨두까지의 거리로도 표현된다. 전파가 일정한 속도로 운동한다는 것을 알고 있으므로 한 파장(1Hz)의 길이 역시 파의 속도를 그 주파수로 나누면 쉽게 구할 수 있다. 전파의 시간 영역에서의 표시를 수학적으로 할 수 있다.

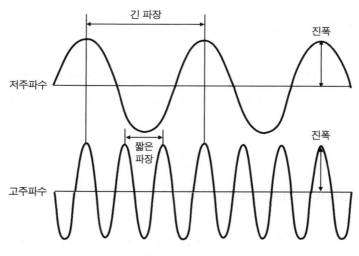

〈그림 4.5〉 주파수,파장 및 사이클 이해도

5. 전파의 편파(Polarization)

전파는 앞에서 설명한 바와 같이 그 진행방향과 직교하는 전계와 자계를 수반하고 있으며, 또 전계와 자계는 서로 직교하고 있다. 편파를 구분하는 것은 동일한 주파수에 서로 다른 편파를 할당함으로써 동일한 주파수 영역에서의 채널을 늘릴 수 있는 효과가 있다. 원활한 정보를 수신하기 위해서는 수신 측에서 송신 안테나와 전파 편파의 극성을 맞출 필요가 있다. 흔히 전계벡터 끝단의 궤적을 편파라 부르며, 진동면을 편파면이라 부른다. 편파는 성질에 따라 다음과 같이 구별한다.

1) 직선편파(Linear Polarization)

편파면이 변하지 않고 진행하는 전파를 말하며, 대지에 대하여 전계가 수직하게 진동하는 것을 수직편파라 하고, 전계가 대지에 평행하게 진동하는 것을 수평편파라 한다.

2) 원편파(Circular Polarization)

진폭이 같은 수직편파와 수평편파가 서로 90도의 위상차를 가지고 진동하면 일정한 전파가 편파면이 회전하면서 진동하는 것같이 보이며(만일 두 전파가 동상이면 지면에 45도의 각도를 갖는 직선편파로 보인다.) 이것을 원편파라 한다. 전파면이 전파의 진행방향으로 보아 오른 나사의 방향으로 회전하는 것을 우회전 원편파라 하고, 이와 반대 방향으로 회전하는 것은 좌회전 원편파라 한다.

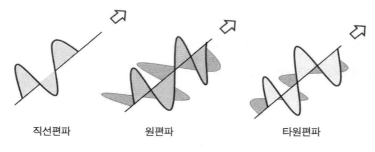

직선편파   원편파   타원편파

〈그림 4.6〉 전파의 편파 이해도

3) 타원편파(Elliptical Polarization)

전계의 진동이 전파의 진행방향으로 보아 오른편 또는 왼편으로 타원을 그리면서 진동하는 것을 말하며 서로 진폭이 다른 수직 및 수평편파가 위상차를 갖고 섞여서 진행할 때에 생긴다.

6. 전파의 성질과 전파항법

일찍이 세계 최초의 전파항법이라 할 수 있는 RDF에 전파를 이용한 이래 위에서 설명한 전파의 성질을 잘 파악하는 일을 매우 중요하게 여겨왔다.

전파의 성질은 전파항법 시스템의 설계뿐 아니라 수신기 실제 사용에까지 영향을 미치기 때문이다. 만약 전파에 직진성이나 반사성이 없거나 주파수에 따라 속도가 다르다면 오늘날의 레이더나 위성항법 시스템 등 전파항법 시스템이 존재 하지 못했을 것이다. 특히, 아래 식으로 표현되는 주파수, 전파의 일정한 속도, 주파수, 파장의 관계는 전파항법 시스템의 기본이론을 이해하는 데 대단히 중요하다.

$$C = \lambda f$$

단, $c : 3 \times 10^8 m/\sec$ (전파의 속도), λ 파장 $(m/cycle)$

f : 주파수 $(cycle/\sec = Hz)$

7. 전자파 스펙트럼과 전파항법

전자파의 영역은 분포는 전자파 스펙트럼을 구성하는 주파수에 의해 구분된다. 〈표 4.1〉에 국제전기통신조약에 의거, 분류되어 오랜 기간 사용된 주파수의 영역을 나타냈다.

〈표 4.1〉 국제 전기통신 조약에 의한 주파수 영역 및 주요 용도

주파수 대역	용도	비고
VLF(초저주파: 3-30kHz)	Omega항법, 잠수함 통신	
LF(저주파: 30-300kHz)	Radio 비이콘, Loran-C항법, NDB	
MF(중파: 300-3,000kHz)	AM 방송, 해상 Radio, 연안 감시 통신, 방향탐지 장치, 긴급 통신, DGPS 기준국 송신 주파수	
HF(단파: 3-30MHz)	전화, 전신(전보), 팩시밀리, 단파방송, 아마추어 Radio, 선박과 연안 또는 선박과 항공기간의 통신	
VHF (초단파: 30-300MHz)	텔레비전, FM 방송, 항공 통제, 경찰, 택시 간의 통신, VOR	
UHF (극초단파: 300-3,000MHz)	위성항법(GPS, GLONASS, Galileo, COMPASS), 텔레비전, 휴대전화, 위성통신, 기상상태를 관측하는 장치, 감시 레이더, DME	L밴드: 1~2GHz S밴드: 2~4GHz C밴드: 4~8GHz
SHF(초고주파: 3-30GHz)	공중 레이더, 마이크로파 연결장치, 위성통신	X밴드: 8~12GHz Ku밴드: 12.4~18GHz
EHF (극초고주파: 30-300GHz)	레이더, 위성 또는 실험적인 통신, 무선 광대역 접근 시스템	K밴드: 18~26GHz Ka밴드: 26.5~40GHz

주파수 대역에 대한 또 다른 호칭은 2차 세계대전 동안에 군사기밀을 지키기 위해 사용되었던 레이더나 다른 전기적 장치(L-band, S-band, C-band와 같은)의 사용에서 유래되었다.

이러한 대역은 2차 세계대전 이후 여러 대역층으로 발전되어 명칭이 부여 되었다. 주파수 대역 명칭은 〈표 4.1〉에 나와 있듯이 꼭 일관되게 명칭을 부여하거나 같을 필요는 없다. 아직 많은 교재나 참고자료에는 전통적으로 사용해온 국제 전기통신에서 분류한 주파수 영역 명칭을 사용하고 있음을 주목할 필요가 있다. 이 책에서 다루는 모든 주파수 영역 명칭은 전통적으로 사용해 온 대역 호칭을 사용한다.

8. 전파의 전파(퍼짐)의 이해

교류가 통하는 철선이나 도체는 주위공간으로 이동하는 전자계를 만든다. 전류가 증가하고 감소함에 따라 전자계는 철선 주위에 교호로 생성되고, 전자에너지의 일부는 와이어에서 분리되어 공간으로 자유롭게 날게 된다. 공간을 통한 전파의 송신을 전파(Wave) 전파(Propagation)라고 한다. 안테나와 전파 전파에 대한 기본지식은 현대 항법시스템이나 무선통신을 이해하는 데 도움이 된다. 어떠한 무선방식에서든지 전자파 형태의 에너지는 송신기에 의해 발생되며, 전송선을 따라 안테나에 보내진다. 안테나는 이 에너지를 빛의 속도로 공간에 방출한다. 주행전파의 통로에 있는 수신안테나는 방사된 에너지의 일부를 흡수하여 전송선을 통하여 수신기로 보낸다. 따라서 전파에 의한 성공적인 정보 송신을 위해서는 송신기, 전송선, 송신안테나, 전파의 운동매체(예, 지구를 둘러싸고 있는 대기), 수신안테나 및 수신장비 등이 적절히 갖추어지고 제 역할을 해야 한다. 〈그림 4.7〉은 이러한 구

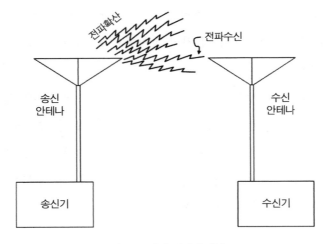

〈그림 4.7〉 전파 전파의 개념도

성품들의 배열을 나타내는 간단한 블록 다이어그램이다.

전파에 의한 성공적인 통신은 주로 송신기의 전력, 사용된 주파수, 송신기와 수신기와의 거리, 수신기의 감도(약한 신호를 증폭할 수 있는 능력) 등에 영향을 받으며, 송·수신기 사이의 지형과 전파통로에 영향을 받기도 한다.

9. 전파 전파(Propagation)의 형태와 전파통로에 따른 전파분류

하나의 안테나에서 송신된 전파가 수신점에 도달하는 경로는 여러 가지가 있으나 일반적으로 지상과 공간 2개의 전파경로로 분류하여 해석할 수 있다. 여기에는 지상을 통해 전달되는 전파인 지상파(Ground Wave)와 공간을 통해 전달되는 공간파(Sky Wave)가 있다.

지상파

지상파는 전리층을 거치지 않고 반사 없이 바로 수신안테나에 직접 도달하는 직접파(Direct Wave), 전리층을 거치지 않고 지면에 반사되어 수신안테나에 도달하는 대지반사파, 일명 지면반사파, 지구표면을 따라 전달되는 지표파 및 회절파 등으로 구성된다.

직접파

직접파는 지구 가까이에서 주행을 하나 접촉되지는 않으며, 송신안테나에서 수신안테나로 직접 주행한다. 결국 수신안테나는 송신안테나의 무선 수평선 내에서 설치되어야 한다. 이 거리는 송신안테나나 수신안테나의 높이를 높여 더 멀어질 수 있다.

대지반사파

대지반사파는 지면이나 해상으로부터 반사된 후 수신안테나에 도달한다.

일단 지구표면으로부터 반사가 되면 반사 구성부분은 위상편위와 부분적인 흡수가 생긴다. 결국 최종 수신된 신호는 직접파와 더 약한 위상이 벗어난 대지반사파와 결합된다. 이 결합은 수신된 신호가 2개의 위상차에 따라 변화 정도를 약하게 해줄 수 있다. 180°의 위상 차이는 2개의 신호가 같은 진폭일 때 거의 완전한 페이딩을 일으키게 된다.

지표파

지표파는 지구의 도전율에 주로 영향을 받고 지구표면의 굴곡에 따를 수 있는 지상파의 일부이다. 전파의 일부가 지상으로 흡수되기 때문에 지표파의 강도는 주행 중 약해지며, 감쇠량은 지구표면의 상대 도전율에 달려 있다. 〈표 4.2〉는 여러 표면에 대한 상대도전율(Relative Conductivity)이다.

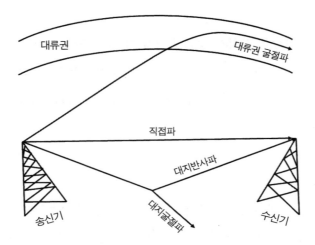

〈그림 4.8〉 지상파의 직접파와 대지반사파 주행 가능노선[1]

〈표 4.2〉 표면 도전율[2]

표면형태	상대도전율
해상	아주 좋음
호수	양호
습지	양호
점토지역	양호
건조한 산악	미흡
사막	미흡

1 Principle of Naval Weapon System(2006), the Unaited States Naval Institute, Electromagnetic Fundamentals, pp. 1-25; 이영철 외 1 역(1986), 전자전의 원리(원서: Principle of Electronic Warfare), 해군 사관학교, pp. 111-127(펄스 레이더), pp. 128-140(CW 레이더), pp. 197-203(전파특성), pp. 204(안테나 응용); Börje Forssel(1991), Radio Navigation Systems, Prentice Hall, pp. 46-67; B. Hofmann-wellenof, K. Legat, M. Wieser(2003), Navigation Principle of Positioning and Guidance, New York: Springer Wien, pp. 59-74.

2 Principle of Naval Weapon System(2006), 앞의 책; Higekazu Shibuya et al(1984), A BASIC ATLAS Of RADIO-WAVE PROPAGATION, JOHN WILEY & SONS, New York, pp. 36-40.

공간파

공간파는 크게 전리층파(Ionosphere Wave)와 대류권파(Troposphere Wave)로 분류된다. 전리층 반사파(d, e), 전리층 활행파(f), 전리층산란파(i) 등과 대류권에서 발생되는 대류권 산란파(g)와 대류권 굴절파(h) 등이 있다. 공간파는 전리층으로부터 산란되고, 굴절되어 일정거리에 있는 지구로 되돌아오기도 한다. 공간파가 전리층에 의해 휘는 양은 전파의 주파수, 전리층에서의 이온량에 달려 있으며, 전파의 주파수가 높을수록 전리층을 더 멀리 뚫고 나가고 지구로 되돌아오는 것이 적다. 전리층에 의해 굴절된 공간파는 일반적으로 장거리 통신에 이용된다.

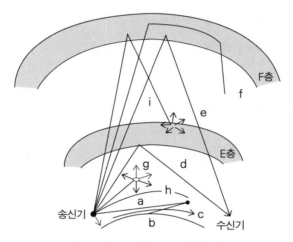

〈그림 4.9〉 전파통로에 따른 전파경로[3]

---

3   Principle of Naval Weapon System(2006), 앞의 책; 유용남 편저(1995), 최신 무선공학, 우신, pp. 209-235(공중선의 실제), pp. 259-271(전파의 전파), pp. 282-299(전리층 전파); Börje Forssel, Radio Navigation Systems(1991), 앞의 책; B. Hofmann-wellenof, K. Legat, M. Wieser, 앞의 책.

10. 전리층 전파(Ionospheric Propagation)

　이온층이라고도 불리는 전리층은 중성 원자나 공기 분자들에 대한 지구 밖의 복사 작용으로 형성되는 전기적으로 전하를 띤 이온의 수가 전파의 전달에 영향을 끼칠 만큼 많은 지구대기의 상층 영역이다. 전리층에 대한 대부분의 연구는 무선통신 공학자들에 의해 이루어졌으며 장거리 라디오 송·수신에 영향을 주는 인자들을 결정할 필요성에 따라 더욱 적극적으로 연구되어 왔다. 오늘날에도 위성과 탄도미사일의 궤도 비행 환경 등 군사, 통신 및 기상분야에서 연구가 진행되고 있다. 전리층이 전파의 전파에 어떻게 영향을 끼치는가를 알기 위해서는 전리층의 기본개념과 특징 등에 대하여 알아둘 필요가 있다.

1) 전리층의 구조와 특성

　〈그림 4.10〉(전리층)은 D, E층 F1 및 F2라고 이름 지어진 4개의 전리층이 있다는 것을 나타내고 있다. 각층에 대한 이온화의 고도, 두께, 강도는 R-F 펄스를 전리층으로 수직 송신하여 그때 돌아오는 펄스를 수신하여 측정한다.

　전리층은 주로 태양으로부터 방출된 X선과 자외선에 의해 기인되기 때문에 그 고도와 두께는 계절과 하루의 낮 시간에 따라 변한다. 전리층 두께는 주야 또는 시간에 따라 다르며, 국내에서 간행된 각종 자료에서 제시된 수치가 일치 하지 않음을 주목할 필요가 있다. 이러한 주요 이유 중 하나는 마일 단위를 미터단위로 환산하는 과정에서 발생될 수 있다. 따라서 이 책에서는 전리층에 대한 두께의 수치 및 단위를 미 해군에서 간행된 자료를 토대로 했음을 밝혀둔다.

・D층: 지구표면 위 20~50마일(37~93km) 고도 간에 D층이라 알려진 확실한 이온의 첫 번째 층이다. D층은 전자밀도가 가장 낮고, 주간에만 존재한다.

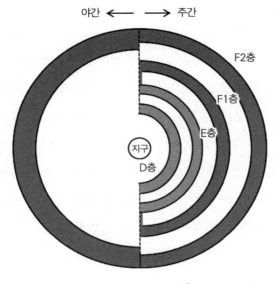

야간 ←——— ——→ 주간

F2층
F1층
E층
지구
D층

〈그림 4.10〉 전리층[4]

중파대 이상의 주파수는 투과되며, 중파대는 흡수한다. 전자밀도는 태양의 변화에 달려 있어 정오에 가장 밀도가 높고 해 진 후 급격히 낮아진다. 이 층에서는 대략 50kHz 주파수대의 전파가 반사 된다.

• E층: 두 번째 높이의 전리층으로 50~80마일(93~150km)고도에 있다. 고도는 계절에 따라 다소 다르다. 태양이 그 위도에 있을 때 고도가 낮아진다. 이는 태양이 바로 머리 위에 있을 때 태양열의 방사가 대기 깊숙이 통과하기 때문이다. E층의 이온화는 태양의 고도변화에 밀접하게 관련되어 있다. 정오경에 밀도가 가장 높으며, 밤에 점차 낮아진다. E층은 약 1,500마일 이하의 거리에 대한 무선송신에 가장 중요하다. 1,500마일 이상의 거리에서 양호한 송신은 F, F1 및 F2층을 이용하여 달성한다. 보통 100kHz~20MHz

---

4 Principle of Naval Weapon System(2006), 앞의 책; 유용남 편저(1995), 앞의 책; 해군사관학교(1981), 전파 통신 시스템 및 레이더 운용, 학습지침서.

주파수의 전파가 반사된다.

- F층: 지구표면 위의 85~250마일(157~463km) 높이에 F층이라는 다른 이온 층이 있다. 공기밀도가 대단히 적기 때문에 전리된 이온들이 쉽게 재결합 하므로 높은 전자 밀도를 유지하고 있다. 이온은 항상 존재하며, 낮에는 뚜렷한 2개의 층(F1, F2)이 있으며, 밤에는 1개의 층이 있다. 밤에는 F층이 약 170마일의 고도상에 있다. 전자밀도가 높아 단파통신의 경우 전리층반사 를 이용할 수 있기 때문에 소 전력으로 원거리 통신이 가능하고 지향성 송 수신 안테나의 이용이 용이하다. F1층에서는 보통 1.5~2.5MHz 주파수가 F2층에서는 3~50MHz 주파수의 전파가 반사된다.

2) 전리층에서의 변화

전리층은 주로 태양방사로 인하여 존재하기 때문에 이 방사강도의 변화가 상부 대기의 이온 밀도의 변화를 일으키게 된다. 전리층에서의 몇몇 변화는 주기적이며, 무선주파수상 영향이 예상될 수 있으나, 상당수 예견할 수 없는 경우가 많다. 주기적 변화에는 일일변화, 계절변화, 흑점 주기변화 등이 있다. 예견할 수 없는 불규칙 변화로는 보통 스포라딕 E층(Sporadic E Layer)과 단파소실(Short Wave Fadeout, 갑작스러운 태양 폭발로 인해 생김) 등이 있다.

주기변화(Periodic Variations)

일일변화는 지축에 대해 지구의 24시간 자전에 의해서 생긴다. 계절적인 변화는 지구 대기의 어느 지역에 도달한 자외선의 강도가 태양 주위의 궤도에 있는 지구위치에 따라 변함으로써 생긴다. 태양 흑점의 활동은 11년을 주기로 하여 변한다. 태양 흑점은 대략 태양방사와 비례하고 대기의 총 이온과 비례한다.

불규칙적인 변화

이온층의 규칙적인 변화와 함께 많은 예견할 수 없는 변화들이 공간파의 전파에 큰 영향을 준다. 이러한 불규칙적인 변화 중 보다 일반적인 것이 스포라딕 E 효과와 단파 소실이다. 스포라딕 E는 정규의 E층과 같은 고도에서 정해지지 않는 시간에 발생하는 이온화된 구름이다. 때때로 전리층의 다른 층으로부터 반사가 완전히 없어지는 많은 양의 방사된 파를 반사할 능력이 있다.

단파소실

전리층과 전파송신의 모든 불규칙 중에서 가장 이례적인 것은 단파 소실인데 이는 갑작스러운 전리층 방해로 인해 생긴다. 단파소실은 예고 없이 오며, 몇 분에서 여러 시간까지 계속되기도 한다. 자외선을 방사하는 태양의 파열로 인해 생긴 이러한 방해는 지구에서 태양이 비치는 지역에 있는 중계국에 영향을 미치며, HF 대의 전 지역에 동시에 소실되는 특징이 있다. 태양폭발은 D층의 이온을 갑작스럽게 증가시키고 가끔 수일 내에 지구자계에 방해가 일어난다.

3) 전리층에서의 굴절

전파가 전리층으로 송신될 때 전파는 굴절된다. 전파가 증가하는 이온층을 통과할 때 전파의 상부속도가 증가하며, 전파를 지구로 다시 굴절하게 한다. 만약 전파가 감소하는 이온층으로 들어가면 전파의 상부속도는 감소하며, 전파는 지구로부터 멀리 굴절하게 된다. 두 경우의 굴절량은 이온화의 변화와 이온층의 고도에 달려 있다.

주어진 주파수에서 전파를 지구로 되돌아오게 하는 굴절량은 전파가 이온지역(입사각)으로 들어가는 각에도 영향을 받는다. 〈그림 4.11〉은 같은 주파수의 전파가 전리층으로 여러 각도에서 들어가는 관계를 그린 것이다.

A파는 적은 각도로 전리층에 접근하기 때문에 지구로 돌아오는 굴절량이 적

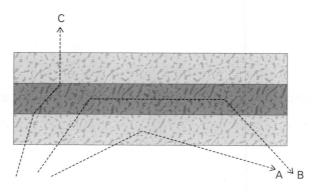

〈그림 4.11〉 입사각 변화에 따른 전리층에서의 전파의 굴절변화[5]

다. B파는 큰 각도로 접근하여 전리층의 깊은 곳을 통과하기 때문에 고도에 따른 밀도의 변화가 점점 커지므로 굴절하는 데 필요한 길이가 더 길어진다. C파는 거의 수직으로 접근하기 때문에 이온층은 C파를 지구로 돌려보낼 수 없다.

4) 전리층에서의 흡수

전파가 전리층을 통과함에 따라서 에너지의 일부를 자유전자와 이온에게 빼앗긴다. 만약 그러한 고 에너지의 자유전자와 이온이 저 에너지의 가스분자들과 충돌하지 않는다면 전파에 의해 잃은 대부분의 에너지는 전자에너지로 재변환되고, 전파는 약간의 강도 변화를 일으키며 전파된다.

그러나 고 에너지의 자유전자와 이온이 다른 입자들과 충돌하면 자유전자와 이온이 전파에서 얻은 에너지를 소모하며, 전파로부터 에너지의 흡수를 일으키게 된다. 에너지의 흡수가 입자들의 충돌에 달려 있기 때문에 이온층의 밀도가 높으면 높을수록 충돌의 가능성이 높다. 그러므로 흡수도 더욱 커지며 밀도가 높은 D층과 E층의 전리층에서 전파 흡수가 크다.

---

5   Principle of Naval Weapon System(2006), 앞의 책; 유용남 편저(1995), 앞의 책; 해군사관학교(1981), 앞의 책.

공간파의 감쇠량이 계절 및 일일변화에 따라 변하는 전리층의 밀도에 달려 있기 때문에 전리층 전파에 대한 거리와 신호강도 사이의 정확한 관계를 나타낼 수가 없다. 공간파의 강도는 전리층에서의 변화 때문에 매 분기, 매월, 매년마다 변한다.

5) 페이딩(Fading)

페이딩이란 수신기간 동안 무선수신기의 무선신호 강도의 변화이다. 전리층을 통해서 수신된 신호는 짧은 시간 동안 강도가 변하기도 한다. 페이딩이 발생하는 데는 몇 가지 주 요인이 있다. 전파가 전리층에서 굴절하거나 지구표면으로 반사될 때 전파의 편극에 불규칙적인 변화가 발생하기도 하며, 안테나가 편극변화를 수신할 수 없기 때문에 수신된 신호 수준에 차질을 가져온다. 페이딩은 전리층에서의 약간의 변화도 신호강도에 변화를 가져오기도 하며, 전리층에서 신호강도의 흡수로도 발생한다. 흡수가 천천히 변하기 때문에 흡수 페이딩은 다른 형태의 페이딩보다 장시간에 걸쳐 발생한다. 그러나 전리층 전파통로에서 발생하는 페이딩의 주 이유는 다중통로 전파(Multipath Propagation) 때문이다.

6) 다중통로 페이딩(Multipath Fading)

다중통로란 용어는 신호가 전리층으로부터 반사된 신호보다 약간 늦게 수신지역에 도달하도록 하는 지면파, 이온층에 의한 재방사 같은 층으로부터의 다중반사 및 1개의 층 이상으로부터의 반사 등과 같은 전파형태를 설명하는 데 사용되는 단어이다.

〈그림 4.12〉는 전파가 두 지점 간에 주행할 수 있는 여러 통로를 보여주고 있다. 송신기에서 나온 한 신호는 통로 XYZ를 따르는데 이것이 기본적인 지표파이다. 다른 신호, 즉 통로 XEA를 통과하는 신호는 E층에서 굴절하여 Z가 아니라 A

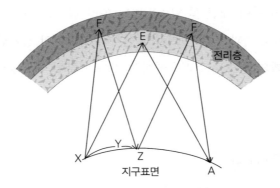

<그림 4.12> 다중통로 페이딩[6]

지역에서 수신된다. 또 하나의 다른 통로가 XFZFA인데 대단히 큰 입사각으로 인해 생기며, F층에서 두 번 굴절한다. Z점에서 수신된 신호는 지표파와 공간파의 결합이다. 만약, 이 2개의 파가 위상이 다르게 수신되면 약하거나 혹은 페이딩 신호를 만들게 된다. 그러나 동위상으로 두 파가 수신된다면 보다 강력한 신호를 생성하게 될 것이다. 송신로에서의 조그마한 변화는 두 신호의 위상관계를 변화시키기도 하며, 주기적 페이딩을 발생시킨다. 신호 구성부분의 이와 같은 합은 점 A에서 발생하고 있음을 알 수 있다.

7) 다중통로 페이딩 전리층의 전파 전파영향 요약

전리층은 시간과 공간에 따라 변한다. 예를 들어 일변화와 같은 변화가 있다. 이른 아침에는 태양고도가 비교적 낮으며 복사선은 정해진 고도에 이르기 전에 많은 대기를 통과한다. 정오 때보다 이온화율이 낮고 이온의 분포도 고층으로 전이된다. D, E, F1층의 고도는 태양고도에 따라 달라진다. 정오에 층의 고도가 가장 낮고 전자 밀도는 가장 높다. 야간에는 빛이 없으므로 재결합에 의해 D, E, F1

---

6 Principle of Naval Weapon System(2006), 앞의 책; 유용남 편저(1995), 앞의 책; 해군사관학교(1981), 앞의 책; Börje Forssel(1991), 앞의 책.

층은 사라진다. F2층의 일변화는 그리 크지 않다. 주간에 고층에서 이루어진 이온화로 F2층의 전자밀도는 낮 동안에 최고값을 유지하며 야간에는 아래로 확산된다. 이 때문에 장파와 단파를 모두 포함한 라디오 수신이 일반적으로 주간보다 야간에 상태가 좋은 것이다. 주로 D층에서 일어나는 하층 이온화는 주간에 라디오 전파를 방해하는 경향이 있다. 태양이 지면서 D층의 이온들이 사라지므로 야간의 전파방해는 최소가 된다.

11. 대류권 전파(Tropospheric Propagation)

대류권은 대기의 가장 낮은 지역으로 지상에서 약 6마일까지(10~12km) 해당된다. 대기 중의 모든 실제 기상현상은 이 지역에서 발생한다. 대류권에는 실질적으로 이온화가 없다. 일반적으로 고도의 증가에 따른 기온과 압력의 일정한 감소를 대류권의 특징으로 삼을 수 있다. 지구 표면의 열이 일정하지 않기 때문에 대류권 내의 공기는 일정한 운동을 한다. 이 운동이 조그마한 와류를 일으킨다. 이러한 와류(Turbulence)는 굉장히 빨리 흐르는 물에서 일어나는 소용돌이와 아주 유사하다. 와류는 지구표면 가까이에서 가장 강하나 고도가 높아짐에 따라 점차 감소한다. 약 30MHz에 달하는 주파수의 무선파장은 와류의 크기와 비교하여 크다. 그러므로 와류는 송신된 신호에 대해서 거의 작용하지 못하나 주파수가 증가될 때 그들이 대류권 산란송신에 대해 중요한 영향을 미치기 때문에 국부적인 와류는 중요성이 점차 증가된다.

1) 대류권 산란에 의한 전방전파(Forward Propagation by Tropospheric Scatter)

산란이란 에너지의 퍼짐이 모든 방향에서 동일하다는 것을 의미하지만, 대류권 산란전파에서의 산란의 의미는 에너지 확산방향이 주 파 정면의 통로방향과 약간 다르다는 의미를 내포하고 있다. 산란은 주로 순방향에서 일어난다. 그러므로 전방산란이란 용어는 대류권 산란에 대해서 설명할 때에 가끔 사용된다. 대류권 산란에 의한 전방전파 기술로 원거리(600마일의 거리)까지 전파를 할 수 있다. 대류권에서의 산란현상은 대류권에 산재하는 교란이 신호를 수평선 너머까지 산란을 일으키는 원리에 기초를 두고 있으며, UHF대에서 주로 발생한다. 산란효과는 마치 각 교란이 신호를 수신하여 재방사하는 것과 같다.

산란은 수평선상에 위치하여 송신된 에너지를 수신하여 그것을 다시 가시거리 이상의 어떤 지역으로 보내는 중계국으로 생각될 수 있다. 대부분의 송신된 에너지들이 수신기에 재방사되지 않기 때문에 마지막 수신지역에 도달할 신호레벨은 매우 낮으며, 효율성도 매우 낮다. 산란에서 이러한 낮은 효율성을 보완하기 위해서 입사전력이 매우 높아야 한다. 이를 위해 고전력 송신기와 고이득 안테나를 사용하는데 이것들은 송신된 전력을 빔에 집중시키는 일을 한다.

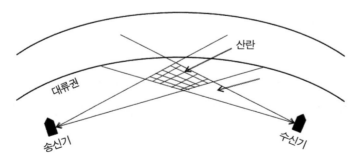

〈그림 4.13〉 대류권에서의 전파의 산란[7]

---

7   Principle of Naval Weapon System(2006), 앞의 책; 유용남 편저(1995), 앞의 책.

2) 기상효과, 강우감쇠, 덕팅

전파에서의 기상효과

기상은 전파를 전파하는 데 영향을 미치는 요인들 중에 하나이다. 따라서 여기서는 기상과 전파의 전파와의 관계를 보여주고 여러 가지 현상에 대해서 설명할 것이다.

바람, 대기온도, 공기 중의 수분함량 등이 여러 방법으로 결합하여 전파를 원래의 거리의 수백 마일 이상에서도 청취할 수 있게 하거나 그 신호가 충분히 수신할 수 있는 지역에서 감쇠되게도 할 수 있다. 기상의 변화가 매우 복잡하고 심하기 때문에 확고하고 정확한 규칙을 기상효과에 부여할 수는 없다. 그러므로 전파에서의 기상효과에 대한 설명은 일반적인 용어로 할 수밖에 없고 여기서도 간략하게 취급할 것이다.

강우감쇠(Precipitation Attenuation)

만일, 대기 중에 수분이나 수증기가 없다면 전파 전파에 관한 기상효과를 예측하기란 쉽다. 그러나 건조한 지역에서조차 어떤 형태의 물(기체, 액체, 고체)이 항상 존재하며, 모든 마이크로파 계산에 고려되어야 한다. 강수로 인한 감쇠는 다른 형태의 물에 의한 감쇠보다 크다. 감쇠는 흡수에 의해 일어나기 때문에 약간 부도체의 역할을 하는 강수가 전자파로부터 전력을 흡수하여 열손실 혹은 산란으로 그 전력을 소모한다.

강수 크기의 변화는 산란에 의한 감쇠를 결정하는 데 어려운 점의 요인이 된다. 어느 강우든지 떨어지는 크기가 일정하지 않기 때문이다. 강수의 직경은 매우 다양하며, 1mm 이하에서 5mm 정도까지 있다. 대체로 가장 큰 강우 크기가 강우의 최대율을 일으키며, 따라서 감쇠도 최대가 된다.

안개, 눈, 진눈깨비, 우박, 얼음 등과 같은 다른 형태의 강우로 인한 감쇠는 비에 의한 것보다는 적으며, 따라서 별 영향을 끼치지 못한다.

덕팅(Ducting)

보통 가장 따뜻한 공기는 수면 가까이에 있다. 그리고 고도가 올라갈수록 공기는 점차 차가워진다. 때때로 온난층의 공기가 한랭층 위에서 발견되는 이례적인 상태가 발생하는데 이를 가리켜 온도 역전이라 한다.

온도 역전이 생기게 되면 굴절량은 경계구역 내의 갇힌 입자들과 다르다. 이 차이가 예상거리 이상 수 마일까지 전파를 전도할 채널이나 덕트를 형성한다. 때때로 이 덕트는 수면과 접하여 대기 중으로 수백 피트까지 이른다. 어떤 때는 덕트의 고도가 500~1,000피트 사이이기도 하고 여기에 다시 500~1,000피트 더 올라가기도 한다.[8]

만일, 안테나가 덕트에까지 솟아 있고 혹은 전파가 안테나를 떠난 후 덕트에까지 이른다면 먼 거리에까지 송신할 수가 있다. 온도 역전에 의해 생긴 덕트에서 이러한 전파의 송신형태의 예를 〈그림 4-14〉처럼 표시했다.

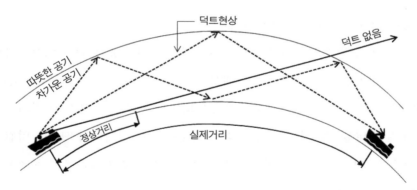

〈그림 4.14〉 전파의 송수신 과정에서의 덕트현상[9]

---

8 Principle of Naval Weapon System(2006), 앞의 책.

9 Principle of Naval Weapon System(2006), 앞의 책; 이영철 외 1 역(1986), 앞의 책; 유용남 편저(1995), 앞의 책; 해군사관학교(1981), 앞의 책; Börje Forssel(1991), 앞의 책.

12. 주요 주파수 대역별 특성

앞에서 분류된 전자파의 주파수 대역 중 항법시스템에 주로 사용되고 있는 주요 주파수 대역들에 대하여 간단히 특성을 서술한다.

1) MF대(중파)

중파는 주파수 300~3,000kHz 사이의 전파를 말하고 파장 100~1,000m 범위에 있다. 국제전기통신조약에 따른 주파수의 분류 중에서 MF(Medium Frequency)에 해당하는 영역이다. 중파대는 285~535kHz이다. 중파는 근거리에서는 지표면을 따라 전파되는 지상파를 이용한다. 또한 파장이 길수록 감쇠가 적다. 중파신호 중 지상파(Ground Wave)가 어떤 장소를 거치느냐에 따라 감쇠도가 달라지는데, 대양이 감쇠도가 가장 낮으며 메마른 암석 황무지나 콘크리트 건물이 밀집한 대도시 시가지에서 신호가 많이 감쇠된다. 원거리에서는 전리층파가 주가 되지만, 주간에는 D층(60~85km 상공에 존재)이 전파의 흡수층으로 작용하므로 전기장의 세기가 약해져서 거의 이용할 수 없다. 야간에 D층이 소멸하면 E층(90~110km 상공에 존재)이나 F층(200~400km 상공에 존재)에서 반사하여 수백 km 떨어진 곳까지 이른다. 라디오 방송용(중파방송용), 선박통신, 무선 항행업무용으로 쓴다.

2) HF대(단파)

HF대(3~30MHz)로 지정된 주파수의 범위는 장거리 공간파 통신을 위해 전리층 전파를 이용한다. 우리말로 단파 또는 고주파라고도 하며 주파수가 3MHz부터 30MHz 대역대의 전자기파를 말한다. 영문표기로 파장을 기준으론 SW(Short Wave), 주파수를 기준으로 HF(High Frequency)라고 쓴다.

단파는 전리층과 지상에 반복적으로 반사되어 공간파가 원거리까지 도달 가능하므로 장거리 통신이 가능하다. 국제 라디오 방송 등에 사용되며 위성통신이 사용되기 전에는 국제전화용 회선으로 쓰인 적이 있었다. 델린저 현상 및 태양흑점 활동 등으로 인해 수신신호가 주기적인 강약변화가 있어서 혼신에 취약하기 때문에 안정도가 떨어지며, 낮과 밤, 계절에 의한 전리층 변화로 인해 안정된 통신에 영향을 받기도 한다. 지표파의 감쇠율이 심하여 근거리 통신 및 방송을 제외하고는 지표파의 이용 가치가 낮다.

3) VHF대(초단파)

VHF대(30~300MHz)는 전체 무선 스펙트럼에서 가장 먼저 알려진 주파수대의 일부이다. 대체로 전리층 전파는 VHF대에서 약하고 장거리의 전파에도 이용하기가 어렵다. 그러나 불규칙적인 전리층 굴절은 가능하고 이 주파수대에 있는 신호들을 전리층에 의해 수백 km까지 전파시킨다.

VHF에서 사용되는 가장 일반적인 전파통로는 지구표면과 대류권 통로이다. 지구의 대기밀도가 보통 위도에 따라 감소하기 때문에 전파는 지구의 실제 수평선의 4/3배의 거리까지 굴곡된 경로를 따라 굴절에 의해 전파된다. 이 주파수대에서 무선 수평선(실수평선의 4/3배)은 굴절뿐만 아니라 회절에 의해서도 지배를 받는다.

언덕이나 다른 장애물체의 지리적 응달지역에서 신호를 수신할 수 있게 하는 불규칙적 지세에 대하여 회절효과가 상당히 중요하다. 일반적으로 주파수가 높을수록 회절효과는 적다.

4) UHF대(극초단파)

극초단파는 전자기파의 주파수가 300MHz(파장 1m)에서 3.0GHz(파장 10cm) 사이에 할당된 전자기파를 말한다. 직진성이 강해 VHF보다는 전송거리가 약간

더 짧다. VHF 이하 대역에 비해 주파수 폭이 넓어 휴대폰, 무선인터넷 등 여러 데이터 통신에 많이 활용되고 있다. 대부분의 인공위성항법 방식의 주파수대는 이 대역에 속한다.

UHF의 장점은 이 영역대가 높은 주파수로 인해 파장이 짧다는 데 있다. 송신기와 수신기 장비는 파장이 짧은 전파를 사용함으로써 작게 만들어 사용할 수 있기 때문이다.

그러나 송신거리는 대류권 산란전파를 이용해서 수백 마일을 더 가기도 한다. 지면반사가 UHF에서도 여전히 있으며, 반사파 장애로 인하여 다중통로 페이딩을 일으킬 수 있다. 1,000MHz이상의 주파수에서 나무나 채소류에 의한 송신된 신호의 감쇠는 마일당 12~4dB까지 미친다. 또한 수신기 잡음이 다소 높으며, 주파수가 증가함에 따라 잡음도 커진다.

5) SHF대(초고주파)

주파수 3~30GHz, 파장 1~10cm의 전파로 위성통신, 위성방송, 텔레비전 중계, 마이크로 회선, 레이더 등에 이용되고 있다. 비나 안개의 영향을 받기 쉬우나 직진성이 강해 각종 뉴미디어의 전파 자원으로 주목받고 있다. 주파수가 높아질수록 많은 정보를 전송할 수 있으며 직진성이 강하다.

13. 지상파와 가시거리 전파의 항법 및 통신응용

지상파 전파의 속성을 갖는 VLF, LF, MF대역 주파수들은 손실이 적어서 육상이나 해상에서 중장거리 통신에 유익하게 사용되고 있다. LF대의 주파수는 수백 마일의 통신도 가능하며, 해상에서는 전달 거리가 더 커진다. MF대 에서는 육상 60여 마일, 해상은 해상상태에 따라 1,000여 마일까지도 가능하다. 그러나 HF대 주파수의 지상파 이용은 제한적이어서 근거리 통신에 적합하다. VHF대 이상에서의 지상파 이용은 가시거리(line of sight) 통신에서 가능하다(이 경우에도 덕팅 현상 등에 의한 전파 도달거리는 훨씬 길어질 수 있다. VHF와 UHF에서의 덕팅 현상에 의한 해상에서의 전파 도달거리는 해상에서의 경우 2,000마일 이상까지도 가능하다.)

VLF, LF, MF대역 주파수가 지표파 특성을 갖고 있는 반면 VHF대 이상의 주파수는 전리층에서 반사되지 않고 투과해버리기 때문에 전파 도달거리가 가시거리권 내에 있음을 주목하기 바란다. 따라서 VHF대 이상의 주파수를 사용하는 통신시스템의 전파 도달거리는 지구 곡면의 기하학적 거리와 밀접한 관계가 있다. 즉, 송수신 지점의 높이(안테나의 높이)와 지구표면의 높이에 따라 전파의 기하학적인 도달거리가 결정됨을 유의해야 한다. 가시거리(시인거리라고도 함) 전파 및 도달거리에 대한 설명은 레이더 항법에서 매우 중요하다.

14. 전자항법과 안테나

전파를 정보전달 매체로 사용하는 전자항법 시스템은 송·수신 안테나가 필요하다. 단거리 내에서 전기적 신호를 전달하려면 주로 금속질인 도체를 쓸 수 있지만 대부분의 전파항시스템 및 통신시스템에서 사용되는 전자파는 금속질 도체 없이 공간을 주행해야 한다. 송신기에서 만들어진 교류가 공간에 전자파의 형태로 퍼져 나가는 것을 전자파의 복사라 하며, 복사를 잘 일으키도록 고안된 장치를 안테나라 한다. 이러한 안테나는 공간의 전자파를 잘 수집하여 수신기에 넣는 성질을 갖고 있다.

교류 전류를 운반하는 모든 도체는 전자파를 방사하는 경향이 있다. 간격이 아주 가까운 두 와이어 송신선에서는 도체의 각 부분마다 위상이 다른 같은 크기의 전류를 흐르게 하고 있기 때문에 가깝게 떨어져 있는 도체로부터 나가는 방사 세력은 상쇄하게 되고, 그 결과 송신선에서는 아무런 방사도 없다. 동축선과 도파관 내에서는 전류에 의해 생긴 전계가 그 금속 도체 안에서 제한당하기 때문에 보통 방사가 방지된다. 그러나 안테나는 수정된 송신선의 일부라고 생각할 수 있기 때문에 여기서, 즉 전류를 운반하는 도체로부터 나가는 방사가 상쇄되지도 않고 차폐 도체에 의해 제한받지도 않아 먼 곳으로 주행하게 된다.

안테나의 전기적 특성은 제일 중요한 것이고 본 장에서 설명하고자 하는 것도 이것이다. 본 장에서는 안테나를 설명하는 데 있어서 가능하면 수식을 사용하기보다는 물리적 특성 위주로 안테나를 이해할 수 있도록 노력했다. 몇몇 대표적인 종류의 안테나에 대해서만 원리 위주로 설명하고자 했으며, 특히 전파항법시스템 및 위성항법시스템에서 사용되는 안테나를 비롯해 기본적인 안테나 위주로 설명했다.

15. 안테나의 종류

안테나는 용도에 따라 여러 종류가 있으나 크게 송신 안테나와 수신 안테나로 구분된다. 송신 안테나는 안테나에 가해진 고주파 전력을 전파의 에너지로 변환해서 공간에 방사하는 것을 목적으로 하는 장치이기 때문에 일반적으로 큰 전력을 다루도록 되어 있다. 수신 안테나는 공간에 방사된 전파의 미약한 에너지를 포착해서 이것을 수신기에 도입하는 것을 목적으로 하는 장치이기 때문에 특히 고감도이고 또한 신호 잡음비가 큰 것이 필요하다. 주파수에 따라 안테나를 나누면 장파, 중파, 단파, 초단파, 극초단파 안테나가 있다. 안테나의 기하학적 형태에 따라 다이폴 안테나, 루프 안테나, 나선형 안테나 등의 선형 안테나가 있고, 혼 안테나, 스롯 안테나, 파라볼라 안테나, 렌즈 안테나 같은 개구면 안테나, 패치 안테나, 평면 다이폴 안테나, 스파이럴 안테나 같은 평면형 안테나, 반사판(Reflector Antenna) 및 배열 안테나 등이 있다. 방사패턴 또는 방향성에 따라 모든 방향으로 균등하게 방사하는 등방성 안테나(Isotropic), 수평평면 상에서 고른 방사패턴 특성을 갖는 전방향성 안테나(Omnidirectional) 및 특정 방향으로 전파를 방사하는 지향성 안테나(Directional Antenna)가 있다. 기타 사용목적에 따라 일반 통신용 안테나, 라디오 방송용 안테나, TV용 안테나, 레이더용 안테나, 방향 탐지기용 안테나, 무선 표지용 안테나, 항법용 무선 항공용 안테나, 항공기용 안테나 및 전파망원경, 인공위성 추적용 등이 있다. 동작 원리로 나누면 정재파 안테나와 진행파 안테나로 대별된다. 정재파 안테나는 도선 소자를 공진 상태로 해서 사용한다. 반파장 다이폴 소자는 사용하는 그 대표적인 것으로서, 대개는 배열의 면에 직각인 방향에 최대 방사가 있는 가로형 공중선 열이다. 진행파 안테나에도 여러 가지가 있다. 배열 방향으로 전도되는 전파의 위상 속도가 자유 공간의 속도와 상이하기 때문에 생기는 지향성을 이용한 것이 있다. 따라서 이런 안테나의 최대 방사는 배열의 축 방향에 일어나는 소위 세로형 안테나 열이다. 파라볼라 안테나는 개구면 안테나임과 동시에 반사판 안테나이며, 주로 극초단파대 주파수 용도의 안테나이다. 이와 같이 어떤 안테나를 분류할 때 한 가지 종류의 안테나로 구분하기보다는 다양한 안테나로 구분한다. 이 책에서 구분하는 방법 외에도 여러 특성을 고려하여 안테나 종류를 구분한다.

16. 안테나의 특성

1) 전계세기와 강도

전자파의 세기는 전계의 전압 경도로서 상세히 설명된다. 전계로 표시할 수 있는 전파의 세기를 전파의 전계세기라고 한다. 계속적인 전파 주행 방향에 수직인 단위 면적을 통과하는 "에너지"의 비율을 전력 밀도(Power density) 혹은 전파의 강도(Intensity)라고 부른다. 자유 공간을 주행할 때 전파의 강도는 그것이 중심에서 멀어지는 대로 확산(Spreading)되기 때문에 전원 중심부로부터의 거리 자승에 반비례한다. 실제로는 여러 가지 많은 조건하에서 확산작용 이외에도 많은 인자들이 전계세기를 변화시킨다. 이에 대한 좀 더 상세한 내용은 추후 레이더 거리방정식과 함께 다루고자 한다.

2) 간섭(Interference)

주어진 구역에 1개 이상의 전자파가 나타나게 되면 간섭이 생기게 된다. 예를 들면 만일 같은 방향으로 주행하는 전파의 주파수가 서로 같고 그의 전기적 벡터가 평행되게 편극되었을 때는 각 전파 전계의 복소적 시간 벡터가 합성된 전계의 복소적 시간 벡터에 추가될 수 있다. 합성전계의 진폭은 추가된 전파의 진폭과 상대적 위상에 따라 달라지고 그 값은 0에서부터 간섭 전파 진폭의 대수적 합 사이의 값을 가질 수 있다.

3) 방사 패턴과 지향성

안테나는 모든 방향으로 똑같이 방사하지는 않는다. 방향에 따라 변하는 전계 세기의 변화를 표시하기 위하여 방사 패턴을 만들게 된다. 이러한 패턴을 계산하기 위해서 안테나 동작 주파수에 해당한 파장에 비해서 큰 일정한 반경으로 그려진 원 중심에 있는 안테나를 생각해보자. 그러면 원주의 모든 점에 대한 방향의 함수로서 전계 세기를 표시할 수 있게 된다. 이를 극좌표에 표시한 것이 방사패턴이다. 보통 방사력이 최대가 되는 방향의 전계 세기를 단위로 한 상대적 기점을 한다. 방향에 따라 좌우되는 전계 세기를 표시하기 위한 전계 표시법을 만들 때 필요하게 되는 인자들을 흔히 지향성 함수라고 부른다.

송신 안테나로부터 나가는 방사력이 방향에 따라 달라지는 것과 같이 수신 안테나의 방사 패턴은 송신 안테나에 대해서 취한 절차와 똑같은 방법으로 그릴 수 있다. 방사 세력원은 원주에 있게 되고 수신 안테나 단자에 나타나는 전압은 각 세력원의로부터의 방향의 함수로 기점할 수 있다.

4) 안테나 주위 물체의 영향

대부분의 경우에 있어서는 주위 물체로 인해서 자유공간에서의 안테나 패턴이 받는 영향은 굉장히 심하다. 안테나에서 나오는 전자파 내에 있는 도전 물체는 유기된 전압을 가지게 되므로 전류가 흐르게 된다. 이 전류들은 전압을 유기시키는 전파의 전계가 변하는 것과 똑같은 양식으로 시간과 더불어 정현파적으로 변화하기 때문에 이 전류들은 꼭 같은 주파수로 전자파를 다시 방사하게 된다. 이 현상을 재방사라고 부른다. 이렇게 재방사된 전자파는 안테나에서 방사되는 전자파와 결합하여 안테나 패턴을 수정하게 된다.

안테나 패턴에 미치는 재방사의 영향은 재방사 물체의 수, 크기, 모양, 도전성 및 안테나에 대한 상대적 위치 등에 따라 좌우된다. 일반적으로 구조물, 건물, 탑, 기타 도전체들의 영향을 예측하기는 곤란하다. 이러한 물체들이 안테나 근방에 있을 경우 실제의 방사 패턴을 알고자 할 때는 직접 측정해서 알 수밖에 없다. 주위에 있는 도전체의 크기가 파장에 비해서 크고 그 표면이 늘 같은 상태를 유지하게 될 때 재방사는 특별한 반사의 형태를 취하게 된다. 이러한 반사작용은 빛이 거울에 부딪쳐서 반사하는 것과 같은 현상이고 광학에서의 반사 법칙을 따르게 된다. 지상의 넓은 분야, 특히 해수와 같은 부분의 표면은 충분한 도전성을 갖고 있기 때문에 좋은 반사체가 되어 준다. 이렇게 넓은 반사 표면이 근처에 있게 되면 대부분의 안테나가 현저한 영향을 받아 방사 패턴이 달라지게 된다. 이러한 이유 때문에 해상에서의 레이더 운용 시 실제 물체 식별에 주의가 필요하다.

17. 안테나 이득과 지향성

1) 안테나 이득

보통 임의의 안테나와 반파장 안테나 등의 기준 안테나에 동일한 전력을 주었을 경우에 있어서 임의의 방향의 방사 전력비를 그 방향에 있어서의 안테나 이득(Gain)이라 한다. 이득은 또 수신점에서 동등한 전계 또는 전력을 얻는데 필요한 송신전력의 역비로도 나타낼 수 있다.[10]

$$G = \frac{\dfrac{W}{P}}{\dfrac{W_0}{P_0}} = \frac{\dfrac{E^2}{P}}{\dfrac{E_0^2}{P_0}} \quad \cdots\cdots\cdots\cdots\cdots\cdots\cdots\cdots\cdots\cdots\cdots\cdots\cdots\cdots (4.1)$$

단, w_0: 기준 안테나의 방사전력

P_0: 기준 안테나에 공급된 전력

10　유용남 편저(1995), 앞의 책, pp. 188-189(안테나 이득), pp. 209-235(공중선의 실제).

w: 임의의 안테나의 방사전력

P: 임의의 안테나에 공급된 전력

E_0: 기준 안테나의 수신점에서의 전계강도

E: 임의의 안테나의 수신점에서의 전계강도

이득은 보통 [dB]로 표시하며, 아래와 같이 경우에 따라 다르게 표시한다.

$$G(dB) = 10\log_{10}G \quad\text{··}\quad (4.2)$$

임의의 안테나와 기준 안테나에 동일한 전력을 공급했을 경우,

$$G(dB) = 20\log_{10}\frac{E}{E_0} \quad\text{·······································}\quad (4.3)$$

동일 전계강도를 얻었을 경우에는 아래와 같이 표시한다.

$$G(dB) = 10\log_{10}\frac{P}{P_0} \quad\text{··}\quad (4.4)$$

안테나의 이득은 기준 안테나에 따라 다르며 절대이득과 상대이득이 대표적이다. 절대이득은 전 방향에 균일하게 방사하는 등방 안테나를 기준으로 초고주파용의 안테나에 주로 사용되며 이득과 전계강도의 관계는 아래 식으로 표시할 수 있다.[11]

$$E = \frac{\sqrt{30\,G\,n\,P}}{d} \quad\text{··}\quad (4.5)$$

---

11 유용남 편저(1995), 앞의 책.

상대 이득은 무손실 반파장 다이폴 안테나를 기준 안테나로 사용하고 초단파대 이하의 비접지용 선형 안테나에서 주로 사용되며, 이득과 전계강도의 관계는 이득을 g라 할 때 아래 식으로 표시할 수 있다.

$$E = 7 \frac{\sqrt{g\,n\,P}}{d}$$ .... (4.6)

단, G : 절대이득

  g : 상대이득

  n : 안테나 효율(안테나 방사전력/안테나 입력전력)

  P : 안테나 입력전력

  d : 수신점 거리

2) 지향성(Directivity)

안테나에서 중요한 개념은 안테나의 지향성이다. 안테나의 지향성은 에너지를 희망하는 방향으로 방사할 수 있는 능력과 다른 방향으로 방사하지 않도록 억제하는 능력의 측정이다. 지향성이 크다는 말은 결국 어느 한쪽으로 패턴이 얼마나 쏠리느냐를 나타내며, 특정 지역에 있는 안테나와 송수신을 하려면 적절한 지향성이 필요하다.

이것은 수신 안테나의 경우에서도 마찬가지다. 유용한 방향에서 수신한 신호는 그 밖의 다른 방향에서 수신한 신호보다 더욱 효과적이다.

안테나의 지향특성은 대부분 안테나가 설치된 장소와 그 설계에 달려있다. 따라서 지향특성은 각 안테나의 형태에 달려 있다. 안테나 및 안테나 열의 지향성의 좋은 표시를 가리키는 방사 형태는 일반적으로 극좌표에 작성한다. 지향성은 종종 방위각으로 표시된 지향성 로브의 폭과 관련된 빔폭이란 용어로 표현된다. 주빔의 최대 복사방향에 대하여 $-3dB$(전력패턴에서는 최대 복사전력의 1/2, 전계

패턴에서는 최대 복사전계 강도의 $\frac{1}{\sqrt{2}}$ = 0.707 되는 각을 빔각, 빔폭 혹은 반치폭이라고 하며 주파수가 높을수록 예리하다. 일반적으로 안테나 지향특성은 모든 방향으로 아주 동일하게 수신하거나 방사되는 전방향성, 두 방향에서 수신하거나 두 방향으로 방사하는 양방향성 및 하나의 방향으로 충분히 수신하거나 방사하는 특성을 갖는 단방향성 등이 있다.

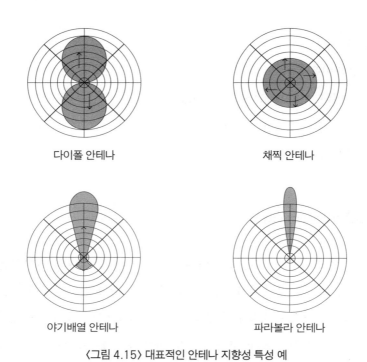

다이폴 안테나

채찍 안테나

야기배열 안테나

파라볼라 안테나

〈그림 4.15〉 대표적인 안테나 지향성 특성 예

3) 로브와 빔폭

방사력이 0으로 되는 방향을 Null이라고 부르고 이러한 Null과 Null 사이를 통하는 빔을 로브라고 부른다. 만약 로브들의 진폭이 같지 않을 경우에는 최대 전계 세기를 가지는 쪽이 주엽이고 약한 전계를 가지는 로브(Lobe)가 측엽 혹은 부엽이다.

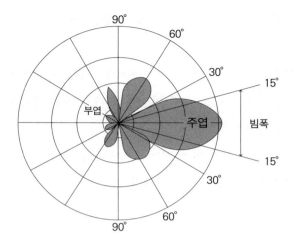

〈그림 4.16〉 로브와 빔폭 이해도

4) 지향성 안테나의 용도

모든 방향에 대해서 똑같은 세력으로 전파를 방사하는 특성을 가지는 전방향 안테나는 수신기들이 송신기에서 볼 때 모든 방향에 산재하여 있을 때를 비롯하여, 어떤 한 수신기가 수신기 위치를 기준으로 했을 때 어느 방향에서 오는 신호도 수신할 수 있도록 하려 할 때 송신기용 안테나로 적합하다. 예를 들면 방송 송신기, 가동 물체와 교신하기 위한 고정된 송신기 및 선박이나 항공기나 자동차같이 움직이는 물체에 장치해 놓은 송신기와 수신기 등에 적합함을 알 수 있다. 그럼에도 불구하고 안테나는 지향성이 있는 것이 더 유리한 경우가 많다. 지향성 송신 안테나의 사용상의 장점을 들면 다음과 같다.

① 원하는 방향에 전력을 집중, 그 결과 만족한 신호 세기를 받을 수 있도록 하고자 할 경우

② 혼신을 일으킬지도 모를 장소를 방사 신호가 비켜 가게끔 방향을 조종할 수 있도록 하고자 할 경우

③ 신호와 안테나 빔 이외의 방향에서 들어오는 잡음을 식별할 경우

④ 방향 탐지기처럼 수신신호의 들어오는 방향을 탐지하고자 하는 경우 등

　　지향성 안테나를 응용한 해상에서의 장치 몇 가지를 소개하면 다음과 같다. 점간 통신, 레이더, 방향 탐지기, 수백 마일씩 떨어져 있는 곳에서 동일 주파수를 송신하는 방송국 등이다.

　　아래에서는 과거부터 현재까지 항법시스템이나 해상통신과 연관이 있는 주요 안테나들에 대하여 이해 중심으로 설명한다.

18. 주요 안테나의 특성

1) 다이폴 안테나

　　다이폴 안테나는 선형 안테나의 기본형으로서 송신기에서 나온 두 가닥의 전선을 상하(또는 좌우)로 구부려 제작한다. 즉 안테나의 길이가 사용주파수 파장의 1/2보다 짧은 경우에 안테나의 중앙을 기준으로 상하 또는 좌우의 선상 전위 분포의 극성은 언제나 반대가 되어 다이폴과 같이 작용한다. 이런 원리를 이용한 종류의 안테나를 다이폴 안테나라고 한다. 다이폴 안테나를 조합하여 배열 안테나로 사용하기도 한다.

　　다이폴에 흐르는 전류분포는 안테나의 끝단에서부터 정현적으로 증가하여, 끝단에서 1/4파장이 되는 곳에서 최대이다. 따라서 다이폴 안테나의 이상적인 길이(상하도체를 합한 길이)는 반파장의 길이이다. 주파수가 낮아서 반파장으로 하는 것이 곤란할 때에는 안테나의 길이를 짧게 하는 대신에 안테나의 끝단에 용량부하(콘덴서와 같이 전하를 저장하는 장치)를 달아서 전류분포를 개선할 수 있다(안테나의 길이

　　전자항법과 GPS: 전자 · 위성항법의 이론과 실무

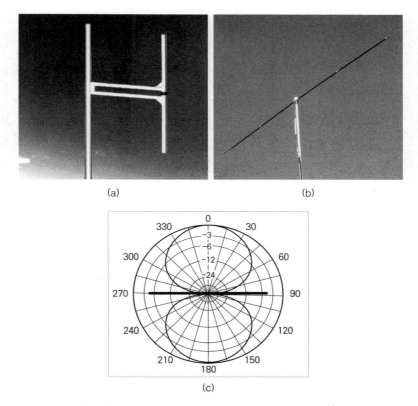

(a)   (b)

(c)

〈그림 4.17〉 다이폴 안테나의 모양(a, b)과 지향성(c)[12]

를 길게 하는 효과). 또 다이폴 안테나를 수평으로 설치하면 수평편파를 복사하고, 수직으로 배치하면 수직편파를 복사한다.

2) 우산형 안테나와 벨리 스펜 안테나

저주파 또는 초저주파에 있어서 안테나의 길이가 파장에 비하여 대단히 짧아지므로 매우 큰 정관을 필요로 한다. 안테나의 탑 꼭대기에는 사방으로 우산살 모양의 와이어를 쳐서 중간을 절연하여 윗부분을 정관 대신 사용한 우산형 안테나

---

12   http://www.keyword-suggestions.com.

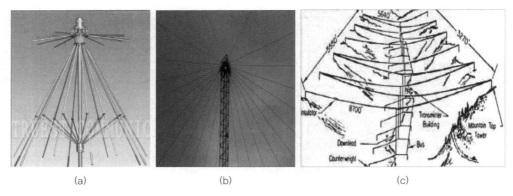

(a)   (b)   (c)

〈그림 4.18〉 우산형 안테나(a, b)와 벨리 스펜 안테나(c) 모양[13]

이며, 철탑에 여러 가닥의 철선을 달아서 로란 C 등 중파용 송신용 안테나로 사용
된다. 저주파를 사용하는 전파항법 방식의 송신용 안테나 및 잠수함 통신(수중의 잠
수함과 지상의 기지국 간) 송신안테나로서 계곡의 지형을 이용한 벨리 스팬 안테나가
개발되어 사용된 바 있다.

3) 루프 안테나

원형, 정사각형, 직사각형, 삼각형 등에 도선
을 1회 또는 수회 감은 안테나를 루프 안테나라 하
며, 자력선에 직교하는 방향으로 전파가 진행하므
로, 루프면의 방향으로 전파가 잘 복사되지만, 루
프와 직교하는 방향으로는 전파가 거의 복사되지
않아서, 송수신 특성상 강한 지향성을 가진다. 해
상 및 육상에서 무선 방위측정기의 수신용으로 많
이 사용된다.

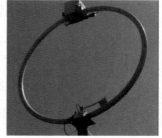

---

13   http://www.wow.com/wiki/VLF.

14   https://www.pinterest.co.kr/shigeruyoshino5/loop-antenna.

〈그림 4.19〉 원형 모양의
루프 안테나[14]

4) 혼(Horn) 안테나와 혼 리플렉터 안테나

가운데가 비어있는 구형체나 둥근 원통들은 초고주파 계통의 송신 회로로 흔히 사용되고 있다. 이러한 도관(Duct)들은 흔히 도파관이라고 부른다. 도파관은 전자파 에너지를 한 곳에서 보내고 싶은 다른 곳으로 인도해 주는 역할을 한다. 도파관의 끝은 나팔 모양을 한 적합한 전자 깔대기(Horn)가 되게끔 벌릴 수 있는데 전자파는 여기에서 자유 공간으로 향해 나가게 된다.

전자 깔대기는 흔히 만들려고 하는 방사 패턴이 되도록 모양을 가진 반사표면과 함께 사용된다. 이와 같은 사용 장치는 대표적인 개구면 안테나의 하나로서, 안테나 개구면의 크기가 파장에 비례하게 되어 보통 3GHz 정도와 이 이상의 주파수에 적합하며 혼 리플렉터 안테나 등에 사용된다.

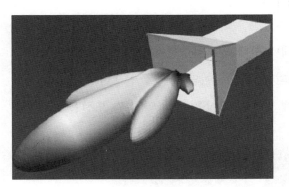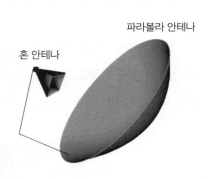

〈그림 4.20〉 혼 안테나와 혼 리플렉터 안테나[15]

5) 슬롯(Slot) 안테나

슬롯 안테나는 항공기와 선박, 함정용에서 비이콘의 송신용 또는 레이더등에 특히 애용되며, 파라볼라 안테나의 1차 방사기로도 사용된다. 이 안테나는 금속질

---

15   http://openems.de/forum/viewtopic.php.

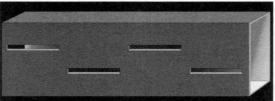

〈그림 4.21〉 슬롯 안테나 모양[16]

구조체 내에 만들어 넣을 수 있다.

또, 슬롯의 크기나 갯수, 모양, 거리 등 다양한 변수를 조절하여 배열 안테나처럼 여러 가지 특성을 만들어낼 수 있으며, 적당한 유전 물질로 이것을 덮어서 사람이 통행할 때나 기류에 방해되지 않게 보호한다.

6) 야기배열(Yagi Array) 안테나

텔레비전 수신에 사용되는 안테나 형태로서 지향성이 날카로운 안테나이다. 이 안테나는 수신하고자 하는 전파의 반파장 길이의 다이폴 안테나의 전방에 도파기 역할을 하는 짧은 도선, 후방에 반사기 역할을 하는 약간 긴 도선을 배열하

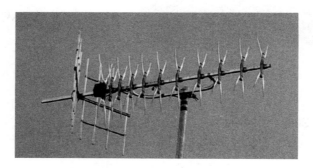

〈그림 4.22〉 야기배열 안테나[17]

---

16 http://www.sameercal.org/micro_millimeter.html.

17 http://www.keyword-suggestions.com.

여 단일지향성의 날카로운 지향성을 갖는 특징이 있다.

7) 파라볼라 안테나

반사판을 이용한 안테나로는 평면 반사판, 코너 반사판, 파라볼라 반사판 등을 이용한 것 등이 있으나 이 중 파라볼라 안테나가 광범위하게 사용된다.

파라볼라 안테나는 포물면을 사용하는 안테나의 일종으로, 마이크로파용 송신 안테나로서 널리 사용되고 있다. 포물면 초점에 1차 방사기를 두고 전파를 방사하면, 포물면에서 전파가 반사되어서 개구면의 방향으로 거의 평면파가 방사되므로 단방향성의 매우 날카로운 지향성과 높은 이득이 얻어진다. 송신용뿐만 아니라 수신 안테나로 사용할 경우도, 포물형면에 도래한 전파는 반사되어 초점 위치에 모이기 때문에, 안테나의 효율이 매우 높다.

반사기를 사용하는 안테나들의 지급점은 주로 포물선의 초점상에 두게 되고, 원통형 파라볼라 반사기와 회전형 파라볼라 반사기 등을 사용하여 제작된 안테나

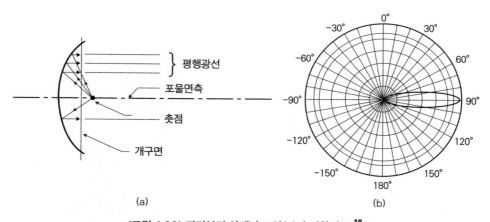

평행광선
포물면측
촛점
개구면

(a)

-30° 0° 30°
-60° 60°
-90° 90°
-120° 120°
-150° 150°
180°

(b)

〈그림 4.23〉 파라볼라 안테나 모양(a)과 지향성(b)[18]

---

18 김영해 역(1993), 레이더 기술, 기전연구사, pp. 129-147(안테나); 유용남 편저(1995), 앞의 책; 해군사관학교(1981), pp. 45-65(안테나의 실제).

이다. 포물선의 기하학적 성질로 인해서 이러한 안테나의 방사는 이 반사기가 안테나 축에 대해서 대칭된다고 생각할 때 반사기의 가장자리에 의해서 제한되는 평면 상의 모든 곳에서 동일한 위상을 갖게 된다.

Huygen의 원리에 따라 위상이 서로 같은 파면상의 모든 점은 제2의 방사원을 생각할 수 있고 전파의 장래 위치와 강도도 이와 같은 제2의 방사원으로부터 나오는 방사력을 합침으로써 계산할 수 있다.

이 원리에 따라 이러한 안테나들의 방사부는 반사기의 개구경이 된다고 생각할 수 있다. 그러므로 파라볼라 안테나는 비교적 단순한 급전 시스템을 가지고도 실제로는 10배 혹은 그 이상의 파장에 해당하는 방사면적을 가지게 되며, 아주 좁은 비임을 가지는 방사패턴을 얻을 수 있다.

8) 카세그레인 안테나

위성항법 및 위성통신 통신의 송신 및 위성통신 수신용 안테나로서 널리 사용되고 있는 마이크로파 전용 안테나이다.

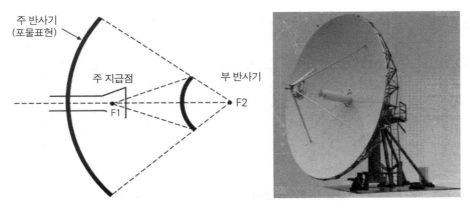

〈그림 4.24〉 카세그레인 안테나[19]

---

19 김영해 역(1993), 앞의 책; 유용남 편저(1995), 앞의 책; 해군사관학교(1981), 앞의 책.

전자항법과 GPS: 전자 · 위성항법의 이론과 실무

1차 방사기는 주 반사기의 표면에 있고, 2차 반사기를 향하여 전파를 방사한다. 2차 반사기에 반사된 전파는 주 반사기에서 다시금 재반사되어 평행 전파가 되어 앞으로 방사된다. 이 안테나는 망원경의 원리를 이용한 것이다.

9) 유전체 안테나

테이퍼를 부착한 유전체봉을 도파관의 끝에 장치하면 도파관에 전송된 전파가 유전체봉에 전도되고 막대기의 축방향으로 전파를 방사한다. 이런 안테나를 유전체 안테나(Polyrod antenna)라 부르고 있다. 테이퍼가 달려 있기 때문에 도파관에서 나온 전파의 에너지가 점차로 공간 중에 방사하면서 진행하고 종단에 이를 무렵에는 전파의 에너지가 거의 없어져 진행파 안테나로서 작용한다.

일반적으로 막대의 길이를 길게 하면 지향성은 날카로워지나 너무 긴 것은 기계적으로 약하게 되므로 적당한 길이로 한다. 유전체로서는 폴리에틸렌과 같은 고주파 성질이 적은 재료가 좋다.

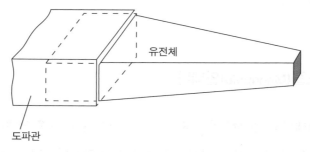

유전체

도파관

〈그림 4.25〉 유전체 안테나[20]

---

20 유용남 편저(1995), 앞의 책.

10) 채찍(Whip) 안테나

초단파용 접지 안테나로서 반파 안테나의 변형된 형태로 짧고 휘어지기 쉽게 만들어진 금속선 안테나이다. 일반적으로 갸름한 막대기 모양의 로드 안테나를 가리키는 경우가 많으며, 1/4 파장의 수직도선을 동축 케이블에 접속하고 선박, 자동 차등 고정 및 이동용 안테나로 사용된다.

〈그림 4.26〉 채찍 안테나와 헬리컬 안테나

11) 헬리컬 안테나

안테나 소자가 나선형이며, 나선형 도선의 권수, 치수에 따라 지향성이 다른데, 축방향으로 날카로운 지향성이 얻어지는 경우와 축방향과 직각 방향으로 8자 지향성이 얻어지는 경우가 있다. 위성통신, 및 이동 무선 기지국 안테나 등에 많이 사용된다.

12) 모노폴(Monopole)안테나

다이폴 안테나와 유사한 방사패턴을 갖고 있으며, 다이폴 안테나의 절반으로 동작하는 수직의 직선상, 또는 나선상 도체를 갖는 안테나이며, 다이폴의 다른 절반은 지면 또는 그것과 등가인 면에 영상면을 갖는다.

13) 패치(Patch) 안테나

마이크로스트립 기판 위에 네모 혹은 원형 형태로 금속패턴을 만든 후, 여러 가지 형태로 급전을 하여 만들 수 있어서 마이크로스트립(Microstrip) 안테나라고도 불린다. 구조상 높은 전력신호를 다루지 못하는 단점이 있다. GPS 및 GNSS 복합 수신기에서도 사용된다.

〈그림 4.27〉 모노폴 안테나와 패치 안테나

제5장

전파를 이용한
위치측정 원리와
항법시스템의 오차

1. 전파를 이용한 위치측정 원리

1) 개요

사용자가 현재의 위치를 측정하기 위해서는 본인이 구할 수 있는 위치선(LOP: Line of Position)을 알아냄으로써 현재의 위치를 측정할 수 있다. 과거에는 위치선을 구하기 위해 지상 물표를 이용하거나 해, 달, 별자리 등 천문을 이용했으나 근래에는 전파를 매개체로 이용하여 손쉽고 정확하게 위치를 측정하는 기술이 발달되었다.

19세기 전파가 발견된 이래로 과학기술의 발달과 더불어 위치를 측정하는 기술들은 위성을 이용하는 기술까지 급속도로 발달되었다.

전파를 이용한 위치 측정 기술은 전파의 기본 성질인 직진성과 등속성을 이용하여 전파의 도착시간(TOA: Time of Arrival)을 이용하는 기법과 전파의 도착시간차(DTOA: Difference Time of Arrival)를 이용하는 기법, 전파의 도래 방위각(AOA: Angle of Arrival)을 이용하는 기법, 그리고 전파의 세기(RSSI: Received Signal Strength Indication)를 이용하는 기법으로 나누어볼 수 있으며, 일부에서는 구축된 시스템 기준으로 구분하기도 한다.

2) 위치 측정 기법 및 시스템

전파의 도착시간(TOA)을 이용한 기법 및 시스템

전파의 도착시간을 이용하는 기법은 기준국에서 수신기까지 전파의 도착시간을 이용하여 거리를 계산하고, 3개 이상의 기준국으로부터 거리를 계산함으로써 3개의 위치선을 이용하여 위치를 계산하는 것은 삼각측량법에 의한 것이다.

〈그림 5.1〉은 전파의 도착시간을 이용하는 기법의 측정원리를 설명하고 있다.

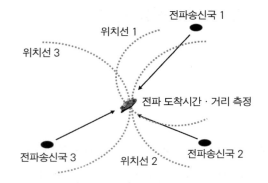

전파송신국 1

위치선 1

위치선 3

전파 도착시간 · 거리 측정

전파송신국 3

위치선 2

전파송신국 2

〈그림 5.1〉 전파의 도착시간을 이용하는 기법의 측정원리

전파의 도착시간을 이용하는 대표적인 방법은 위성을 이용하는 것으로 미국의 GPS(Global Positioning System), 러시아의 GLONASS(GLObal NAvigation Satellite System), EU의 GALILEO와 중국의 COMPASS 등의 GNSS(Global Navigation Satellite System)가 있다.

전파의 도착시간차(DTOA)를 이용한 기법 및 시스템

전파의 도착시간차를 이용하는 기법은 2개소의 송신국으로부터 전파신호의 도착시간차를 임의의 지점에서 관측하면 관측점에서 각 송신국까지의 거리차를 측정한 것이 된다는 원리를 이용한 방식이다. 위치 측정 원리는 〈그림 5.2〉와 같다.

한 쌍의 두 국에 대하여 전파의 도착시간차, 관측거리차를 갖는 점의 궤적은 쌍곡선 형태의 위치선이 된다. 그리고 2개 이상의 위치선의 교점은 관측자의 위치가 된다. 이 방법을 쌍곡선항법이라고 하며, 정확도는 대략적으로 수백 m의 오차를 포함하고 있다.

전파의 도착시간차를 이용하는 대표적인 방법이 쌍곡선항법체계인 로란, 오메가, 데카 항법이다. 이러한 항법시스템들은 위성을 이용한 항법시스템인 GNSS의 등장으로 사향 길로 접어들었으나 최근 GNSS 취약점이 부각되면서 다시 백업시스템으로 대두되며 TOA 개념을 도입한 eLoran으로 재등장하고 있다.

전자항법과 GPS: 전자 · 위성항법의 이론과 실무

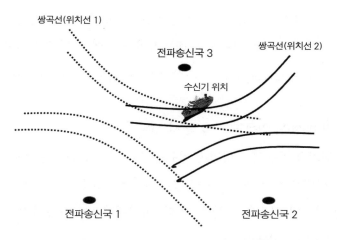

쌍곡선(위치선 1)
전파송신국 3
쌍곡선(위치선 2)
수신기 위치
전파송신국 1
전파송신국 2

〈그림 5.2〉 전파의 도착시간차를 이용하는 기법의 측정원리

전파의 도래 방위각(AOA)을 이용한 기법 및 시스템

전파의 도래 방위각을 이용하는 기법은 이용자가 무선방위측정기를 이용하여 전파의 도래 방위각을 측정한다. 무선방위측정기는 루프 안테나를 이용하여 수신된 전파신호의 방위를 아는 방식으로 원리는 〈그림 5.3〉과 같다. 한 개의 전파신

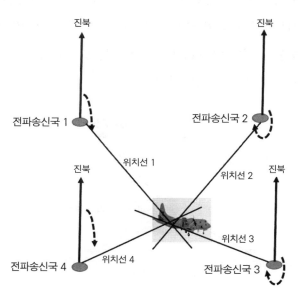

진북
진북
전파송신국 1
전파송신국 2
위치선 1
진북
위치선 2
진북
위치선 3
전파송신국 4
위치선 4
전파송신국 3

〈그림 5.3〉 전파의 도래 방위각을 이용하는 기법의 측정원리

호로부터 방위를 측정하고, 2개 이상의 전파신호로부터 위치 측정이 가능하다.

전파의 도래 방위각을 이용하는 대표적인 시스템은 항공의 VOR(VHF Omini Range), ILS(Instrument Landing System), 해상의 RDF(Radio Direction Finder) 등이 있다.

전파 세기(RSSI)를 이용한 기법 및 시스템

전파의 세기를 이용하는 방법은 지유공간 상에서 감쇄되는 정도에 따라 거리를 측정하는 방법으로, 전파되는 송신 신호의 감쇄 (a)는 식 (5.1)과 같으며 송신 신호와 수신 신호의 비율로 구할 수 있다. 여기에서 λ는 사용 주파수, R은 거리, c는 전파의 속도를 나타낸다.

$$a = 20\log\left(\frac{4\pi R}{\lambda}\right) \quad\cdots\cdots\cdots\cdots\cdots\cdots\cdots\cdots\cdots\cdots\cdots\cdots\cdots\cdots\cdots\cdots\cdots (5.1)$$

$$R = \frac{\lambda}{4\pi} \cdot 10^{\frac{a}{20}} = \frac{c}{4\pi f} \cdot 10^{\frac{a}{20}} \quad\cdots\cdots\cdots\cdots\cdots\cdots\cdots\cdots\cdots\cdots (5.2)$$

전파의 세기를 이용하여 측정된 거리가 하나의 위치선이 되며, 위치선이 3개 이상 측정되면 삼각측량법에 의해 위치를 계산할 수 있다. 대표적인 방법이 핸드폰 기지국을 이용하는 것이나 Bluetooth를 이용하는 것이다. 전파의 세기를 이용하는 기법의 측정원리는 〈그림 5.4〉와 같다.

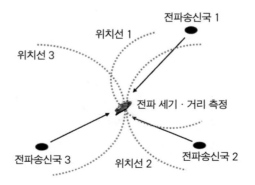

〈그림 5.4〉 전파의 세기를 이용하는 기법의 측정원리

2. 항법시스템의 오차

1) 개요

위치의 오차에는 크게 시스템 오차와 우연오차가 있다. 시스템 오차에는 이론오차, 기기오차 및 개인오차 등이 있으며, 우연오차는 랜덤오차라고도하며 과실오차를 포함한다. 시스템 오차는 GPS 위성항법에서의 시계오차, 이온층 지연오차 등에 의한 오차같이 이론상 계산에 의하여 보정 가능한 오차를 말한다. 우연오차는 GPS 전파의 간섭 등과 같이 우발적으로 생기는 오차를 말하며, 이러한 오차는 보정이 어렵다. 위치의 좌표는 어느 경우에나 2개 또는 그 이상의 위치선(LOP: Line Of Position)의 교점으로 구하게 된다. 근래의 GPS, GLONASS 및 Beidou(COMPASS) 등의 GNSS 인공위성 항법 시스템에 의해서 제공되는 위치는 3차원이다. 어느 경우든지 각종 장비나 수신기를 이용하여 측정한 위치에는 오차는 포함되게 마련이다. 여기서는 항법장비를 이용해 구해진 위치정밀도, 정확도 및 신뢰도 등에 대하여 서술한다.

2) 위치오차 분포와 함수

GNSS 및 전파항법장비로 얻은 위치나 항해사가 측정한 위치에 대한 분포만 알 수 있다면 이에 대한 위치오차의 특성을 대부분 파악할 수 있다. 항해사는 어떤 항법장비를 사용할지라도 반드시 본인이 사용하고 있는 항법장비에 대한 특성을 잘 숙지하고 있어야 한다. 특히, 각종 항법수신기들의 위치오차 즉, 정밀도, 정확도 및 신뢰도에 대한 기본적인 상식뿐 아니라 상당한 지식을 갖고 있어야 한다. 여기서는 항해학에서 기본이 되는 위치오차 특성에 대한 이해를 위하여 중심성향(평균), 산포경향(분산, 표준편차) 및 왜도, 첨도 등을 기반으로 하는 위치오차 함수와 측정위치 분포 등에 대하여 설명한다.

측정위치의 분포에 대한 중심성향을 나타내는 값에는 평균, 최빈값 및 중앙값 등이 있으나, 평균이 가장 일반적으로 사용된다. 중심성향 외에 위치의 분포특성을 살펴보는 데는 위치의 산포경향을 나타내는 분산 및 표준편차 등이 있다. 표준편차나 분산은 특정 항법장비로 측정한 위치가 중심성향을 나타내는 평균을 중심으로 얼마나 퍼져 있는가를 분석할 수 있는 값들이다. 위치의 중심성향과 산포경향 외에도 위치의 특성을 분석할 수 있는 통계함수로는 왜도와 첨도 등이 있다.

위치의 중심성향

평균은 위치분포의 중심성향을 나타내는 대표적인 함수로서 변수값들을 모두 더한 다음 이를 더한 값들의 수로 나눈 값이다. 최빈값은 수집된 변수값 중에서 가장 여러 번 측정된 값을 말한다. 반면에 중앙값은 변수값들을 크기 순서에 따라 배열했을 때 가장 중앙에 위치한 값을 의미한다.

일반적으로 중심성향을 나타내는 값들의 상대적 관계를 보면 〈그림 5.5〉에서 보는 바와 같다. 평균과 최빈값 사이에는 항상 중앙값이 존재하며, 평균은 주어진 변수값 중 일부가 극단적으로 크거나 작을 경우 극단적인 값에 영향을 받는다. 반면에 최빈값은 극단적인 값에 전혀 영향을 받지 않는다. 즉, 측정위치의 결과값의 분포가 극단적인 비대칭일 경우 중심성향을 나타내는 대표값으로는 평균보다 중앙값이나 최빈값이 사용되는 경우가 많다.

그럼에도 불구하고 수학적으로 계산이 편하고, 표본평균의 경우 전반적인 분

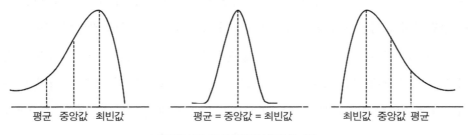

<그림 5.5〉 중심성향을 나타내는 값

포를 추정할 수 있는 장점이 있기 때문에 평균이 대푯값으로 가장 유용하게 사용된다.

평균에는 산술평균, 가중평균, 기하평균 및 조화평균 등이 있으나 항해학에서는 위치의 중심성향을 파악하거나 위치오차를 다룰 때 일반적으로 산술평균이 사용된다.

$$\mu = \frac{1}{N}(x_1 + x_2 + x_3 \cdots + x_N) = \frac{1}{N}\sum_{i=1}^{N} x_i \quad \text{......................................} \quad (5.3)$$

여기서 x_i는 측정위치, N은 측정위치 개수, μ는 위치변수의 산술평균을 나타낸다.

분산 및 편차

위치분포의 산포경향을 나타내는 대표적인 함수로는 분산과 편차가 있다. 분산은 편차제곱의 산술평균이며, 아래와 같은 간단한 식으로 계산한다.

$$\sigma^2 = \frac{\sum_{i=1}^{N}(x_1 - \mu)^2}{N} \quad \text{..} \quad (5.4)$$

반면에 표준편차는 위치변수를 측정한 단위와 같은 단위로 표기하기 위하여 분산의 제곱근 값으로 구하며, 계산식은 아래와 같다.

$$\sigma = \sqrt{\frac{\sum_{i=1}^{N}(x_i - \mu)^2}{N}} \quad \text{......................................} \quad (5.5)$$

모든 항법장비로 수집한 위치의 정밀도나 정확도를 평가할 때 평균과 분산의 관계에 대하여 주목해야 할 부분이 있다. 즉, 〈그림 5.6〉이 서로 다른 GNSS 항법

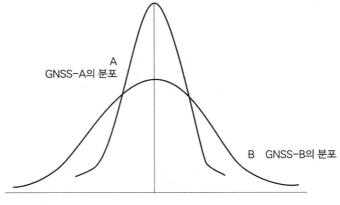

GNSS-A의 분포

A

B   GNSS-B의 분포

〈그림 5.6〉 GNSS 항법장비의 다른 위치분포

장비 A와 B의 수신기로 위치를 측정한 결과의 분포라 할 때 중심성향(평균)은 같지만 산포경향인 분산이 다르다는 것을 알 수 있다. 따라서 항해사들은 본인이 다루는 장비의 단순한 평균만을 가지고 운용장비를 평가해서는 안 된다.

3) 정규분포 및 오차 곡선

정규분포는 연속확률분포 중에서 가장 대표적인 분포로서 종 모양으로 좌우대칭인 분포를 하며, 평균과 분산에 따라 분포의 위치와 모양이 다르다. 만약 서로 다른 항법장비로 위치를 측정하여 나타난 결과 정규분포를 함에도 불구하고 평균이 다르거나 분산이 다름으로써 나타날 수 있다. 또 통계적 확률변수의 값을 관측치로 위도, 경도, 고도 또는 정밀도라 할 때 정규분포의 조건은 확률변수의 값이 68.27%가 평균을 중심으로 좌우로 표준편차의 1배수 내에, 95.45%가 표준편차의 2배수 내에, 99.73%가 표준편차의 3배수 내에 있어야 한다.

최근 시판되는 GNSS 수신기로 수신한 위치의 분포는 대부분 정규분포를 한다. 그럼에도 불구하고 운용 시스템, 장비 제작 국가, 회사가 다르고, 종류도 다양할 뿐 아니라 운용기간 또는 사용 환경에 따라 알려진 정밀도 및 신뢰도가 다른 경우가 많다. 따라서 운용하고 있는 장비에 대한 성능평가를 할 필요가 있다.

전자항법과 GPS: 전자 · 위성항법의 이론과 실무

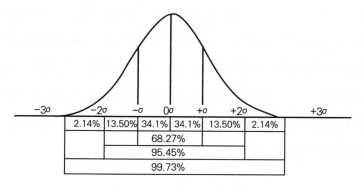

2.14%	13.50%	34.1%	34.1%	13.50%	2.14%
		68.27%			
		95.45%			
		99.73%			

〈그림 5.7〉 정규분포의 조건

다음 그림은 항법장비로 측정한 위치의 분포가 정규분포를 함에도 불구하고 분포의 모양은 다를 수 있음을 보여주는 그림이다.

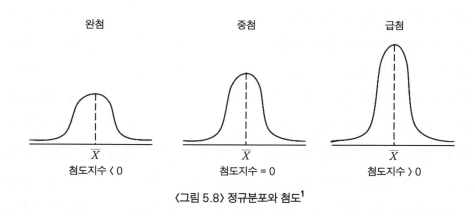

〈그림 5.8〉 정규분포와 첨도[1]

4) 항법정보 측정치의 정밀도와 신뢰도

1차원 항법 정보의 정밀도와 신뢰도

일반적으로 어떤 관측치에 대한 통계적 분석을 하기 위하여 평균과 표준편차를 토대로 정규분포를 적용하는 경우, 앞에서 설명한 바와 같이 1(표준편차의 1배수),

---

1 김영해 역(1993), 레이더 기술, 기전연구사, pp. 129-147(안테나).

2(표준편차의 2배수), 3(표준편차의 3배수) 각각의 경우 신뢰도는 대략 68.3%, 95.4%, 99.7% 정도이다. GNSS나 기타의 항법시스템 특성을 평가하기위하여 다양한 통계적 방법들이 사용된다. 그러나 각각의 표현방법들이 종종 통계적으로 이해하는데 혼란스럽거나 잘못 이해되는 경우가 있다. 따라서 본 장에서는 기본적인 통계적 개념에서의 정밀도 개념과 항법분야에서 공통적으로 많이 사용되는 개념들과 상호관계에 대하여 설명하고자 한다.

정확도와 정밀도

정확도(Accuracy)와 정밀도(Precision)는 전파항법계기/GPS 수신기들의 성능평가를 하는 데 자주 사용된다. 정확도는 참값(실제로는 미지의 값일 경우도 있음)에 대해 얼마나 추정 값이 근사하느냐의 정도인 반면, 정밀도는 평균 추정치에 대해 얼마나 측정치가 근사하느냐의 정도를 표현한다. 〈그림 5.9〉는 정확도와 정밀도의 다양한 관계를 보여주고 있다. 참값(True value)은 십자선 교차점에 위치하고, 원형의 음영영역 중심은 평균 추정치의 위치이다. 음영영역의 반경은 추정치에 포함된 불확실성의 크기를 나타낸다. 따라서 왼쪽 상단 그림은 정확도는 물론 정밀도가 좋은 경우이고, 오른쪽 상단 그림은 참값(교차점)으로부터 위치측정 분포가 이격되어 정확도가 낮은 반면, 음영영역 중심으로부터의 반경의 크기가 왼쪽의 경우와 같아서 정밀도는 왼쪽의 경우와 같이 좋음을 의미한다. 왼쪽 아래의 경우 음영영역의 중심과 교차점의 위치 위에 존재함으로써 정확도는 좋은 반면, 반경이 커서 평균추정치에 대한 불확실성이 크므로 정밀도는 좋지 않다. 또 오른쪽 하단의 경우는 정확도 및 정밀도 모두 좋지 않은 경우이다. 위성항법을 포함한 모든 항법계기 제작사에서는 자사의 계기 성능 평가를 위에서 설명한 정확도와 정밀도를 구분하여 실시하며, IMO 및 ICAO 등 국제기구에서는 항법계기들의 적정 정확도와 정밀도를 자체 기준에 따라 요구한다.

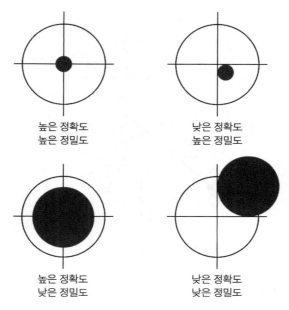

높은 정확도
높은 정밀도

낮은 정확도
높은 정밀도

높은 정확도
낮은 정밀도

낮은 정확도
낮은 정밀도

〈그림 5.9〉 정확도와 정밀도 개념도

2차원 위치정확도 측정

GNSS 수신기 또는 다른 전파항법 수신기로 일정기간 위치측정을 할 때 측정되는 위치는 다양한 오차요인(이 책 별도의 장에서 설명) 때문에 비록 고정지점에서 위치측정을 한다 하더라도 한 점에 기점 되는 것이 아니고, 일정영역 범위에서 분산되어 위치가 측정된다. 이와 같은 측정위치를 2차원 평면에 플로팅 하는 그림은 앞에서 설명한 바와 같이 통계학적 용어로 산포도라 부른다. 항법장비 제작사에서는 수신기 제작 후 충분한 실측 실험을 통하여 이러한 위치분석 산포도를 장비의 정확도 특성에 활용한다. 또 측정 실험결과 산포도로 나타나는 영역을 통계적으로는 신뢰도 영역이라 부른다. 이렇게 나타나는 신뢰도 영역은 GNSS 또는 기타의 항법장비 성능수준을 평가하고 분석하는 데 사용된다.

〈그림 5.10〉은 GPS 수신기를 이용한 실제 측정치를 평면에 플로팅 한 결과로서 DRMS 및 CEP 기반 정확도 반경을 나타내고 있다.

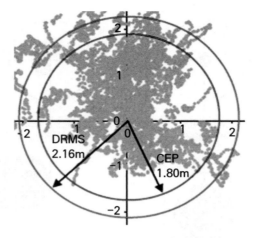

〈그림 5.10〉 2차원 정확도를 표현

DRMS, 2DRMS 및 CEP

DRMS(Distance Root Mean Squared)는 항법장비의 2차원 정확도를 표현하는 대표적인 것으로서 평면위치 오차를 계산하는 데 사용되며, 무엇보다도 좌표의 알려진 위치를 기준으로 하는 표준오차(표준편차)를 알고 있어야 계산이 가능하다. 특별한 경우 필요시 임의의 지점에서 구한 평균추정치를 기준으로 하는 표준오차를 사용할 경우는 정밀도의 개념으로 표현해야 한다. DRMS의 수학적인 표현은 아래와 같다. σ_x(실제로 경도 편차) 및 σ_y(실제로 위도 편차)는 상관분산 행렬(이 책의 후편에서 설명)의 대각원소로부터 추정할 수도 있으나, 실제적으로는 기준좌표 또는 평균추정치에 대한 측정된 위치의 표준오차로부터 구한다. DRMS는 확률적으로 약 65%의 신뢰도 수준을 내포하고 있다.

$$DRMS = \sqrt{\sigma_x^2 + \sigma_y^2}$$ ·· (5.6)

또, DRMS를 확장한 2DRMS는 확률적으로 95% 신뢰도를 갖는 위치오차를 의미한다.

CEP는 오래전부터 항법장비나 군사용 무기체계의 정확도나 정밀도를 평가

전자항법과 GPS: 전자 · 위성항법의 이론과 실무

하는 데 사용되어 온 위치오차 성능평가 방법이다. 이는 50%의 확률적 신뢰도 확률반경을 의미하며, 계산식은 좌표 상의 표준오차 σ_x, σ_y를 기반으로 할 경우 다음과 같은 식으로 구할 수 있다.

$$CEP = 0.62\sigma_x + 0.56\sigma_y \quad\text{..}\quad (5.7)$$

여기서 유의해야 할 점은 DRMS 2.16m와 CEP 1.80m 상호 비교 시 DRMS 2.16m는 측정된 위치가 기준점(또는 평균추정치)으로부터 반경 2.16m 안에 존재할 확률이 65%임을 의미한다. 반면에 CEP(Circular Error Probability) 1.8m는 측정된 위치가 반경 1.8m 안에 있을 확률이 50%임을 의미한다. 즉, 비록 위치오차를 1.8m로 표현했을지라도 신뢰도가 다름을 알아야 한다.

2차원 위치오차 표현방법 "예"

만약 어떤 항법장비로 정확히 위치를 알고 있는 좌표에서 일정기간 수집한 위치 데이터의 표준편차를 아래와 같다고 할 때,

$$\rho_x = 1.3m$$
$$\rho_y = 1.5m$$

측정에 사용된 항법장비의 위치정확도는 아래와 같다. 즉, CEP의 크기가 1.6m이므로 이 장비는 50%의 신뢰도로는 1.6m의 정확도를 갖는다. 한편, DRMS의 크기는 1.98m이기 때문에 65% 신뢰도로는 1.98m의 정확도를 갖는다고 할 수 있다. 또 95% 신뢰도 정확도의 경우 2DRMS의 크기가 3.96m이므로 이때의 정확도는 3.9m이다. 여기에서 알 수 있는 바와 같이 신뢰도가 커질수록 위치오차가 커짐을 알 수 있다. 따라서 각종 항법장비의 성능지수 또는 평가 시 어떤 위치오차 함수를 사용하는지와 이때의 신뢰도 관계를 명시하는 것이 좋다.

2차원 위치오차 표현방법의 상호관계

앞에서 2차원 위치정확도, 정밀도 및 신뢰도에 대한 표현 및 계산에 대하여 설명한 바와 같이, CEP는 50%, DRMS는 65%, 2DRMS는 95%의 확률적 신뢰도를 나타낸다. 그럼에도 불구하고, 각종 간행물이나 항법장비 제작회사에서 제시하는 위치정확도와 정밀도 값들은 대부분 CEP, DRMS, 2DRMS 중에서 어느 하나의 값을 명시함으로써 종종 상당히 혼란스러운 경우가 많다. 다음 〈표 5-1〉은 항법장비의 정확도, 정밀도를 다른 기준으로 평가한 정확도와 신뢰도를 상호 비교 시 유용하게 활용할 수 있는 상호관계 변환표이다.

〈표 5.1〉 항법장비의 정확도 및 정밀도 측정 신뢰도 상호관계[2]

RMS	CEP	2DRMS	SEP	
1	0.44	1.1	0.88	RMS
	1	2.4	2.0	CEP
		1	0.85	2DRMS
			1	SEP

위 표를 이용하여 상호 위치정확도를 어떻게 변환하는지를 설명한다. 우선 CEP가 1.8m 일 때 이를 2DRMS로 변환하는 방법을 살펴보기로 한다. 우선 표의 첫 행에서 CEP열에 있는 1에 해당하는 2DRMS의 승수를 찾는다. 이 경우 승수는 2.4이므로 CEP의 크기보다 2.4배임을 의미한다. 따라서 2DRMS=CEP×2.4=4.32m가 되어 CEP 1.8m에 해당하는 2DRMS는 4.32m이다. 만약 2DRMS 4.32m에 해당하는 CEP의 크기를 찾는다면 우선 표의 첫 행의 2DRMS 열에 있는 승수 중 CEP에 해당하는 승수는 2.4를 찾는다. 2DRMS=CEP×2.4=4.32m이므로 CEP 크기 1.8을 찾을 수 있다.

---

2 B. Hofmann-wellenof, K. Legat, M. Wieser(2003), 앞의 책, pp. 46-49.

또, 위 표로부터 2DRMS= 2.4 CEP, SEP= 2.0 CEP, SEP= 0.85 2DRMS 등의 관계가 있음을 쉽게 알 수 있다.

SEP= 2.0 CEP에 관하여 좀 더 상세한 설명을 하기로 한다.

만약, 어떤 항법장비에 대한 항법정보 측정치(오차크기)가 CEP가 10m라면 SEP는 20m이다. 이는 2차원 위치정밀도는 10m이며 확률적으로 50% 신뢰도를 의미하지만, 3차원 위치정밀도는 20m이며 확률적으로 50% 신뢰도를 의미한다. 위 표를 이용하여 위치정확도를 상호변환 하여 상대 비교할 시 유의해야 할 점은 변환해서 구한 값들은 근사치임을 상기할 필요가 있다는 것이다.

3차원 위치정확도 측정

2차원 위치정확도 측정과 유사하게 3차원 위치정확도도 다양한 확률을 갖는 표현 방법들이 있다. 3차원 위치정확도는 평면 위치성분에 수직성분을 포함시켜야 하는데 50% 확률을 갖는 SEP(Spherical Error Probability)와, 61%의 확률을 갖는 MRSE(Mean Radial Spherical Error) 등이 대표적이다.

SEP 값은 구의 중심을 진위치라 할 때 구의 반경의 길이를 나타내며, 이 반경의 영역 안에 측정위치가 포함될 확률은 50%이다. SEP 크기는 아래 식으로 계산된다.(σ_z는 고도편차)

$$SEP = 0.51\left(\sigma_x + \sigma_y + \sigma_z\right)$$

MRSE 값은 구의 중심을 진위치라 할 때 구의 반경의 길이를 나타내며, 이 반경의 영역 안에 측정위치가 포함될 확률은 61%이다. MRSE 크기는 아래 식으로 계산된다.

$$MRSE = \sqrt{\sigma_x + \sigma_y + \sigma_z}$$

이 외에도 아래와 같은 식으로 90% 및 99% 확률적 신뢰도를 나타내는 경우도 있다.

$$SEP_{90\%} = 0.833(\sigma_x + \sigma_y + \sigma_z)$$
$$SEP_{99\%} = 0.833(\sigma_x + \sigma_y + \sigma_z)$$

특히 GNSS의 경우 위치정확도는 위성의 기하학적 배열이 영향을 미친다. 위성의 기학학적 배열계수인 DOP(Dilution of Precision)와 위치정확도에 대하여는 이 책의 뒷부분에서 별도로 서술하기로 한다.

제6장

레이더 원리

1. 개요 및 개발역사

레이더라는 단어는 전파탐색 및 거리측정이라는 Radio Detection and Ranging의 약자이다. 레이더는 선박이나 항공기 같은 물표의 소재를 암흑이나 안개 속에서 혹은 폭풍 속에서도 탐지하는 데 사용되는 전자장치이다. 물표의 존재를 지시해 줄 뿐만 아니라 물표의 방위 및 거리를 결정하는 데도 사용된다. 특수한 형태의 레이더는 고도와 속도도 나타낼 수 있다. 레이더는 제2차 세계대전이 낳은 위대한 과학발전의 하나이다. 레이더의 개발은 전파발사와 송수신의 관측으로부터 시작되었다.

전파 반사와 수신에 대한 실험 및 관측의 하나로 1922년 A. H. Taylor 박사에 의하여 미국의 해군연구소에서 행해진 것을 대표로 들 수 있다. Taylor 박사는 무선송신기와 수신기 사이를 통과하는 함선으로부터 전파의 일부가 송신기 쪽으로 반사되어 되돌아오는 사실을 관찰했다. 1922년으로부터 1930년 사이에 행해진 계속된 시험에 의하여 연막이나 안개 혹은 어둠 속에 가려져 있는 목표를 탐지하는 데 이 원리를 이용할 수 있는 군사적 가치가 증명되었다. 이와 같은 시기에 카네기 연구소의 Breit 박사와 Tuve 박사는 고층 대기권에서 펄스 송신의 전기층으로부터의 반사에 관한 보고를 발간했다. 1936년에 이르러서는 미국 육군은 해안전선을 위한 레이더 경보장치를 개발했고, 1940년 말에 영국은 레이더가 개발되어 포를 레이더 장치에 의하여 정확히 조정함으로써 많은 적 비행기를 격추시키기에 이르렀다. 1941년으로부터 시작하여 영국과 미국의 레이더 발전에 대한 협력으로 연합국이 세계에서 가장 우수한 레이더 장비를 보유하게 되었다. 레이더의 발전과 더불어 효과적인 기만장치가 발전되었으며, 1941년 이래로 미국과 영국의 여러 연구소 및 개발 센터에서 레이더와 그 기만 장치가 크게 향상되었다. 2차 세계대전 후 레이더는 군용은 물론 민간 선박을 포함한 항공, 교통, 기상 등 다양한 분야로 사용이 확대되었으며, 근래에는 첨단 기술과 더불어 사용이 더욱 간

편해졌다. 레이더의 기본원리는 비교적 간단하며 레이더 안에서 일어나는 여러 가지 복잡한 듯한 전기적 현상도 순차적으로 논리적인 기능들로서 설명할 수가 있고 이들 기능을 하나씩 이해할 수가 있다.

2. 작동 개념

레이더의 작동원리는 음향의 원리 혹은 파동 반사의 원리와 매우 비슷하다. 절벽 혹은 기타 음향 반사면을 향하여 고함을 지르면 그 절벽의 방향으로부터 고함소리가 되돌아오는 것을 듣게 된다. 실제로 일어나는 현상을 보면 고함소리로 인하여 발생된 음파가 공기를 통하여 절벽에 부딪칠 때까지 진행한다. 거기에서 음파는 반사되거나 혹은 튀어 되돌아오게 되며, 그중 일부는 원래 고함을 지른 곳으로 되돌아와서 메아리를 듣게 되는 것이다. 음이 발생하는 순간과 메아리를 듣는 시간 사이는 간격이 있으며 그 이유는 음파가 공중을 통하여 매 초당 약 340미터의 속도로 움직이기 때문이다. 고함을 지르는 사람이 절벽으로부터 멀면 멀수록 이 시간간격이 길어진다. 만일, 고함을 지르는 사람이 절벽으로부터 680미터 떨어져 있으면 메아리를 들을 때까지 약 4초의 시간이 흐르게 된다. 즉, 음파가 절벽까지 도달하는 데 2초 걸리고 다시 되돌아오는 데 2초가 경과한다.

모든 레이더는 음파에 관하여 설명한 것과 매우 흡사한 원리에 의하여 작동한다. 그러나 레이더에서는 음파 대신에 매우 높은 주파수의 전파를 사용한다. 레이더에 의하여 발사되는 에너지는 보통의 무선송신기에 의하여 발사되는 에너지와 비슷하다. 레이더는 보통의 무선송신기에 비하여 현저하게 다른 특성을 갖고 있는데 그것은 자체에서 발사한 신호를 받아들인다는 것이다. 레이더는 짧은 펄스를 송신하고 그 반사파를 수신한다. 다음 다시 펄스를 송신하고 그 펄스의 반사파를 수신한다. 이처럼 펄스를 내보내고 그 반사파를 수신하는 주기는 레이더의 설계특성에 따라 다르다. 만일, 레이더에서부터 나오는 전파를 아무런 장애물도 없는 공간을 향하여 발사하면, 에너지가 수신기로 되돌아오지 않는다. 전파와 그 전파에 실린 에너지는 단순히 공간을 진행하는 도중 소멸되기 때문이다. 그러나 만일 전파가 선박, 비행기, 건물 혹은 언덕 같은 장애물에 부딪치면 에너지의 일부가 반사파로 되돌아온다. 만일, 물표가 작으면 반사되어 돌아오는 에너지는 작으며 반사파가 약하다.

레이더가 신호를 발사하고 그 반사파를 받아들이는 데 걸리는 시간은 매우 짧다. 그럼에도 불구하고 송신 펄스와 수신 펄스 사이의 경과한 시간은 아주 정확하게 측정할 수가 있고, 펄스를 만들고 시간을 측정하고 제시하는 기능은 여러 가지 특수회로 및 장치에 의하여 이루어진다. 레이더 장비에 사용되는 안테나는 에너지를 비교적 좁은 빔으로 송신하고 수신한다. 그러므로 신호가 잡히면 수신신호가 최대가 되도록 안테나를 회전하며, 안테나의 위치에 따라 물표의 방향을 결정한다.

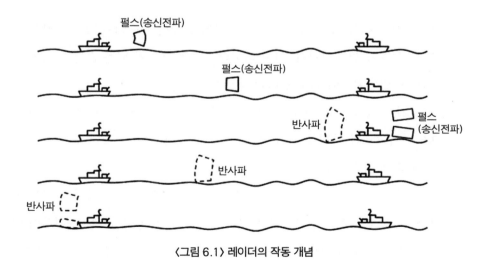

〈그림 6.1〉 레이더의 작동 개념

3. 펄스 레이더 시스템의 주요기능과 작동원리

레이더 장치는 아주 단순한 것으로부터 좀 더 정확한 레이더를 필요로 할 때의 고도로 정밀한 것도 있다. 그러나 그 작동원리는 모든 장치에 있어서 실질적으로 유사하다. 이리하여 모든 특정한 레이더 장치에서도 적용되는 기능을 가진 하나의 기본 레이더 시스템을 구상할 수 있다. 여기서는 펄스변조방식을 채택하고 있는 대표적인 항해용 레이더(일명 펄스 레이더)와 CW(Continuous-Wave) 레이더에 대하여 설명한다.

1) 펄스 레이더

펄스 레이더 장치를 기능에 따라 나누어보면, 아래와 같은 주요부분으로 되어 있다.

① 변조기(Modulator)는 송신기를 1초 동안에 필요한 횟수대로 트리거 하는 동기화 신호를 발생시킨다. 어떤 레이더에서는 트리거 되는 모든 기기를 동기화시키기 위하여 외부 트리거 발생기를 사용한다.

② 송신기(Transmitter)는 짧고 출력이 큰 펄스 형태의 RF 에너지를 발생시킨다. 마이크로파 발생을 위해 마그네트론이 사용된다. 또 초고주파 증폭 장치에 의해 출력이 증폭된다.

③ 안테나(Antenna) 시스템은 송신기로부터 RF 에너지를 받아들여 그것을 고도의 지향성을 가진 빔으로 발사하고, 되돌아오는 반사신호를 수신하여 그 반사 신호를 수신기에 보낸다. 안테나는 수평 및 수직 빔폭을 가지고 있다.

④ 수신기(Receiver)는 물표에 의하여 되돌아온 약한 RF 펄스를 증폭시켜서 영상 펄스로 재생시킨 다음 지시기로 보낸다. 특히, 수신기는 탐지거리 확보

전자항법과 GPS: 전자 · 위성항법의 이론과 실무

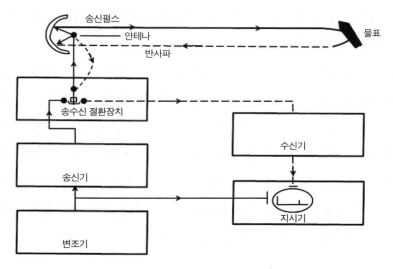

송신펄스

안테나

물표

반사파

송수신 절환장치

수신기

송신기

지시기

변조기

〈그림 6.2〉 펄스 레이더의 주요 장치[1]

를 위해 잡음을 억제하면서 높은 감도를 유지해야 한다. 이는 수신기가 물표를 탐지하기 위해서는 적정 신호 대 잡음비(SNR: Signal to Noise Ratio)를 유지해야 함을 의미한다.

⑤ 지시기(Indicator/Display)는 반사펄스(일종의 반사파)에 의한 필요한 정보, 즉 표적의 상대위치를 확인할 수 있다. 여러 지시기 형태가 있으나 가장 많이 사용되는 것은 PPI(Plan Position Indicator)로서 안테나를 중심으로 목표물까지의 상대방위 및 상대거리가 표시된다.

⑥ 공급전원(Power Supply)은 레이더 시스템의 각 부분이 작동하기에 필요한 모든 AC 및 DC 전압을 공급한다.

위에서 설명한 기본 구성품뿐만 아니라 동기장치 및 송수신 절환장치 등이 있다. 동기장치(Synchronizer)는 표적까지의 거리측정을 위해 시간을 제어하는 기능

---

1 Principle of Naval Weapon System(2006), 앞의 책, pp. 27-45(Radar Fundamentals); 해군사관학교(1981), 앞의 책; 권태환 역(2006), 전자전 102(원서: A Second Course in Electronic Warfare, David L. Adamy), 국방대학원, pp. 35-39(펄스 레이더), pp. 47-60(원리, 거리방정식), pp. 74-79(cw 레이더).

을 갖고 있다. 이 장치에서는 펄스반복 주파수를 제어하고 생성된 펄스를 송신기 및 수신된 신호를 전시하는 지시기로 동시에 보낸다.

송수신 절환장치(Duplex)는 송수신 전환장치라고도 부른다. 이 장치는 안테나 장치에 포함하기도 하는데 송신기 및 수신기를 안테나에 연결해 주는 역할을 하며, 송신 시 높은 전력으로부터 수신기의 약한 신호를 보호한다. 즉, 송신기에서 펄스신호가 나가는 동안에는 송수신 절환장치는 송신기와 안테나가 연결되고, 펄스송신이 끝나면, 수신기와 연결되어 반사파를 수신이 가능하도록 한다. 이어서 다음 펄스가 송신될 때에는 다시 송신기에 연결된다. 이와 같은 일을 반복함으로써 레이더에서 차질 없이 송신과 수신을 반복하도록 하는 역할을 한다.

2) CW(Continuous-Wave) 레이더

연속파 또는 지속파 레이더라고 부르는 CW 레이더는 펄스 레이더와 다르게 연속적으로 신호를 발사한다. 따라서 신호를 펄스 레이더처럼 시간간격을 두고 신호 송신을 하지 않고 연속적으로 신호 송신이 되기 때문에 반사신호를 수신할 수 있도록 수신안테나가 별도로 있어야 한다. 두 개의 안테나는 전송된 신호가 수신된 신호와 겹치지 않도록 충분한 이격 거리를 유지해야 한다.

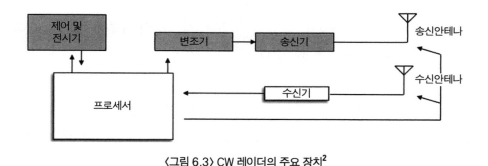

〈그림 6.3〉 CW 레이더의 주요 장치[2]

---

[2] Principle of Naval Weapon System(2006), 앞의 책; 해군사관학교(1981), 앞의 책; 권태환 역(2006), 앞의 책.

수신기는 표적의 상대속도에 의해 야기되는 도플러 편이를 결정하기 위해 전송된 주파수와 수신된 신호의 주파수를 비교한다. 처리기(프로세서)는 표적추적과 안테나 통제기능을 수행하며, 펄스 레이더에서와 같은 통제 및 전시기와 연동한다.

4. 레이더 탐색방법

1) 펄스 변조 방법(Pulse-Modulation Method)

펄스 변조 방법에서는 RF에너지를 짧은 펄스로 송신하는데 그 펄스의 간격이 0.1μs에서 50μs 정도이다. 만일, 물표로부터 반사된 에너지가 되돌아오기 전에 송신기를 정지시키면 수신기는 송신된 펄스와 반사되어온 펄스를 분별할 수 있다. 모든 반사신호가 전부 되돌아온 다음에 송신기를 다시 시동시키고 위의 절차를 반복시킨다. 수신기의 출력은 에너지의 송신과 반사파로서 되돌아오는 시간간격을 측정하는 표시기에 보낸다. 전파 에너지가 일정한 속도로 진행하므로 송신 펄스와 반사 펄스 사이의 시간간격의 1/2이 펄스가 물표까지 진행한 거리의 척도 혹은 거리가 된다. 펄스 변조 방법은 주로 항법 레이더용으로 사용된다.

2) 지속파 방식(Continuous-Wave Method)

물표를 탐색하는 한 방법인 지속파 방법은 도플러 효과를 이용한다. 레이더 반사파의 주파수는 그 반사파를 반사하는 목표물이 레이더 송신기 쪽으로 움직이고 있거나 혹은 레이더 송신기로부터 멀어지는 방향으로 움직이고 있을 때 서로 다르다. 이 주파수의 변동을 도플러 효과라고 한다. 이와 비슷한 작용을 가청주파수에서도 쉽게 찾아볼 수가 있는데 즉, 자기 쪽으로 가까워지고 있는 기차의 기적 소리의 음조(Pitch)가 높아지는 것처럼 들린다. 기차가 듣는 사람으로부터 멀어져 갈 때에는 그와 반대의 현상(피치의 감소)이 일어난다. 이 작용을 레이더에 응용함으로써 송신 에너지와 반사 에너지 사이의 주파수차를 측정할 수가 있고 이리하여 움직이고 있는 물표의 존재와 그 이동 속력을 결정할 수 있다. 이 발생은 고속으로 이동하는 물표에는 좋으나 저속력으로 이동하거나 정지하고 있는 물표에 대해서는 잘 듣지 않는다. 그러므로 CW 시스템은 사용에 제한 사항이 있다.

5. 레이더 정보의 결정원리

1) 거리결정

펄스 변조 레이더 장치의 성공적인 사용은 거리를 시간으로 환산하여 측정할 수 있는 능력과, 빛의 속도에 대한 지식에 그 근본적인 기초를 두고 있다. 무선주파 에너지는 그것이 일단 공중에 발사된 다음에는 일정한 속도로 진행을 계속한다. 무선주파 에너지가 반사물에 부딪칠 때 시간의 지체가 없이 에너지의 진행방향을 바꾸기만 한다. 그 속도는 빛의 속도와 같으며 단위시간에 진행하는 거리로 표시하면 매초 3×10^8m 혹은 1 마이크로초당 약 300m로 공간을 진행한다($3 \times 10^8 m/sec = 300m/\mu sec$). 이 무선주파수 에너지의 속도가 일정하다는 것을 레이더에 적용시켜 펄스가 물표에 부딪쳐 다시 되돌아오는 시간을 측정함으로써 거리를 결정한다. 목표까지의 거리는 레이더 펄스가 목표에 갔다가 되돌아오는 경과 시간을 측정하면 알 수 있다. 송신 펄스가 나오고 난 후 반사파가 수신되기까지의 시간을 T, 전파의 속도를 C라 하면 목표물까지의 거리 R은 아래와 같이 계산된다.

$$R = \frac{C \times T}{2} \quad \text{...} \quad (6.1)$$

2) 방위결정(Bearing Determination)

물표의 방위(전방위 혹은 상대방위)는 물표가 나타날 때의 지향성 안테나가 가리키는 방향을 알면 결정할 수 있다. 이것을 가능하게 하는 조정 및 지시장치가 만들어져 있다. 레이더로부터 본 물표의 방위측정은 통상 각 위치로 주어진다. 그 각도는 진북으로부터 측정할 수도 있고(진방위) 혹은 레이더가 실려 있는 선박 또는 항공기의 진행방향을 기준으로 하여 측정할 수도 있다(상대방위). 반향신호가 되돌아오는 각도는 레이더 안테나 시스템의 지향특성을 이용하여 측정한다. 레이더 안테나는 방사요소, 반사요소 및 지향요소들로 구성되어 한 방향으로 폭이 좁은 단일 빔 에너지를 만든다. 이와 같은 방법으로 얻어진 빔형은 원하는 방향으로 최대의 에너지를 집중 가능케 한다. 어떤 한 안테나 시스템의 송신 패턴은 그 안테나의 수신 패턴과 같다. 그러므로 하나의 안테나는 에너지를 송신하는 데 사용할 수가 있고, 반사 에너지를 수신하는 데도 사용할 수가 있으며, 혹은 위의 두 가지를 다 하는 데도 사용할 수 있다.

방위각 혹은 방위를 측정하는 데 사용되는 가장 간단한 형태의 안테나는 단엽(혹은 단일 로브라고도 함) 패턴을 이루는 안테나이다. 안테나 시스템은 그 자체를 회전시킬 수 있도록 설치한다. 안테나의 출력 에너지는 빔을 되돌아오는 신호가 있을 때까지 좌우로 움직이며 탐색하려고 하는 지역에 집중시킨다. 그리고 나서 반향신호가 최대가 되도록 안테나의 위치를 조정한다. 〈그림 6.4〉는 대표적인 레이더 안테나의 위치각에 대한 상대적 신호강도를 보인 것이다. 로브의 축이 물표를 통할 때에만 최대신호가 수신된다. 이 시스템의 감도는 로브 패턴의 각 넓이에 의하여 결정된다. 레이더 조종자는 수신신호가 최대가 되도록 안테나 시스템의 위치를 조정한다. 만일, 안테나를 약간만 돌렸는데 수신신호의 크기가 현저하게 변동하면 물표의 위치각을 선택할 수 있는 정확도가 크다. 이리하여 〈그림 6.4〉에

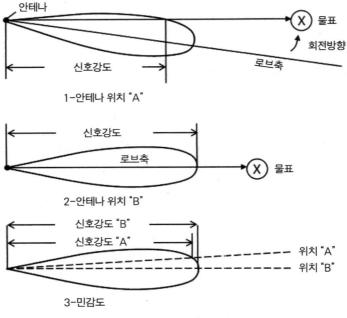

안테나

물표

회전방향

신호강도

로브축

1-안테나 위치 "A"

신호강도

로브축

물표

2-안테나 위치 "B"

신호강도 "B"

신호강도 "A"

위치 "A"

위치 "B"

3-민감도

〈그림 6.4〉 레이더 안테나 위치(위치각)와 신호강도(민감도)[3]

서는 A 및 B의 상대적인 신호의 크기에 별로 차가 없다. 만일, 에너지를 더욱 좁은 빔 안에 집중시킨다면 상대적 신호강도의 차가 커지며 정확도도 좋아진다.

3) 거리 및 방위의 평면위치 표시기(PPI: Plan Position Indicator)

모든 방향에서 순간적으로 일어나는 상태를 알려고 할 때 거리 스코프는 특정한 제한점을 가지고 있다. 왜냐하면 거리 스코프는 안테나가 순간적으로 가리키고 있는 방향의 물표만을 제시하기 때문이다.

주 PPI는 레이더 조종자로 하여금 그의 선박, 항공기 및 목표물을 둘러싸고 있는 모든 물표의 영상을 스크린 상에서 볼 수 있도록 되어 있다(그 레이더 장치의 작

---

3 Principle of Naval Weapon System(2006), 앞의 책; 해군사관학교(1981), 앞의 책.

동거리 한도 이내에서). 왜냐하면 PPI는 안테나의 360° 회전에서 나타나는 물표를 그대로 나타내고 안테나가 물표의 위치로부터 지나쳐 버린 다음에도 물표의 영상이 보이도록 필요한 지속성을 가진 형광막을 갖고 있기 때문이다. PPI 스코프에 나타나는 영상의 예를 〈그림 6.5〉에 보였다.

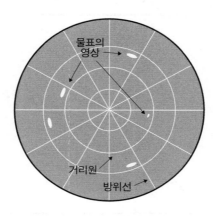

〈그림 6.5〉 PP I 스코프 상에 나타나는 영상

스크린 상의 밝은 점은 PPI 장치를 한 선박 혹은 항공기의 주변에 있는 물표(선박, 비행기, 지면 등)의 영상이다. 스코프의 외곽에는 상대 및 진방위판이 달려 있다. 스크린의 전면에 동등간격으로 거리원이 그려져 있는데 이것들은 거리가 마일로 나타나도록 조정되어 있다. 이와 같이 하여 영상신호의 위치로부터 그들 물표의 대략의 거리와 방위를 스코프 상에서 결정할 수 있다. 특별히 관련된 물표는 레인지 스코프에 의하여 더욱 정확한 거리측정을 할 수 있도록 따로 떼어내서 볼수 있다.

4) 고도의 결정(Altitude Determination)

공간에 있는 한 물표의 위치를 완전히 표시하기 위하여 필요한 남은 하나의 차원은 고도 혹은 앙각으로 표시할 수 있다. 만일, 고도나 앙각 중 어느 하나만 알

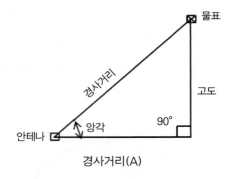

경사거리(A)

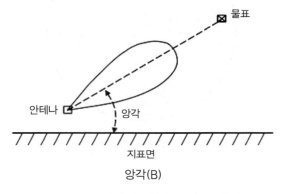

앙각(B)

〈그림 6.6〉 레이더에 의한 고도 결정[4]

면 나머지는 기본 삼각함수 관계를 이용하여 계산할 수 있다. 앙각 혹은 고도를 결정하는 한 가지 방법을 〈그림 6.6〉에 보였다.

경사거리(상단 그림)는 레이더 스코프에 나타나는 물표까지의 거리로 구한다. 앙각은 레이더 안테나의 앙각이다(하단 그림). 고도는 경사거리에 앙각의 사인치를 곱한 것과 같다. 안테나의 앙각을 조절할 수 있는 레이더 장치에서는 경사거리에 의한 고도결정이 전자적으로 자동적으로 계산된다.

---

4   Principle of Naval Weapon System(2006), 앞의 책; 해군사관학교(1981), 앞의 책.

6. 레이더 상수(Radar System Constant)

　　모든 레이더는 레이더 성능에 영향을 주는 레이더 사양이 있다. 여기에는 반송파 주파수, 펄스반복 주파수, 펄스폭, 듀티사이클 및 첨두출력과 평균전력의 관계 등이 있다. 이들은 레이더의 용도, 정확성, 탐지거리, 레이더 크기, 신호의 발생 및 수신문제 등에 의하여 결정된다.

1) 반송파 주파수(Carrier Frequency)

　　반송파 주파수란 레이더 주파수를 의미한다. 안테나에서 송신된 에너지의 대부분이 유용하도록 안테나는 고도의 지향특성을 가져야 한다. 반송파 주파수가 높을수록 파장은 짧고 지향성이 좋아진다. 레이더의 주파수가 낮을 경우 직진성이 떨어지고 안테나 크기가 커져야 한다. 또 전파의 성질에서 설명한 바와 같이 레이더 주파수가 매우 높은 대기 전파 중에 감쇄가 커진다. 극초단파 주파수 대역에서 RF에너지를 발생시키고 증폭시키는 문제는 고도의 기술이 필요하다. 또, 매우 미약한 수신신호를 증폭시키기 위해서 신호의 주파수는 혼합기 안에서 국부발진기로부터의 신호와 혼합하여 그 차 주차수인 중간주파수(IF)를 만들어 적당한 중간 증폭단에서 증폭하여 처리한다.

2) 펄스반복 주파수(PRF: Pulse Repetition Frequency)

　　레이더 장치의 최대 작동거리 이내에 있는 모든 물표로부터의 반향신호가 돌아올 수 있도록 충분한 시간간격을 각각의 송신 펄스 사이에 두어야 한다. 그렇지 못하면 더욱 멀리 떨어져 있는 물표로부터의 반향신호 수신을 계속 뒤따르는 송신 펄스에 의하여 불명료하게 될 것이다.

출력이 충분하다면 레이더 장치의 최대거리는 펄스반복 주파수(초당 펄스발사 개수)에 의하여 결정된다. 예를 들면, 최대 출력전력이 충분하고 펄스반복 주파수가 250pps(pulse per sec)일 때 펄스반복 시간(PRT: Pule Repetition Time)은 아래와 같이 표시되므로,

$$PRT = \frac{1}{PRF} \quad \cdots\cdots\cdots\cdots\cdots\cdots\cdots\cdots\cdots\cdots\cdots\cdots\cdots\cdots\cdots\cdots\cdots\cdots \quad (6.2)$$

펄스반복 시간은,

$$PRT = \frac{1}{250}\sec = 0.004\sec \quad \cdots\cdots\cdots\cdots\cdots\cdots\cdots\cdots\cdots\cdots\cdots\cdots\cdots \quad (6.3)$$

따라서 펄스반복 시간은 $1\sec = 10^6 \mu sec$이므로 $4{,}000 \mu sec$(마이크로초)가 되고, 이 전파시간을 거리로 환산하면 1,200km이며, 이는 600km를 왕복할 수 있는 거리이다. 이 필요한 시간 간격은 되돌아오는 반향신호가 다음 출력파에 의하여 간섭을 받지 않고 사용할 수 있는 최대반복주파수를 결정한다.

안테나 시스템을 일정한 속도로 회전시킬 때 에너지 빔은 비교적 짧은 시간 동안 물표에 부딪친다. 이 시간 동안 스크린 위에 필요한 표시를 할 수 있는 신호를 되돌려 보내기 위하여 충분한 수의 에너지 펄스를 송신하여야 한다. 예를 들면, 안테나가 6rpm으로 회전하고 펄스반복 주파수가 800pps일 때 안테나가 1° 돌아가는 동안 22 펄스를 발사한다. 즉, 안테나는 1초에 돌아가는 동안 1초에 800개의 펄스를 내보내므로 1°돌아가는 동안 송신되는 펄스의 수는 약 22개이다. 그러므로 스크린 형광물질의 지속성과 안테나의 회전속도가 사용할 수 있는 최저 펄스반복 주파수를 결정한다.

3) 펄스폭(PW: Pulse Width)

물표를 이상적으로 검출할 수 있는 최소거리는 주로 송신된 펄스폭에 의하여 결정된다. 만일, 물표가 송신기로부터 아주 가까운 거리에 있어서 송신 펄스가 끝나기 전에 반향신호가 되돌아오면 반향신호의 수신은 송신 펄스에 의하여 감추어질 것이 명백하다. 예를 들면, $1\mu sec$의 펄스폭은 최소 측정거리가 150미터(전파의 속도는 $1\mu sec$ 300미터 진행하므로 이 기간 중 편도거리는 150m)이며, 그 거리 안에 있는 물표는 스크린 상에 나타나지 않는다. 이런 점에서 근거리 측정 혹은 항해용 레이더에서는 $0.1\mu sec$ 정도의 펄스폭을 사용한다. 장거리용 레이더에서는 통산 $1\mu sec$에서 $5\mu sec$ 정도의 펄스폭을 사용한다.

4) 반송파 주파수와 펄스반복 주파수

펄스 레이더의 전파발사 방법은 반송파주파수를 펄스폭의 크기로 잘라서 1초에 일정한 펄스 수를 발사하는 방식이다. 예를 들어 선박용 레이더의 반송파 주파수를 9GHz, 펄스폭을 $1\mu sec$, 펄스반복 주파수를 500pps라고 하면, 1초에 펄스 500개의 율로 발사된다. 이때 펄스가 9GHz 성분을 갖는다는 의미는 다음과 같다. 펄스폭 1마이크로초에 해당하는 전파거리는 약 300m이고, 주파수 9GHz의 한 파장이 대략 0.3m이다. 따라서 1개의 펄스 안에는 9GHz 사이클 약 1,000개가

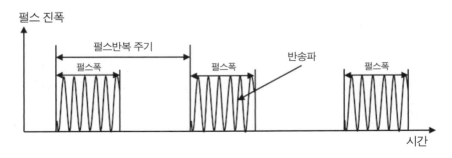

〈그림 6.7〉 레이더의 반송파 주파수와 펄스반복 주파수

존재한다.

5) 전력관계(Power Relation)

레이더 송신기는 RF 에너지를 발생시키는데 그 에너지의 형태는 매우 짧은 펄스로서 그 펄스들 사이의 비교적 긴 시간 동안 송신기는 정지하고 있다. 송신기의 유용한 전력은 발사되는 펄스에 포함되어 있으며, 이것을 그 장치의 첨두전력이라고 한다. 전력은 통상 비교적 긴 시간 동안의 평균치로써 측정한다. 레이더 송신기는 동작하고 있는 시간보다 긴 시간 동안 정지하고 있으므로 한 사이클의 작동시간 동안에 발사하는 평균 전력치는 펄스가 있는 동안의 유효전력에 비하여 비교적 작다.

장시간 동안에 소모한 평균전력과 펄스가 있는 시간 동안에 얻어지는 첨두전력(Peak Power)과의 사이에는 일정한 관계가 있다. 다른 요소들이 일정하다면 펄스폭(PW: Pulse Width)이 클수록 평균전력(Average Power)이 커지며, 펄스반복주기(PRI: Pulse Repetition Interval)가 길어지면 평균전력이 낮아진다. 따라서 다음과 같이 표현이 가능하다. 펄스반복주기 PRI와 펄스반복 시간(PRT: Pulse Repetition Time)은 같은 의미이다.

$$\frac{Average\,power}{Peak\,power} = \frac{PW}{PRT} \quad \cdots\cdots\cdots\cdots\cdots\cdots\cdots\cdots\cdots\cdots\cdots\cdots\cdots\cdots\cdots\cdots (6.4)$$

이들 일반관계를 〈그림 6.8〉에 도시했다.

레이더 송신기의 작동주기는 RF 에너지를 발사하는 시간간격의 전체 시간에 대한 비율로 나타낼 수 있다. 이 시간관계를 Duty Cycle이라고 부르며 다음 식으로 표시할 수가 있다.

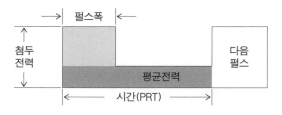

〈그림 6.8〉 펄스의 상호관계

$$Duty\ Cycle = \frac{PW}{PRT}$$ ··· (6.5)

예를 들면, 펄스폭이 $2\mu sec$이고, 펄스반복 주파수(PRF: Pulse Repetition Frequency)가 500pps인 레이더의 *Duty Cycle*은 펄스반복주기가 $2,000\mu sec(\frac{1}{PRF} = \frac{1}{500} \times 10^6$ μsec이므로 *Duty Cycle*은 0.001이 된다. 마찬가지로 평균전력과 첨두전력과의 비를 *Duty Cycle*로 표시할 수 있다.

$$Duty\ Cycle = \frac{Average\ power}{Peak\ power}$$ ·································· (6.6)

위에 든 예에서 첨두전력을 200Kw라고 가정해 보자. 이 경우 $2\mu sec$ 동안 200Kw의 첨두전력이 안테나에 공급되고 나머지 $1,998\mu sec$ 동안 송신기의 출력은 0이고, 평균전력은 0.2Kw가 된다.

7. 기본 레이더 거리방정식

레이더 송신기의 송신첨두 출력이 Pt(W)이고 무지향성 안테나를 사용하여 모든 방향으로 일정하게 전파가 방사되면, 레이더에서 거리 r(m)만큼 떨어진 곳의

단위면적당 전력인 전력밀도는 송신출력을 반경 r인 가상구의 겉넓이로 나눔으로써 얻어질 수 있다.[5]

$$\text{등방향성 안테나 전력밀도} = \frac{P_t}{4\pi r^2} \ (\text{w/m}^2) \quad \text{(6.7)}$$

그러나 레이더는 등방향성 안테나보다는 지향성 안테나를 사용하므로 안테나 이득을 G라 하면 지향성 안테나 전력밀도는 아래와 같다.

$$\text{지향성 안테나 전력밀도} = \frac{P_t G}{4\pi r^2} \ (\text{w/m}^2) \quad \text{(6.8)}$$

레이더로부터 거리 r인 목표물에 전파가 도착할 것이라는 전제하에서 목표물에서 다시 반사된다고 생각할 수 있다. 이때 목표물에서 반사된 반사파는 모두 레이더로 들어오지 않고 레이더 안테나에 대한 목표물의 유효반사면적으로부터 반사된 반사파만을 고려할 수 있다. 실제로 목표물의 유효반사면적을 정확히 계산하는 것은 매우 어렵다. 이는 목표물의 재질, 모양, 크기 및 파장, 입사각 등에 따라 달라진다.

유효반사면적(RCS: Radar Cross Section)을 $\sigma\,(\text{m}^2)$라 한다면 목표물에서 반사된 전력의 크기는 다음과 같다.

$$\text{목표물에서 반사된 전력} = \frac{P_t G \sigma}{4\pi r^2} \ (\text{w/m}^2) \quad \text{(6.9)}$$

레이더 수신안테나가 있는 지점에서의 전력밀도는 목표물에서 반사된 전력을 $4\pi r^2$으로 나눈 값이며, 이때 수신안테나에 의해 포착되는 반사파의 크기는 안테나 유효면적을 곱해 얻을 수 있다.

---

5 Principle of Naval Weapon System(2006), 앞의 책; 유용남 편저(1995), 앞의 책; 권태환 역(2006), 앞의 책.

목표물로부터 반사된 신호의 레이더 수신점에서의 전력밀도는

$$\frac{P_t G \sigma}{4\pi r^2} \cdot \frac{1}{4\pi r^2} \,(\text{w/m}^2) \quad\text{(6.10)}$$

안테나 유효면적을 A(m²)라 할 때 안테나에 수신된 반사파의 전력은 다음과 같다.

$$P_r = \frac{P_t G \sigma A}{(4\pi)^2 r^4} \,(\text{w}) \quad\text{(6.11)}$$

위 식은 아래와 같이 파장을 삽입하여 사용하기도 한다.

$$P_r = \frac{P_t G^2 \lambda^2 \sigma}{(4\pi)^3 r^4} \,(\text{w}) \quad\text{(6.12)}$$

표적이 레이더에 포착되려면 레이더 수신기의 회로탐지 신호보다 커야 한다. 또 반사파의 크기는 표적과 레이더 간의 거리가 멀어질수록 감소되어 레이더 성능상 최대로 표적을 포착할 수 있는 거리인 최대 탐지거리에서 수신기에 들어오는 반사파는 최소 탐지신호가 된다.

최소탐지 신호를 $S_{\min}$, 최대 탐지거리를 $R_{\max}$라 하면 다음과 같이 표시할 수 있다.

$$S_{\min} = \frac{P_t G \sigma A}{(4\pi)^2 r_{\max}^4} \,(\text{w}) \quad\text{(6.13)}$$

$$r_{\max}^4 = \frac{P_t G \sigma A}{(4\pi)^2 S_{\min}} \quad\text{(6.14)}$$

위 식은 레이더 거리방정식의 기본형으로 실제로 최대 탐지거리는 안테나와의 상대속도, 표적의 움직임, 표적의 재질, 사용주파수 및 편파, 수신기의 잡음전

력 등 많은 환경조건에 따라 차이가 난다.

상기의 식을 거리의 단위를 km, 주파수를 MHz, 전력을 dBm로 하여 형식을 바꾼 형태의 레이더 거리방정식으로 사용하는 경우 실무적으로 편리할 때가 많다.

$$P_r = -103 + P_t + 2G - 20\log_{10}(f) - 40\log_{10}(d) + 10\log_{10}(\sigma) \quad \cdots \text{ (6.15)}$$

여기서,

P_r = dBm 단위의 수신전력

P_t = dBm 단위의 레이더 송신전력

G = 데시벨 단위의 안테나 이득

f = MHz 단위의 전송 주파수

d = km 단위의 레이더에서 표적까지 거리

σ = m^2 단위의 레이더 단면적(RCS)

8. 레이더 단면적(RCS: RADAR Cross Section)과 이득(Gain)

표적의 레이더 단면적은 보통 표적의 기하학적 단면적과 반사율, 그리고 지향률 함수로 표현되며, 레이더 단면적의 공식은 다음과 같이 이론적으로 계산이 가능하다.

σ = 기하학적인 단면적 × 반사율 × 지향률

단,

① 기하학적인 단면적: 레이더 측에서 바라본 표적의 크기

② 반사율: 표적에 부딪치는 레이더 전력 대 반사되어 표적을 떠나는 전력비율

③ 지향률: 반사된 전체 전력이 모든 방향으로 흩어질 때 레이더를 향해 반사된 전력의 양 대 레이더 방향 뒤쪽으로 흩어진 전력비율

실제로 항공기나 선박과 같은 실제 표적의 레이더 단면적은 물리적인 각 부분의 반사 벡터의 합이다. 이는 통상적으로 표적면의 각에 따라 아주 불규칙적이며, 레이더 주파수에 따라 달라진다. 〈그림 6.9〉는 전형적인 항공기의 좌우로 움직이는 면의 각과 레이더 단면적을 보여주며, 뱃머리로부터 수평면 각의 함수로 약 45°고각의 전형적인 선박의 레이더 단면적을 보여준다. 그림 안의 단위, dB-sm(다시 말하자면 $1m^2$ 혹은 $10\log(RCS/m^2)$와 관련된 dB)이다. 이러한 레이더 단면적 그림은 항공기와 선박의 종류에 따라 아주 다양하게 나타나며, 동일표적이라도 발사한 전파도래 방향과의 상대방위에 따라 다르게 나타날 수 있으며, 재질 등에 따라서도 RCS의 크기는 다르게 나타난다.

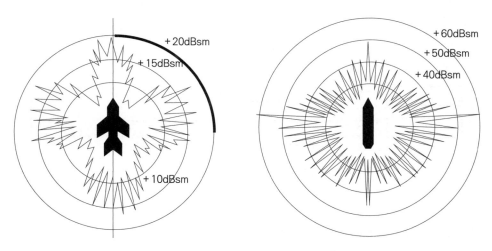

〈그림 6.9〉 항공기와 선박의 RCS 형태[6]

---

6   김영해 역(1993), 앞의 책, pp. 3-8(동작개요 및 거리방정식).

9. 최소 수신전력(민감도)과 레이더 최대 탐지거리

레이더가 표적을 탐지할 수 있는 거리를 결정하기 위해서는 하나의 값을 더 생각할 필요가 있다. 그것은 레이더 수신기의 민감도이다. 민감도는 수신기가 수신할 수 있고 특정 기능을 여전히 수행할 수 있는 최소한의 신호수준으로 정의된다.

탐지거리를 결정하기 위해 민감도에 해당하는 어떤 형태의 레이더 거리방정식에서 수신 전력을 설정하고 거리에 관해 문제를 해결한다. 최대 탐지거리에서의 수신기의 최소 수신전력(민감도)은 최소가 되며, 앞에서 설명한 데시벨 형태의 거리방정식을 사용한다면 레이더의 최대 탐지거리는 식 (6.15)를 이용하여 아래와 같이 계산이 가능하다. 이 경우 적용되는 제반 단위는 앞에서 설명한 단위를 사용하여야 하며, 다른 단위를 사용할 경우 상수가 달라짐을 명심해야 한다. 또 식 (6.14)를 이용해서도 구할 수 있다.

$$40\log(d) = -103 + P_t + 2G - 20\log(f) + 10\log(\sigma) - P_r \quad\cdots\cdots\cdots\cdots\cdots \text{(6.16)}$$

$$d = 10^{[40\log(d)/40]} = 10^{[(-103 + P_t + 2G - 20\log(f) + 10\log(\sigma) - P_r)/40]} \quad\cdots\cdots\cdots \text{(6.17)}$$

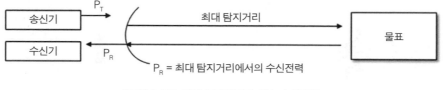

〈그림 6.10〉 최대 탐지거리와 최소 수신전력

1) 레이더 최대 탐지거리 계산의 예

만약 어떤 선박 레이더의 최대 탐지거리 계산의 실례를 위하여, 레이더 변수들을 아래와 같다고 하고, 식 (6.16)를 이용하여 계산을 해보도록 하자.

P_t = 100kw (= + 80dBm)

P_r = −96dBm(최소 수신전력: 민감도)

G = 30dB

f = 10GHz: 표적의 레이더 단면적(RCS) = 10m²

이 값들을 데시벨 표현 탐지거리방정식 (6.16)에 대입하면,

$$40\log(d) = -103 + 80dBm + 2(30)dB - 20\log(10,000)dB$$
$$+ 10\log(10)dB - (-96dBm) = -103 + 80 + 60 - 80$$
$$+ 10 + 96 = 63dB \quad \cdots\cdots\cdots\cdots\cdots\cdots\cdots\cdots\cdots\cdots\cdots\cdots \quad (6.18)$$

d = antilog[40log(d)/40] = antilog[1.575] = 37.6km

따라서 선박 레이더의 최대 탐지거리는 37.6km임을 알 수 있다.

앞에서 설명한 바와 같이 레이더 탐지거리계산을 위해 데시벨 형태의 탐지거리방정식을 사용하면 레이더 탐지거리에 대한 이해를 용이하게 할 수 있어서 실무적으로 매우 편리한 경우가 많다.

10. 레이더기술의 발전과 미래

레이더는 전자파 방사 후 표적에 반사되어 되돌아온 반사파 신호를 분석하여 표적의 방위, 거리, 고도, 속도 등의 정보를 획득하는 전천후 센서 체계이다. 레이

더는 단일기능의 2차원 혹은 3차원 탐지 레이더와 추적 레이더에서 이들 기능을 복합화한 다기능 레이더로 발전하고 있다. 다기능 레이더는 한 개의 송신관을 이용한 수동형 다기능 레이더에서 반도체 송수신기를 이용한 능동형 다기능 레이더로 발전하여 운용성 및 생존성을 향상시킬 수 있다. 반도체 송수신기가 고가이므로 일부 제한된 레이더에만 적용되어 있으나 향후 반도체 기술의 발달로 다양한 레이더에 적용 가능할 것으로 예측된다. 따라서 향후 다양한 형상에 장착 가능한 형상적응 다기능 레이더로 발전할 것으로 예상되며, 2020년 이후는 모든 장비가 한 모듈에 장착된 디지털 레이더로의 발전이 전망됨으로써 항법용 레이더에도 변화가 불가피할 것으로 전망된다. 〈표 6.11〉에 위상배열 기술 발전에 따른 레이더 발전 동향을 보였다.

〈표 6.1〉 위상배열 기술 발전에 따른 레이더 발전 동향[7]

비고	2차원 레이더	3차원 레이더			
		수동위상배열	능동위상배열	형상적응배열	디지털 레이더
연도	'80년대 이전	'80~'95년대	'95~'15년대	'10~'20년대	'20년대
개념					
특징	• 반사판 안테나 • 고출력 송신기	• 복사소자 · 변위기 • 고출력 송신기	• 저출력 반도체 송수신기 • 디지털 빔 성형	• 항공기 표면부착 • 반도체 송수신기 • 디지털 빔 성형	• 반도체 송수신기 • 고속 D/A 및 A/D 변환기
연도	탐지 레이더 (거리/방위각)	다기능 레이더 (탐지/추적/유도) (거리/방위각/고각)	다기능 레이더 (탐지/추적/유도) (거리/방위각/고각)	항공기 다기능 레이더	차세대 다기능 레이더

---

7 해군본부, 해군무기체계 발전현황(2008), pp. 176.

제7장

해상에서의
레이더의 성능

1. 빛과 전파의 수평선 거리

전파는 빛과 같이 대기밀도의 변화에 의해서 굴절이 생긴다. 빛의 경우 수평선까지의 거리는 안고를 h미터라 하면 아래와 같이 표시되지만,

빛의 수평선 거리($mile$) = $2.09\sqrt{h}$

전파의 경우는 굴절이 빛보다 조금 크므로 수평선 거리도 더 크다. 따라서 레이더 수평선의 거리를 구하는 공식은 다음과 같다.

레이더의 수평선 거리($mile$) = $2.22\sqrt{h}$

단, h는 안테나의 높이(m)이며, 상기 식 모두 파장 약 3cm로 대기의 표준상태에 있어서의 값이다. 만약 물표의 높이가 H(m)일 경우 레이더의 수평선 거리는 〈그림 7.1〉에서 보는 바와 같이 D_1과 D_2를 합한 값이 된다.

물표의 수평선 거리 = $D_1 + D_2$
= $2.22(\sqrt{h} + \sqrt{H})$

〈그림 7.1〉 레이더의 수평선 거리[1]

---

1 정세모(1986), 전파항법, 아성출판사, pp. 59-64, pp. 71-75, pp. 86-88; 고광섭(1982), 무선공학 특론, 한국해양대학원, 강의자료 및 노트.

2. 레이더파의 굴절 현상

　높이의 변화에 따른 기온의 강하율이 대기의 표준상태보다 크든지 또는 상대 습도가 높을 경우에는 레이더 전파의 굴절은 작아진다. 심할 때에는 거꾸로 위쪽 으로 굴절하는 수가 있는데 이것을 아굴절(Sub-refraction)이라 하며, 이 때문에 수 평선까지의 거리는 매우 짧아진다. 이 현상은 따뜻한 해면에 차가운 공기가 덮였 을 때와 같은 경우에 생기고, 고위도지방에서 일어나기 쉽다. 한편, 초굴절(Super-refraction)이라 하여 위의 것과 반대로 굴절이 표준보다 클 경우가 있다. 이것은 높이의 변화에 따른 기온의 하강률이 작고 상대습도가 감소할 경우에 일어난다.

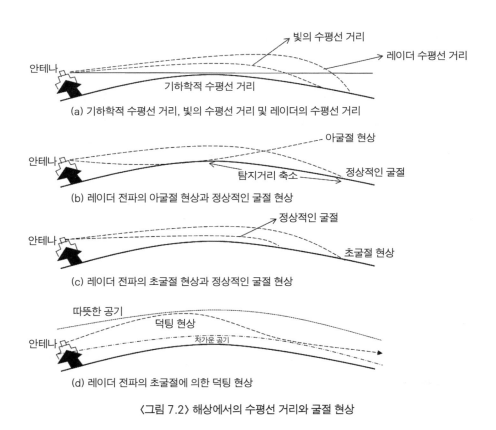

(a) 기하학적 수평선 거리, 빛의 수평선 거리 및 레이더의 수평선 거리

(b) 레이더 전파의 아굴절 현상과 정상적인 굴절 현상

(c) 레이더 전파의 초굴절 현상과 정상적인 굴절 현상

(d) 레이더 전파의 초굴절에 의한 덕팅 현상

〈그림 7.2〉 해상에서의 수평선 거리와 굴절 현상

육상의 따뜻한 공기가 차가운 해면에 불어 닥쳐오는 것과 같은 경우에 일어나므로 여름철에 육지로 둘러싸인 해면에서 일어나기 쉽다. 또 열대지방에서는 외양(外洋)에 접한 곳에서도 일어난다. 영불해협·지중해·홍해·페르시아만 등에서는 가끔 일어난다. 이 초굴절 때문에 레이더의 탐지거리가 증대하므로 따뜻하고 건조, 쾌청한 날에는 뜻밖에 원거리의 물표가 레이더에 나타나는 경우가 있다.

초굴절이 특히 클 때는 굴절한 전파가 해면에 부딪쳐 반사하고 그것이 또 굴절하여 다시 해면에 반사하고 이것을 반복하여 원거리의 육지가 나타나는 수가 있다. 마치 전파는 도파관 속을 따라서 나가는 것과 같은 것이 되기 때문에 이것을 레이더 전파의 덕팅 현상이라 한다. 〈그림 7.2〉는 해상에서의 기하학적 수평선 거리, 빛과 레이더파의 수평선 거리 및 레이더파의 굴절 현상에 대한 개념도이다.

3. 레이더 장비의 탐지능력과 수평선 거리

위에서 레이더의 탐지거리를 안테나와 물표의 높이의 기하학적 측면의 레이더 전파의 수평선 거리에 대해 설명했지만, 실제로 레이더 장비 자체의 탐지능력이 충분하지 않으면 레이더 수평선 거리 내에서도 물표를 탐지할 수 없는 것은 말할 것도 없다. 따라서 송신출력(첨두출력, 펄스폭, 펄스반복 주파수), 수신감도, 안테나 이득, 파장 등이 충분하고 적당치 않으면 안 된다. 이에 대한 기본원리 설명은 앞장에서 설명했다. 이것과는 별도로 물표의 반사성능에 의해서 탐지거리는 매우 달라진다.

4. 수평빔폭과 방위분해능

1) 수평빔폭

　　포물선형의 안테나에 의해서 전파는 일정방향에 빔이 되어 발사되는 것이지만, 이 빔의 수평면에 있어서의 모양은 〈그림 7.3〉에 나타난 것과 같은 긴 오이의 모양을 하고 있다. 지금 이 그림을 수평면의 각 방향에 있어서의 전파의 출력의 분포도라 한다면 AB 방향의 출력이 최대이다. 그리고 AC 및 AD 방향의 출력이 그 반이라고 한다면 AC, AD가 이루는 각 θ가 수평빔폭이다. 즉 출력이 반이 되는 방향이 이루는 각을 빔폭이라 한다.

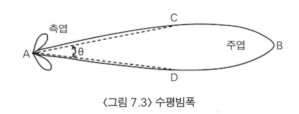

〈그림 7.3〉 수평빔폭

2) 빔폭에 의한 영상의 확대 현상

　　빔폭 때문에 일어나는 현상으로 물표의 폭이 실제보다 넓게 보인다. 〈그림 7.4〉의 (a)는 빔폭이 3°인 레이더를 사용한 경우로 가는 물표는 빔의 회전 전면이 통과하고 후면이 통과할 때까지의 3°의 범위에서는 반사파가 돌아오므로 스크린의 영상은 3°의 폭을 가진 모양으로 보인다.

　　또 〈그림 7.4〉의 (b)는 폭 5° 해상 물표는 같은 이유에 의해서 물표의 양 끝이 빔폭의 반인 1.5°씩 확대되어 스크린의 영상은 결국 8°의 폭의 물표로 확대되어 보인다. 이 확대 현상으로 인하여 거리가 멀수록 물표의 폭은 확대되어 비치게 되

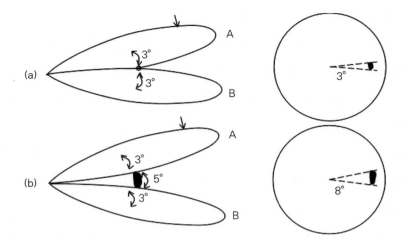

(a) 물표가 레이더 스크린에 3°의 폭으로 확대
(b) 폭이 5°인 물표가 스크린에 8°의 폭으로 확대

〈그림 7.4〉 레이더의 수평빔폭과 영상의 확대[2]

므로 영상을 볼 때에는 미리 이러한 현상을 알고 있어야 한다. 물표의 반사특성 또한 영상의 확대 현상에 영향을 미친다.

철선과 같이 반사성능이 좋은 것은 약한 전파라도 반사파가 돌아오므로 빔폭이 넓어진 것과 같은 효과가 되며 영상은 크게 비친다. 방위분해능을 좋게 하고 확대작용을 적게 하며 정확한 방위를 측정하려면 수신 감도를 되도록 낮추어 폭이 가장 좁은 빔의 앞부분이 물표를 통과하게 하면 좋은 결과를 얻을 수 있다.

3) 방위분해능

앞에서 설명한 바와 같이 하나의 물표가 빔폭에 의하여 좌우로 빔폭의 절반만큼씩 확대되므로 같은 거리에 방위가 접근해 있는 두 물표가 있으면, 두 개의

---

2 정세모(1986), 앞의 책; 고광섭(1982), 앞의 강의자료 및 노트.

물표가 하나로 붙어서 나타나는 경우가 있다.

〈그림 7.5〉의 (a)는 빔폭이 넓어서 2척의 소형 어선을 분리할 수 없는 예이고, (b)는 빔폭이 좁아서 2척의 어선을 분리할 수 있는 예이다. 방위의 분해능력은 빔폭(각도)에 좌우되므로 같은 간격(거리)만큼 떨어진 두 물표라도 가까운 거리에서는 두 개로 분해되지만, 먼 거리에서는 분해되지 않는다. 따라서 빔폭이 좁을수록 방위분해능은 좋아지며, 빔폭은 전파의 파장과 안테나의 폭과의 비에 의하여 결정된다. 마치 탐조등의 반사경이 클수록 빛이 예리해지는 것과 같다. 표준형인 항해용 레이더의 예로 파장 3cm의 전파에 폭이 120cm인 스캐너를 사용하면 빔폭은 약 2°이다. 같은 스캐너의 폭에 파장이 10cm가 되면 빔폭은 약 6°가 되며, 안테나의 폭에는 제한이 있으므로 일반적으로 주파수가 낮은 S-Band(3GHz대) 레이더가 주파수가 높은 X-Band(9GHz대) 레이더보다 방위분해능이 좋지 않다. 실제로 해상에서 조업하는 다수의 어선들을 레이더로 감시하는 경우 여러 척의 어선들이 레이더의 스크린에 뭉쳐서 나타나기 때문에 정확히 몇 척인지 분간하기가 어렵다.

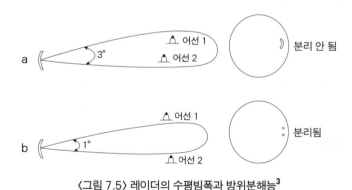

〈그림 7.5〉 레이더의 수평빔폭과 방위분해능[3]

3 정세모(1986), 앞의 책; 고광섭(1982), 앞의 강의자료 및 노트.

4) 거리분해능

펄스폭

항해용 레이더의 펄스폭은 0.1~1.0μs의 범위로 보통은 0.25μs의 것이 많다. 그리고 펄스반복 주파수도 500~3,000Hz로 보통은 1,000Hz이다. 펄스폭이 길면 얇은 수직판이라도 깊이를 가진 영상으로 나타난다. 전파의 속도는 1μs에 약 300m이므로, 지금 펄스폭이 0.25μs라면 펄스의 처음부터 끝까지의 길이는 75m가 된다.

펄스폭은 짧을수록 영상은 선명하지만 반면 발사 에너지가 작아지므로 탐지능력은 저하한다. 그래서 사용하는 거리범위에 따라 펄스폭이나 반복주파수도 동시에 바꿀 수 있도록 하는 것이 가장 좋다.

거리의 분리

동일 방향의 두 물표가 접근하여 있을 경우에는 만약 펄스폭이 길면 영상은 두 개로 분리될 수 없다. 〈그림 7.6〉에 있어서 A, B 두 척의 선박이 37.5m의 간격으로 정박하고 있는 것을 레이더로 거리를 측정했다고 하자. 이 레이더의 펄스폭이 0.25μs, 즉 펄스의 길이가 75m라 하면 펄스의 앞 끝이 A선에 부딪쳐 전부가 반사파로 될 때까지는 0.25μs의 시간을 요한다.

한편 이 펄스의 앞 끝이 그대로 앞으로 나아가서 B선에 도달하여 반사파가 되어 37.5m를 되돌아와 A선까지 오는 데 꼭 0.25μs를 요한다. 그래서 B선의 반사파의 앞 끝과 A선의 반사파의 뒤 끝과는 연결되어버리는 것이 되므로 오직 하나

〈그림 7.6〉 펄스폭과 거리분해능

의 물표로 보이게 된다.

이와 같이, 같은 방위의 두 물표의 간격이 펄스폭의 반 이하일 때는 분리되지 않으므로 스크린 상의 영상은 1개의 긴 점이 되어 나타난다. 따라서 거리분해능은 펄스폭의 반의 거리임을 알 수 있다. 즉, 펄스폭이 짧을수록 거리분해능은 좋고 영상은 선명하다. 최근의 레이더에는 사용하는 거리범위에 따라서 다른 펄스폭과 반복주파수를 사용하여 전파의 복사에너지와 거리분해능과를 조화시키고 있다. 근거리 범위에서는 펄스폭을 짧게 하여 거리분해능을 좋게 하여 영상을 선명히 하고 원거리에서는 펄스폭을 크게 하여 복사에너지를 크게 하여 레이더의 탐지능력을 높여 사용한다. 실제 해상에서 많은 어선들이 조밀하게 붙어 조업을 하는 경우나 작은 무인기(드론)들이 집단으로 이동하는 경우 레이더로 정확히 몇 척의 어선인지, 몇 개의 드론인지 식별하기 어렵다.

최소탐지거리

안테나에 너무 가까이 있는 물표는 탐지될 수 없으며, 이것은 레이더가 채택하고 있는 송·수신절환장치 때문이다. 앞에 든 예와 같이 펄스폭이 $0.25\mu s$인 레이더가 있다고 하자. 송신펄스가 발사하는 동안은 수신기를 보호하기 위하여 수신기는 TR관에 의하여 차단되어 있다. 70m 길이의 전파의 꼬리가 레이더를 떠날 때는 37.5m 떨어진 물표에서 반사된 반사파는 레이더에 도착하게 되며, 따라서 37.5m 이내의 물표의 반사파는 수신기로 들어가지 못한다. 따라서 이론상의 최소탐지거리는 펄스폭의 절반의 거리이지만 실제로는 송신펄스가 발사 완료된 후에 TR관이 원상으로 회복되어 수신기의 문을 열어주기까지는 좀 더 시간이 걸린다. 그래서 최소탐지거리는 펄스폭의 반보다 더욱 큰 값이 된다.

펄스폭 $0.25\mu s$(75m)를 사용하는 보통의 레이더로써는 그 반은 37.5m이지만, 위에서 설명한 이유에 의해서 최소탐지거리는 70m 전후이다. 펄스폭 $0.1\mu s$의 레이더로는 20m라고 말하지만 실제로는 더욱 클 것이다.

또 다른 원인으로는 선박의 주위의 해면 반사를 막기 위해서 STC 회로가 설치되어 초기 수신감도를 억제하고 있지만 동시에 가까운 거리에 있는 물표의 탐지도 억제되므로 가까운 거리의 작은 물표는 탐지되기 곤란하다.

　　최소탐지거리를 좌우하는 또 다른 요인으로 레이더 마스트가 너무 높으면 〈그림 7.7〉에 보인 바와 같이 레이더의 수직빔폭의 사각이 커지는 애로사항이 있다. 종종 첨단 레이더를 장착한 군함이나 대형 상선들이 작은 어선과 충돌하는 것도 이러한 이유가 한 요인이 된다.

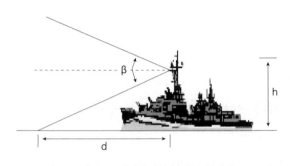

〈그림 7.7〉 레이더의 수직빔폭과 사각

5. 물표의 형상과 재질에 따른 반사파

　　빛이 물체에 닿으면 그 물체의 성질에 의해서 반사 또는 흡수되고 혹은 유리와 같이 투과한다. 전파도 이와 같아서 물체의 재질에 의해서 흡수 혹은 반사한다. 전기의 양도체인 금속이나 해수는 목재·돌·흙·식물 등보다 반사성능이 좋다.

　　전파의 파장은 빛에 비해서 매우 길기 때문에 콘크리트와 같이 표면이 상당히 거칠어도 그 요철의 크기가 파장에 비해서 작으면(1/10 파장 이내) 거울 면과 같은 반사를 일으킨다. 즉, 전파가 반사면에 직각으로 부딪쳤을 때가 가장 반사파가 강하고, 입사각도 조금만 변하면 대부분의 에너지는 입사한 방향이 아닌 다른 방향으로 반사되어 가버린다.

〈그림 7.8〉에서 첫 번째 그림처럼 구면 형상의 물체에 레이더파가 부딪치면 반사파는 사방으로 확산함을 알 수가 있다. 해상에서 원추형 부표나 구형 물체에 반사된 레이더 전파는 대부분이 상방으로 반사되거나 다른 방향으로 반사되어 선박에 돌아오지 않는 수가 있다. 두 번째 그림의 경우에서는 평평한 물체에 수직으로 입사된 전파가 정면으로 반사되는 것을 알 수 있다. 세 번째 그림의 경우에서 전형적인 깔때기 형태의 코너형 물체로서 반사파가 되돌아가는 모양을 볼 수 있다.

이러한 기본원리를 이용하여 삼각형의 금속판을 서로 직각으로 조합하면 어느 방향에서 전파가 오더라도 반사파는 원래의 방향으로 돌아간다. 이와 같은 것을 여러 개 조합하여 만든 것이 코너 리플렉터(Corner Reflector)라 불리는 것으로 이것을 부표의 꼭대기나 레이더 탐지를 용이하게 하기 위한 물표에 부착해 두면 레이더 탐지에 매우 효과가 있다.

〈그림 7.9〉 및 〈그림 7.10〉은 레이더 반사파를 줄일 수 있도록 설계된 첨단 스텔스 전투기와 스텔스 함정이다. 이들은 특이한 형상 및 전파흡수체 도색으로 표면에 부딪히는 전파를 되돌아가지 않도록 하거나 흡수토록 함으로써 상대 레이더에 반사파 수신을 최소화한다.

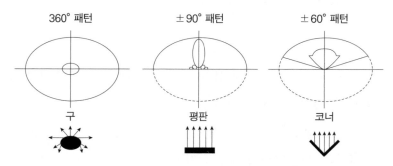

〈그림 7.8〉 다양한 물표형태의 반사파 형태[4]

4　Principle of Naval Weapon System(2006), 앞의 책, pp. 38-39; www.rfcafe.com.

〈그림 7.9〉 스텔스 전투기　　　　　　　〈그림 7.10〉 스텔스 함정

6. 레이더파의 그늘(Shadow Effect)

언덕 뒤에 평지가 있으면 전파는 언덕에 차단되어 뒤의 평지에는 부딪치지 않는다. 그래서 언덕의 영상만이 나타나고 평지의 영상은 나타나지 않는다. 즉 영상에 그늘이 생긴다. 이와 같은 현상으로 해안선의 지형에 따라서는 그 안에 있는 강 입구가 영상에 나타나지 않으므로 주의해야 한다. 또 기복이 많은 산에서는 밝기가 다른 몇 개의 영상이 그늘과 함께 나타난다. 그리고 반드시 산의 중턱이 강하게 나타난다고는 할 수 없다. 그때의 산의 사면의 완급에 의해 여러 가지로 나타날 것이므로 주의해야 한다.

물표의 크기에 의한 반사파의 강도

물표의 크기(투영면적)가 크면 반사파도 당연히 세다. 부표의 반사파와 선박의 반사파와는 차이가 있어서, 수신감도를 작게 하면 밝기의 차를 잘 알게 되므로 구별할 수 있다.

반사파의 세기는 물표의 크기와 형의 두 가지에 의해 정해진다. 가령 작은 것이라도 형에 따라서는 강력한 반사체도 있으므로 그 반사강도를 나타내는 것으로 그것과 같은 반사강도를 얻을 수 있는 도체로 된 구의 대권면적으로써 나타낸다.

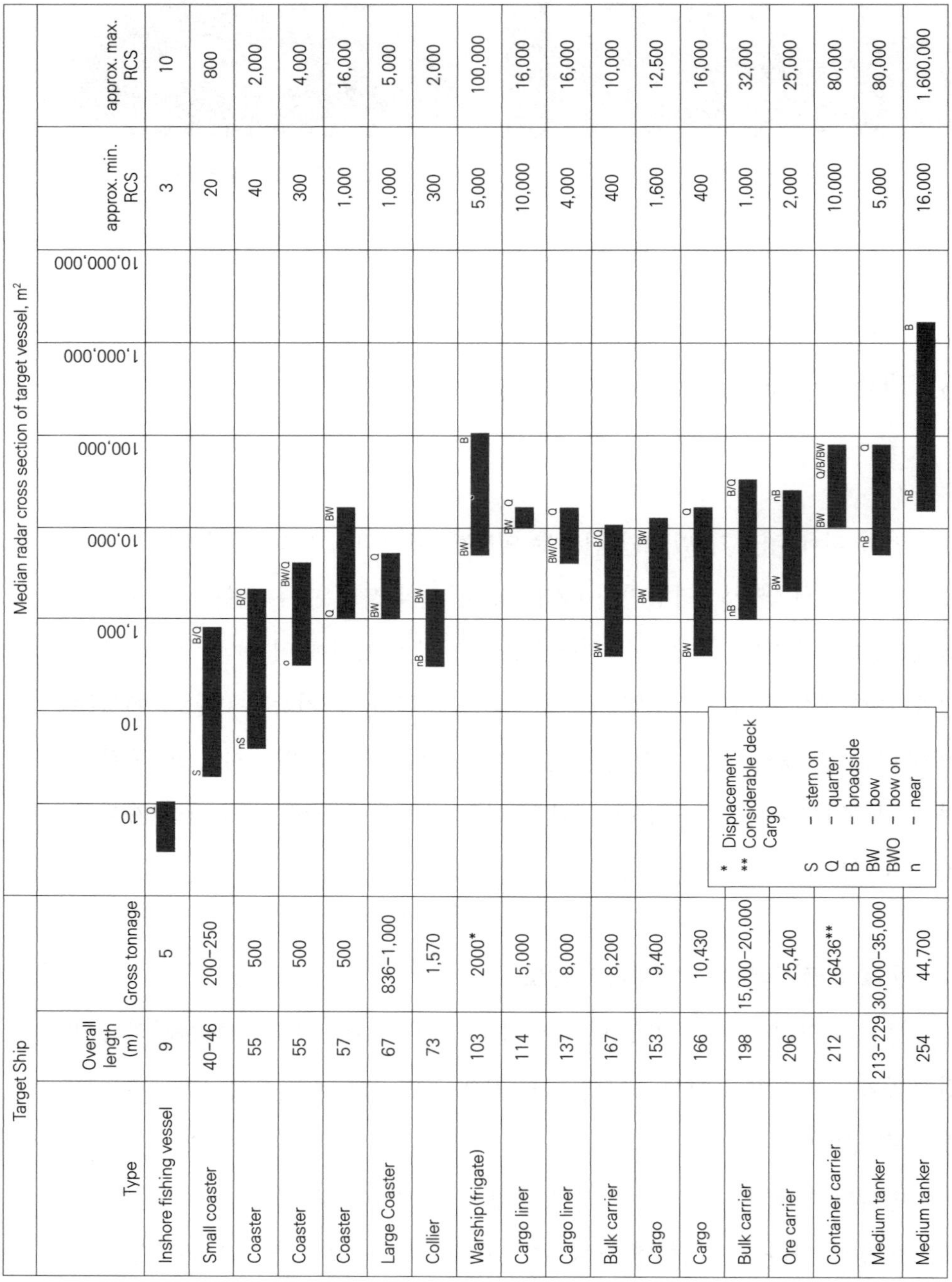

Target Ship			Median radar cross section of target vessel, m²	approx. min. RCS	approx. max. RCS
Type	Overall length (m)	Gross tonnage		3	10
Inshore fishing vessel	9	5	Q	3	10
Small coaster	40–46	200–250	S / B/Q	20	800
Coaster	55	500	nS / B/Q	40	2,000
Coaster	55	500	Q / BW/Q	300	4,000
Coaster	57	500	Q / BW	1,000	16,000
Large Coaster	67	836–1,000	BW / Q	1,000	5,000
Collier	73	1,570	nB / BW	300	2,000
Warship(frigate)	103	2000*	BW / B	5,000	100,000
Cargo liner	114	5,000	BW/Q / Q	10,000	16,000
Cargo liner	137	8,000	BW/Q / Q	4,000	16,000
Bulk carrier	167	8,200	B/Q	400	10,000
Cargo	153	9,400	BW / BW	1,600	12,500
Cargo	166	10,430	BW / Q	400	16,000
Bulk carrier	198	15,000–20,000	nB / B/Q	1,000	32,000
Ore carrier	206	25,400	BW / nB	2,000	25,000
Container carrier	212	26436**	BW / Q/B/BW	10,000	80,000
Medium tanker	213–229	30,000–35,000	nB / Q	5,000	80,000
Medium tanker	254	44,700	nB / B	16,000	1,600,000

Scale (Median radar cross section, m²): 10 · 10 · 1,000 · 10,000 · 100,000 · 1,000,000 · 10,000,000

* Displacement
** Considerable deck Cargo

S – stern on
Q – quarter
B – broadside
BW – bow
BWO – bow on
n – near

〈그림 7.11〉 해상물체의 개략적인 RCS[5]

<표 7.1> 공중물체의 개략적인 RCS[6]

	RCS(m²)	RCS(dB)
automobile	100	20
B-52	100	
B-1(A/B)	10	
F-15	25	
Su-27	15	
cabin cruiser	10	10
Su-MKI	4	
Mig-21	3	
F-16	5	
F-16C	1.2	
man	1	0
F-18	1	
Rafale	1	
B-2	0.75?	
Typhoon	0.5	
Tomahawk SLCM	0.5	
B-2	0.1?	
A-12/SR-71	0.01(22 in2)	
bird	0.01	-20
F-35/JSF	0.005	-30
F-117	0.003	
insect	0.001	-30
F-22	0.0001	-40
B-2	0.0001	-40

이것을 등가반사면적(Equivalent Echo Area) 또는 유효반사면적(Effective Echo Area)이라 한다. 이는 소위 레이더 RCS(Radar Cross Section)라 불리는 것으로 앞에서 설명한 바 있다.

예를 들면 투영 면적이 900cm² 크기의 코너 리플렉터의 등가반사면적이 10,000cm²라는 것은, 이 리플렉터의 반사강도가 대권면적이 10,000cm²(반경 약

---

5 http://www.mar-it.de/Radar/RCS/Ship_RCS_Table.pdf; Williams Cramp Curtis(2004), Experimental study of the radar cross section of maritime targets, Electronic Circuits and Systems, Vol. 2, No. 4, amended by I. Harre.

6 http://www.mar-it.de/Radar/RCS/Ship_RCS_Table.pdf; Williams Cramp Curtis(2004), 앞의 논문.

60cm)인 도체구의 반사강도와 같다는 것이 된다. 이 방법은 물표의 반사강도를 나타내는데 편리하다.

7. 영상의 방해현상과 거짓상

1) 해면반사

본선 근처의 해면반사를 억제하기 위해서 STC(Sensitivity Time Control) 회로가 있으나 큰 파도가 있을 경우는 본선 가까운 곳이 아니더라도 해면반사가 일어나는 수가 있다. 일반적으로 해면반사는 선박의 풍상 측에 생기므로, 반드시 선박을 중심으로 한 원형으로는 되지 않는다. 해면반사 억제가 지나치게 강하면 부표와 같은 작은 반사도 동시에 보이지 않게 될 우려가 있다.

2) 비나 구름 등의 방해

비나 눈의 반사에 의한 반사파를 제거하기 위해서 FTC(Fast Time Constant)회로가 있지만 낮은 구름에 의해서도 가끔 반사파가 나타난다.

약간의 비나 안개는 거의 방해가 되지 않는다. 눈도 특별한 대설이 아닌 이상 그렇게 방해는 되지 않는다. 농무의 경우는 원거리의 물표의 탐지거리가 약 20% 짧아진다. 심한 비나 스콜(Squall)은 20마일 전후의 원거리에서도 나타난다. 그리고 그 영상은 양털과 같은 윤곽이 희미한 모양을 하고 있으므로 육지의 반사파와는 구별하기 쉽다.

비가 상당히 심할 때에는 그 때문에 복사에너지가 흡수되므로 우중 혹은 그

배후의 그늘 속에 있는 선박 등의 탐지가 곤란한 경우가 있다. 특히, 작은 어선·부표 등은 비 때문에 영상이 가려 나타나지 않는 경우가 있다. 이러한 경우에는 FTC 회로에 의해 방해를 제거함과 동시에 수신감도를 강하게 할 필요가 있다.

3) 타선의 레이더 간섭

부근에 있는 타선의 레이더가 본선과 같은 주파수대를 사용하고 있을 때는 그 펄스가 수신되어 스크린의 전면에 눈발과 같은 영상이 나타난다. 또 그것은 두 선박의 펄스반복 주파수의 차에 의해서 원형 또는 나선형의 모양이 되어 나타난다.

다수의 선박이 폭주하는 협수로 등에서는 상당히 강한 간섭이 있는 경우도 있지만 화면에는 장애가 되지 않는다.

군사작전 중에는 적의 레이더를 방해하기 위해서 일부러 간섭을 일으키는 발신을 하여 소위 레이더방해(Radar Jamming)를 하기도 한다.

4) 레이더의 맹목구간(Blind Sector)

안테나가 연돌보다 낮으면 전파는 이것에 차단되어 물표의 탐지를 할 수 없는 구간이 생긴다. 즉 맹목구간이 생긴다. 그 각도는 공중선과 연돌과의 거리, 연돌의 크기에 좌우된다. 보통은 연돌이 스캐너의 후방에 있으므로 항해상 별로 큰 방해는 되지 않지만 추월선의 탐지에는 방해가 된다.

안테나의 전방에 있는 마스트나 데릭 포스트 등도 전파를 차단하므로 맹목까지는 아니지만 그늘효과를 일으킨다.

이 구간에서는 전파의 복사에너지가 왕복하면서 함께 약해지게 되므로 특히 근거리의 작은 물표에 대한 탐지능력이 저하되어 탐지거리가 보통의 1/2 혹은 1/3로 감소한다. 더욱이 이 현상은 선수방향에 일어나므로 항행상 크게 주의하여야 된다. 이 때문에 무중항행에 있어서는 침로를 5~10° 좌우로 바꾸면서 지그재 그(Zig Zag) 항행을 하는 것도 바람직하다.

스캐너가 전방마스트보다 높다면 선수미선상에 스캐너를 부착시키는 것이 가장 바람직하지만, 마스트보다 낮은 경우에는 좌우 어느 쪽인가의 현으로 약간 비껴서 부착시키는 것이 보통이다. 이 경우 항행상의 견지에서는 우현에 부착시키는 것이 타선과의 피항 의무관계상보다 좋다고 할 수 있다.

맹목구간을 측정하려면 두 가지 방법이 있다. 하나는 주위에 해면반사가 있을 때 해면반사 억제기 및 감도 조정기에 의해서 해면반사를 어느 정도 약하게 해 주면 해면반사가 보이지 않는 구간 또는 특히 약한 구간이 생기므로 그 방향을 측정한다. 또 스콜 중에 들었을 때는 그 방향을 더욱 명확하게 측정할 수 있다.

또 하나의 방법은 소형 부표에서 약 1마일 정도 떨어져서 선박을 조용히 1회전 시키면서 레이더로 이 부표를 관측하여 이것들의 구간을 측정하는 방법이다. 이 경우는 해면이 잔잔한 때가 아니면 안 된다. 선장은 반드시 이와 같은 방법으로 선박의 맹목구간을 미리 측정해 둘 필요가 있다.

5) 거짓상(False Echo)

스크린에 나타난 영상의 위치에 실제의 물표가 없는 경우가 있다. 즉 거짓상이 나타나는 수가 있다. 이에 대하여 설명하기로 한다.

간접반사

보통은 물표에서 직접 반사한 반사파가 진 영상으로서 스크린 상에 나타나는 것이지만 때로는 선체의 구조물에 한 번 더 반사되어 온 반사파가 스크린에 나타나는 수가 있다. 즉, 하나의 물표의 영상이 다른 방향에 나타날 수 있다.

다중반사

근방(주로 정횡방향)에 큰 반사체가 있을 때는 하나의 펄스가 선체와 물표 사이

전자항법과 GPS: 전자·위성항법의 이론과 실무

를 2회 혹은 수회 왕복하여 2중 반사 또는 다중반사를 일으켜 영상이 여러 개 나타나는 수가 있다. 〈그림 7.13〉에서 보는 바와 같이 이 거짓상은 스크린 상의 같은 방향에 같은 간격으로 나타나므로 발견하기 쉽다.

위에서 설명한 것 외에도 안테나 측엽의 반사파 및 레이더의 2차 소인(sweeping)에 돌아온 반사파로 인하여 거짓상이 생기는 경우가 있다.

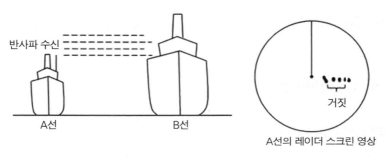

반사파 수신

A선   B선

A선의 레이더 스크린 영상

거짓

〈그림 7.13〉 다중반사에 의한 거짓상[7]

8. 레이더 항법 주의사항

1) 영상의 판독을 위한 주의사항

레이더가 좁은 시계 항해에 있어서 매우 도움이 되고, 항해의 안전과 항해시간의 단축에 역할이 큰 것은 새삼스럽게 말할 것이 없으나, 레이더의 기능에는 한계가 있으므로 그 성능을 잘 알고 취급에 익숙해지는 것이 중요하다. 또 레이더를 너무나 과신해서도 안 된다. 아래에 올바른 영상의 판독을 위한 주요사항을 요약했다.

7　　정세모(1986), 앞의 책; 고광섭(1982), 앞의 강의자료 및 노트.

첫째, 레이더의 특성과 각종 물표의 반사성능을 충분히 습득할 것

둘째, 레이더의 최대 탐지거리, 방위분해능, 거리분해능, 최소탐지거리 등에 대해서 잘 이해해 둘 것

셋째, 판독의 방해가 되는 거짓상, 그늘효과 등의 특수한 현상에 대해서 충분한 예비지식을 갖고 있을 것

넷째, 레이더 장비 조정 숙련도를 향상시킬 것

다섯째, 레이더 영상, 해도, 육안관측과 비교 대조하여 판독을 연습할 것

2) 레이더 방위측정 오차

수평빔폭에 의한 오차

앞에서 설명한 바와 같이 안테나의 수평빔폭 때문에 영상의 확대 현상이 생기기 때문에 방위측정오차가 생긴다. 수평빔폭에 의한 오차는 대략 안테나 빔폭의 1/2만큼 확대되어 발생한다. 물표의 양끝의 방위를 측정했을 때에는 1/2빔폭만큼 수정하지 않으면 안 된다. 파장 3cm, 120cm의 안테나 폭을 사용한 레이더에서는 빔폭이 약 2°이므로 1°의 수정이 필요하다. 240cm의 안테나 경우는 빔폭이 약 1°이므로 수정량이 0.5°가 된다.

또 수평빔폭의 오차를 줄이기 위해서 고립물표의 방위측정의 경우에는 영상의 중앙의 방위를 측정해야 한다. 그리고 어느 경우라도 이 확대 현상에 의한 오차를 적게 하기 위해서는 수신감도를 되도록 낮추고, 빔폭을 좁게 하여 측정하는 것이 바람직하다.

중심차

PPI 영상의 중심과 방위눈금의 중심, 즉 방위선의 회전중심이 일치하지 않기 때문에 중심차(Centering Error)가 생기는 경우가 있으나, 레이더에는 지시기의 내부에 편심수정장치가 부착되어 있어서 만약 중심차가 있을 때에는 수정할 수가 있

게 되어 있다.

편향코일의 동기오차

CRT관의 편향코일은 모터에 의해서 안테나와 동기하여 회전하는 것이지만 마찰 때문에 어느 정도는 늦는 수가 있다. 그 때문에 안테나의 방향과 소인선의 방향이 일치하지 않으므로 일정한 양의 방위오차가 생긴다. 그 값은 1°에 달하는 수가 있다. 이것은 레이더를 설치할 때, 스캐너가 정선수를 향했을 때 소인선이 0° 방향이 되도록 조정해야 한다.

레이더 방위오차 확인

레이더의 방위오차에는 여러 가지의 원인이 있고, 그 외에 취급자의 개인차도 있으므로 실제의 측정오차는 상당히 큰 경우가 있다. 특히 자이로컴퍼스와 동기 사용토록 되어 있지 않은 레이더에서는 요잉(Yawing) 때문에 오차는 다시 크게 된다. 단지 기계의 성능표에 기재되어 있는 분해능만을 오차로 생각해서는 안 된다. 각 선박에 있어서 시계가 좋을 때에 레이더 방위와 자이로컴퍼스 방위를 비교하여 자선의 오차의 값을 확인해 두는 것이 중요하다.

3) 거리측정의 오차

거리측정의 오차는 전술한 펄스폭과 휘점의 크기에 의해서 정해진다. 정확한 거리를 측정하려면 가변거리 눈금을 되도록 어둡게 하며 영상에 내접하도록 하여 측정하고, 너무 포개지지 않도록 해야 한다. 가변거리 눈금의 정밀도는 고정거리 눈금의 그것보다도 낮으므로 때때로 양자를 비교하여 볼 필요가 있다.

가까운 거리를 제외하고 조건이 좋은 명료한 물표의 경우에는 대략 측정거리의 1~3%의 거리오차가 포함된다. 지금 물표의 거리를 10마일이라 하면 거리측정 오차는 대략 0.1~0.3마일이 된다.

무엇보다도 항해사의 마음가짐으로서 특히 주의해야 할 것은, 레이더에 의해서 거리를 측정할 경우에는 사전에 그 오차를 확인 또는 짐작해두어야 한다. 그리고 지속적으로 훈련을 하여 레이더 측정거리에 큰 오차가 생기지 않도록 주의해야 한다. 아무튼 장비가 정교해지더라도 너무 과신하여 종래부터 가졌던 항해사로서의 감각까지도 둔해지는 일이 없도록 주의해야 한다.

4) 레이더를 이용한 위치측정

연안항행 중의 레이더에 의한 선위결정법은 다음에 열거하는 여러 가지가 있으나, 방위의 정도는 거리의 정도보다도 좋지 못하므로 선위의 정도도 그에 따라서 좌우되는 점에 주의하지 않으면 안 된다.

컴퍼스 방위와 레이더 거리에 의한 법(거리-방위)

시계가 좋을 때 등선(Light Ship)이나 비콘 등의 고립물표에 대해 행해지는 방법으로 컴퍼스 방위와 레이더에 의한 측정거리에 의해서 선위를 구하는 것이다. 이 방법이 가장 정확하다.

여러 물표의 레이더 거리에 의한 법(거리-거리-거리)

두 개 이상의 현저한 물표의 레이더 거리를 측정하여, 그것을 반경으로 하여 해도 상에 원호 즉 위치권을 그리면 그것들의 교점이 선위이다. 산 혹은 물표의 거리를 측정했을 때 그것이 해도 상의 어느 점인가를 알기 어려우므로, 오히려 해안선까지의 거리를 측정하는 편이 좋다. 단 해안선의 만곡부는 영상확대 현상 때문에 영상이 왜곡되어 나타나므로 되도록 선박에서의 방위에 직각으로 되어 있는 해안선의 부분을 측정하는 것이 바람직하다.

레이더 방위와 레이더 거리에 의한 법(거리-방위)

특히 현저한 물표 혹은 고립물표의 경우에는 단일물표의 레이더 방위와 레이더 거리에 의해서 선위를 구할 수 있다.

5) 협수로 항해 시 레이더 사용 주의사항

연안의 항해에서 좁은 수로에 진입함에 따라 주위의 정세의 변화가 빠르므로 선위도 신속하게 그리고 정확하게 구해야 한다. 해도는 영상판독을 위해서 때때로 들여다보는 정도로 하고 소위 직접항법에 의해서 항행해야 한다.

이와 같은 협수로에서는 변화가 빠른 반면 판독은 정확해야 하므로 이론뿐만 아니라 경험을 쌓고 익숙해지는 것이 제일 중요한 일이다. 날씨가 좋을 때 영상과 실물을 비교·대조한다든가, 또 그 수역의 항로표지의 탐지거리를 미리 알아두는 것 등이 필요하다. 더욱이 협수로 항행에 있어서는 그 선박의 맹목구간, 거짓상 등에 대해서 항상 주의를 해야 된다.

PPI의 방위 표시방식과 거리범위의 선택

레이더를 사용할 경우 PPI의 방위의 표시방식에는 두 가지가 있다. 또 거리범위는 여러 가지로 바꿀 수 있으나 이것의 선택은 항해상 중요한 문제이다.

PPI의 방위 표시방식

자이로컴퍼스가 있는 배에서는 이것을 레이더와 동기시켜 PPI를 진폭기준으로 하여 진방위 표시방식으로 할 수가 있다. 또 스위치의 절환에 의해서 선수방위기준으로 한 상대방위 표시방식으로 할 수도 있다. 그 어느 것이 좋은가는 그때의 상황에 따라 다르지만 보통은 화면을 진북 기준으로 하여 사용하는 것이 좋다.

그 이유는,

① 해도와 같이 진북을 위로 하여 화면이 나타나므로 해도와 대조하는 경우에 알기 쉽다.

② 대각도의 변침을 하더라도 선수 지시선이 이동할 따름이므로 PPI의 화면은 그대로 움직이지 않는다. 반대로 선수 기준으로 한 경우에는 변침할 때마다 화면이 회전하여 흐트러지므로 협수로 항행 등의 중요한 시기에 방해가 된다. 특히, 2마일 거리범위와 같은 근거리 스케일을 사용하고 있을 때는 화면의 흔들림이 심하다.

③ 모든 물표의 진방위 측정이 용이하다.

이상과 같은 점에서 넓은 해면에서는 물론 협수로에서도 진북 기준으로 하여 사용하는 것이 좋다.

단, 항구의 출입, 하천항행 등에서는 브리지(Bridge)에서 눈으로 보는 것과 같이 나타나는 선수방위 기준으로 사용하는 것이 쓰기 쉬운 경우도 있다.

거리눈금의 선택

거리눈금의 선택은 지형이나 선박의 교통량에 의해서 달라진다. 비교적 넓은 해면에서 고속의 대형선은 15마일 전후의 거리범위를 사용하여 타선 등을 일찍부터 경계하는 것이 필요하다. 그러나 연안근방에서는 보통은 6~12마일의 거리범위가 적당하다. 이 범위라면 영상은 상당히 선명하게 나타나고 또 타선 등의 경계도 할 수 있기 때문이다. 단, 이 경우에는 때때로 스위치를 3마일 전후의 거리범위로 바꾸어 본선 부근의 소형선을 놓치는 일이 없도록 주의하여야 한다. 협수로에서는 지형에 따라 더욱 작은 거리범위로 적은 물표의 탐지에 노력해야 하지만, 이 경우 너무 자주 거리범위를 바꾸는 것은 좋지 않다. 그때마다 화면이 흐트러져서 중요한 시기에 물표를 탐지하지 못할 위험이 있기 때문이다.

제8장

지상파 항법 방식

1. 개요

20세기에 들어오면서 전파를 이용한 과학기술이 급속도로 발달하여 먼 바다에서 배의 위치를 알 수 있는 방법이 제안되고 실현되었다. 전파의 특징인 직진성, 등속성, 반사성을 이용하여 선박이나 항공기의 지표가 되고 있는 것을 통틀어 무선표지 또는 전파표지라고 한다. 이것은 전파를 이용하므로 천후에 관계없이 항상 이용이 가능하고 넓은 지역에 걸쳐서 이용할 수 있는 이점이 있다.

전파표지 중 가장 먼저 개발된 것은 무선방위측정기로 중파무선표지국에서 전파를 송신하면 전파되어 오는 방위를 측정하여 방위 또는 위치를 측정하는 것이다. 초기에는 기상에 관계없이 사용할 수 있다는 장점으로 각광을 받았으나 이후 쌍곡선항법기기가 개발되어 사용빈도가 낮아지고 탑재규정이 삭제되었다.

쌍곡선항법은 특정 송신 주기를 갖는 한 쌍의 송신국 전파의 도착시간차를 구하면 수신자는 하나의 위치선(쌍곡선) 상에 있음을 알게 되고, 다른 한 쌍의 송신국에 의한 위치선을 얻을 수 있으면, 그 두 위치선의 교점으로 위치가 구해진다. 이와 같이 위치를 구할 때 사용하는 위치선이 쌍곡선인 점에서 쌍곡선항법이라 한다.

쌍곡선항법도 초기에는 획기적인 항법체계였으나 정확도 측면에서 95% 확률 분포로 460m 정도의 오차범위를 가지고 있다. 이후에 위치정확도가 뛰어난 위성항법시스템이 개발되면서 다소 쇠퇴했으나 위성항법시스템의 취약점을 극복할 수 있는 대안으로서 발전된 시스템인 eLoran의 등장을 예고하고 있다.

구분	설명
위성항법 보정시스템(DGPS)	Differential Global Positioning System의 약자로서 위성항법장치(GPS)의 측위오차를 정밀하게 보정하여 중파(285~325kHz)로 전송해주는 시설로서, 위치정도는 약 10m 이내이고, 유효거리는 약 100해리이다.
레이더비콘(Radar Beacon)	레이콘이라고도 하며, 무지향성 전파를 24시간 발사하여 선박에서 사용 중인 레이더 화면 상에 모스 휘선을 나타내어 배의 위치를 알 수 있도록 하는 장치이다. 농무 시나 기상 악화 시 선박 안전운항에 기여한다.
로란(LORAN)	LORAN(Long Range Navigation)이란 쌍곡선항법시스템을 말하며, 대한민국에는 포항과 광주에 송신국이 있다.

2. 중파무선표지

1) 개요

중파무선표지는 해상용 중파인 285~325kHz의 주파수를 이용한 무선표지(Radio Beacon)로 항행 중인 선박이나 항공기 등에 전파를 발사하여, 그 전파 발사 지점에 대한 방향 또는 방위를 결정할 수 있게 하는 시스템이다. 중파무선표지의 개념은 〈그림 8.1〉과 같다.

육상에 설치된 무선표지국과 관측자가 방위를 측정하는 무선방위측정기(RDF: Radio Beacon Finder)로 구성되며, 지문항해의 교차방위법과 같이 물표의 방위를 교차시켜 해도 상에서 선박의 위치를 구하는 것과 같다.

---

1 포항지방해양수산청 자료.

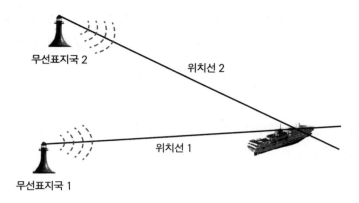

무선표지국 2

위치선 2

위치선 1

무선표지국 1

〈그림 8.1〉 중파무선표지를 이용한 위치측정 개념

무선방위측정기는 1907년에 이탈리아의 베리니(E. Bellini)와 토시(A. Tosi)가 직교 루프 안테나와 고니오미터(Goniometer)를 사용하는 베리니토시 안테나를 발명한 이래로 실용성이 높아졌고, 그 후 진공관의 발명에 의한 감도의 상승, 브라운관 지시방식의 고안에 의한 측정의 간소화 등에 힘입어 제1차 세계대전경부터 실용화되었다. 제1차 세계대전 이후에는 일반항해 분야에 확대 사용되었다. 무선방위측정기 관련 규정은 1948년 해상인명안전조약(SOLAS)에서 1,600총톤 이상의 모든 선박은 국제항해에 종사할 경우 무선방위 측정기를 탑재하여야 한다고 규정화되었으며, 이에 따라 국내에서도 의무화되었다.

중파무선표지는 제2차 세계대전 이전에는 활발하게 사용되었으나 이후 쌍곡선항법시스템이 확대 운용되고 위성항법시스템이 개발됨에 따라 이용자가 점점 감소해갔다. 따라서 한국에서도 2000년 이후 무선표지국이 DGPS 기준국으로 전환되고, 2005년 이후 송신이 전면 중지되었다. 따라서 본 절에서는 항해자 입장에서 개념 수준에서 간단하게 소개하고자 한다.

2) 중파무선표지국

중파무선표지국은 이용자가 무선방위측정기로 방위를 측정하게 하기 위하여 전파를 발사하는 시설이다. 사용주파수는 285~325kHz이고 약 1,000Hz의 가청수파수로 변조되어 있다. 이 전파에는 모스부호로 된 고유의 표지부호가 있어서, 이 표지부호에 의하여 국을 식별하고, 장음부호를 발사하는 동안에 무선방위측정기로 방위를 측정한다.

한국의 주요 항구 입구에 설치 운용 중이던 중파무선표지국은 2000년 이후 해상용 RBN/DGPS 사이트로 전환 운용 중이다.

3) 무선방위측정기

무선방위측정기는 루프 안테나로 무선표지국의 전파를 수신하고, 루프를 360도 회전시켜서 얻는 8자형 특성 곡선에서 수신출력이 최소가 되는 방향을 찾아서 무선표지국의 방위를 찾아내는 방식이다.

루프 안테나는 〈그림 8.2〉처럼 도체선을 원형 또는 사각형의 모양으로 1회 또는 수회 감은 것이며, 〈그림 8.3〉처럼 안테나의 루프면에 대하여 전파의 도래방위 θ로 수신될 때에 안테나에 유기되는 기전력 V는 식 (8.1)로 표시된다.

$$V = 2\pi NA \frac{E}{\lambda} \cos\theta \quad \text{..} \quad (8.1)$$

단, N: 루프 안테나의 권선 수
  A: 루프 면적(m²)
  E: 전파의 도래방위 전계강도(V/m)
  λ: 전파의 파장(m)

유도되는 기전력 V는 θ가 90°, 270°일 때 0이 되며, 이때 전파가 도래하는 방향이 루프면에 수직인 경우이다. θ를 0°에서 360°까지 변화시켜 유도되는 기전력을 나타내면 〈그림 8.3〉에 보이는 바와 같이 8자 형태로 지향특성이 나타난다. 따라서 θ가 90°, 270°일 때 수신 전파가 최소감도가 되며, 이 점에서 방향 각도의 미소한 변화에도 유도되는 기전력 변화가 심하게 나타나기 때문에 방위측정에 이용할 수 있다.

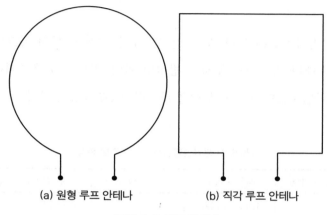

(a) 원형 루프 안테나　　　　(b) 직각 루프 안테나

〈그림 8.2〉 루프 안테나

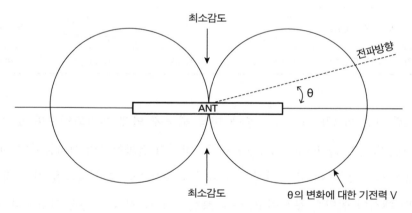

최소감도

전파방향

ANT

θ

최소감도

θ의 변화에 대한 기전력 V

〈그림 8.3〉 루프 안테나의 지향특성

3. 쌍곡선항법 방식

1) 개요

쌍곡선항법시스템은 로란-A, 로란-C, 데카, 오메가 등이 있으며 사용하는 전파의 주파수대나 거리치를 구하는 방식의 차이, 정확도나 유효거리의 차이가 있다. 쌍곡선항법시스템의 주요 특성을 비교하면 〈표 8.2〉와 같다.

〈표 8.2〉 쌍곡선항법시스템의 주요 특성

구분	전파형태	사용 주파수	송신출력	유효거리	정확도
로란-A	펄스파	1,950, 1,850, 1,900kHz	130kW	주간 1,300km 야간 2,600km	1~10km
로란-C	펄스파	100kHz	1,500~1,800kW	2,000km	150~520m
데카	지속파(CW)	70~90kHz 110~130kHz	2kW	주간 700km 야간 400km	50~750m
오메가	지속파(CW)	10~14kHz	10kW	12,000km	2~4km

로란-A는 제2차 세계대전 중에 미국 해군에 의해 개발되었으며 로란(LO-RAN)이란 말은 Long Range Navigation 즉, 장거리 전파항법의 머리글이다. 제2차 세계대전 및 그 이후에 미 국방성은 군사적인 목적으로 로란-A국을 미국 태평양 연안 및 대서양 연안은 물론이고, 주로 북반구의 각 지역에 속속 건설했다. 세계 각국도 차례로 운용을 개시하여 1971년에는 전 세계에 로란-A국이 83개국에 달했다. 그러나 로란-C의 발달로 폐지되었다.

데카는 정식명칭이 데카항법시스템(Decca Navigation System)이며, 영국 Decca사가 개발한 장파(70~130kHz)를 이용한 쌍곡선항법 방식이다. 이 방식은 제2차 세계대전 중에 프랑스의 노르망디 상륙작전에서 선박의 유도에 획기적 성과를 올려

전자항법과 GPS: 전자 · 위성항법의 이론과 실무

서, 전파항법으로서의 우수성이 인정되었으며, 전쟁 후 항해안전을 위하여 세계 각국에서 설치하기에 이르렀다. 데카는 중거리 전파항법 방식으로 중요시되었고, 특히 유럽에서는 상선, 어선은 물론이고, 항공기, 측량 등에도 이용되어왔지만, 그 후 로란-C와 GPS에 영향을 받아 점차 감소하다 1990년대 폐지되었다.

오메가는 정식명칭이 오메가 항법시스템(Omega Navigation System)이며, 전 세계적인 쌍곡선항법시스템이다. 10~14kHz의 초저주파를 사용하여, 그 전파상의 위상안정도가 좋은 점과 감쇄가 적은 특징을 이용하여 불과 8국으로 전파의 위상 비교를 통해 전 세계적인 위치 서비스가 가능한 시스템이다. 오메가는 범세계적인 항법 장치로 운영되었지만 GPS의 보급과 더불어 오메가 이용자가 감소하게 되어, 1997년 모든 오메가국의 운영이 종료되었다.

2) 로란-C

개요

쌍곡선항법(Hyperbolic Navigation)이란 쌍곡선의 기하학적 원리에 기반을 두고 한 쌍의 전파송신국에서 보내지는 전파의 시간차를 측정하여 위치를 구하는 방법이다. 쌍곡선항법에는 오메가 데카 및 로란항법 등이 있었으나 Loran-C는 극히 일부 국가에서 운영은 하고 있으나 위성항법에 밀려 사용자가 거의 없는 상태다. 이와 같이 쌍곡선항법이 유명무실하게 되었으나 위성항법을 보완하기 위한 eLoran의 발전으로 Loran-C 방식이 다시 관심을 받게 되었다. eLoran은 기존의 Loran-C를 기반으로 구축되기 때문이다.

쌍곡선에 의한 Loran-C의 위치결정 원리

쌍곡선이란 2점으로부터 거리차가 일정한 점의 궤적이다. 〈그림 8.4〉에서 M, X, Y를 각각 육상의 고정된 송신국이라 할 때, M-X 및 M-Y 두 쌍의 독립된 송신 체계가 된다. 우선 M-X국을 초점으로 하는 곡선과 M-Y국을 초점으로 하는 곡선

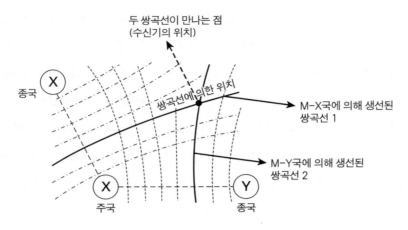

두 쌍곡선이 만나는 점
(수신기의 위치)

종국 Ⓧ

쌍곡선에의한 위치

M-X국에 의해 생선된
쌍곡선 1

M-Y국에 의해 생선된
쌍곡선 2

Ⓧ 주국

Ⓨ 종국

〈그림 8.4〉 쌍곡선에 의한 Loran- C 위치결정 원리

이가 만나는 점이 1개로 나타남을 볼 수 있다. 이해를 돕기 위해 M국을 Loran-C의 주국, X국과 Y국을 종국이라 해보자. 선박이나 항공기의 임의의 위치에서 Loran-C 수신기로 M-X국의 전파를 수신하여 전파의 도착 시간차를 측정하여 시간차가 일정한 점의 궤적을 곡선 1이라 하고, M-Y국의 전파를 수신하여 도착 시간차를 측정하여 시간차가 일정한 점의 궤적을 곡선 2라 하면, 이들은 공간 상에서 반드시 만나는 점이 존재한다. 바로 이 점이 선박이나 항공기의 위치가 된다. 위 그림에서 쌍곡선 1의 모든 점은 M국 과 X국으로부터 전파도달 시간차가 일정하다. 실제로 거리차는 시간차에 전파의 속도를 곱해줌으로써 구해진다.

Loran- C의 전파송신

Loran-C 송신국은 모두 100kHz의 주파수를 발사하며 종국은 $1,000\mu sec$ 간격을 가진 8개의 펄스군을 발사한다. 반면에 주국은 9개의 펄스를 발사하는데 8번째 펄스와 9번째 펄스의 간격은 용이한 식별을 위해 $2,000\mu sec$, $1,500\mu sec$ 및 $500\mu sec$ 중 하나를 선택한다.

모든 Loran-C 시스템은 1개의 주국(M국: Master)과 2~4국의 종국(S국: Slave)국으로 구성된 체인 형태로 구성되나 실제로는 3국 이상의 체인이 대부분이다. 모든

Loran-C 체인은 고유의 펄스 반복주기를 갖는다. 이를 GRI(Group Repetition Interval)라 한다. 또 Loran-C 체인의 명칭은 GRI가 99,300μsec인 경우 마지막 0을 제외하고 9930 체인이라 부른다. 실제로 9930 체인은 대한민국이 운영하는 체인 명칭에 해당한다.

Loran-C 1개의 펄스는 폭이 200로 공간파가 지표파에 중첩되어 수신되기 때문에 공간파 지연시간을 고려하여 수신하여야 한다. 따라서 공간파가 수신되기

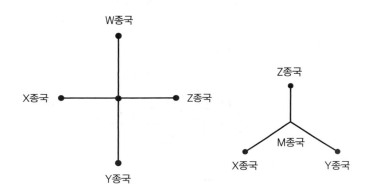

〈그림 8.5〉 4국 이상의 Loran-C 체인 구성도

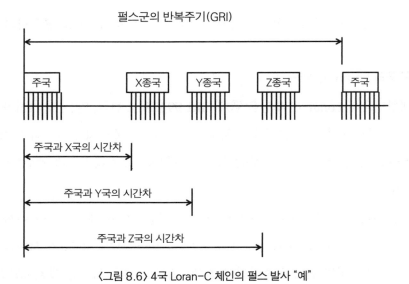

〈그림 8.6〉 4국 Loran-C 체인의 펄스 발사 "예"

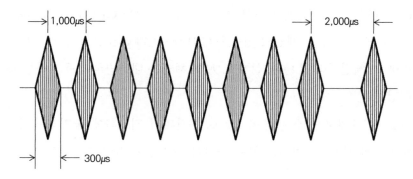

<그림 8.7> 주 · 종국의 펄스 간격

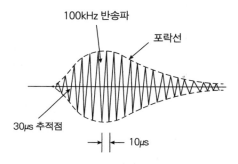

<그림 8.8> Loran-C의 3사이클 추적점

에 지표파만을 수신하여 사용하는데 30, 즉 3사이클을 추적점으로 활용한다.

한국의 Loran-C 체인

대한민국의 Loran-C 체인은 현재 GRI 9930으로 한국, 일본 및 러시아가 합동으로 운영하고 있으며 포항에 주국(M), 광주에 제1종국(W), 일본의 게사시에 제2종국(X), 일본의 니지마에 제3종국(Y), 러시아의 우스리스크에 제4종국(Z)을 두고 있다.

Loran-C 시스템은 1,200마일(2,200km)의 이용범위와 대양과 연안에서 위치 정확도가 2drms (Distance Root Mean Square) 95% 확률분포로 460m의 오차를 가지고 있으며, 지속성과 신뢰도 측면에서 99.7%로 매우 높은 정보를 제공하고 2차원

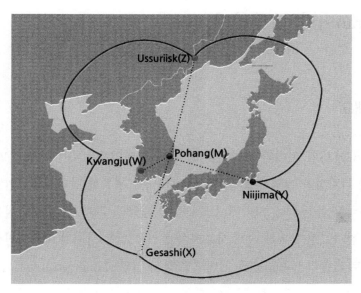

〈그림 8.9〉 한국 Loran-C GRI 9930 체인[2]

위치 서비스를 실시한다.

Loran-C 시스템은 위성항법시스템인 GPS의 등장 이후 위치정확도가 낮다는 이유로 사용빈도가 축소되었으나 2001년 9·11 테러 이후 "Volpe Report"를 통해 GNSS의 취약성이 대두되고 대체 항법시스템의 필요성이 부각되어 발전된 항법시스템인 eLoran의 등장을 요구하게 되었다.

미국은 2008년 FRP에서 Loran-C의 발전된 항법시스템인 eLoran의 발전방향을 언급했으나 2010년 FRP에서는 eLoran의 언급을 삭제하고, 2010년 Loran-C 시스템을 중단했다. 또한 많은 나라들이 Loran-C를 중단하거나 GNSS 대체항법시스템으로 eLoran을 발전시키고자 하고 있다.

---

2 국립해양측위 정보원 홈페이지.

4. eLoran이란 무엇인가

1) 개요

GPS/GNSS가 현대의 핵심적인 전 세계 항법임에는 틀림이 없지만, 위성항법에 대한 취약성을 어떻게 보완하느냐는 미국을 비롯한 인공위성항법 시스템의 개발 당사국은 물론 다른 나라에서도 관심이 높았다. 특히, 이러한 관심은 실제로 고의적인 전파교란에 의해 GPS 사용자가 불편을 갖는 사례가 속출되면서 비상시 백업체계로 기존의 Loran-C를 기반으로 하는 일명 eLoran(enhanced Loran)이 등장하게 되었다. eLoran 시스템 구축에 대한 기술은 새로운 것은 아니며, 기존의 Loran-C와 GPS/GNSS에서 적용된 항법이론과 기술을 적용한 것이다. 따라서 본 장에서는 앞에서 다루어 온 항법 이론을 바탕으로 설명하고자 한다.

2) eLoran의 구성요소

〈그림 8.10〉에서 보는 바와 같이 eLoran 시스템은 지상에 고정된 송신국과 통제국 및 감시국(보정국을 포함할 수 있음) 및 사용자 부문으로 구성된다. eLoran 송신국은 대부분 기존의 Loran-C국을 이용하지만 필요에 따라 추가적인 송신국을 설치하여 사용한다. 추가적인 송신국이 필요한 가장 큰 이유는 뒤에서 좀 더 상세히 설명하겠지만 양호한 기하학적 배치로 정확도를 향상시키기 위함이다.

eLoran 송신신호는 UTC와 동기되고, 동기된 시간 기준으로 독립적인 운영 방식을 채택하고 있다. 이는 GPS/GNSS와는 독립된 시간척도를 사용함으로써 eLoran 신호와 GPS/GNSS 신호를 독립적으로 동시에 사용할 수 있다.

통제국은 감시국에서 보내지는 다양한 정보들을 송신국에 보내는 역할은 물론 각종 고장에 대응하고, 양호한 이용도 및 연속도를 유지하는 임무도 맡는다.

전자항법과 GPS: 전자 · 위성항법의 이론과 실무

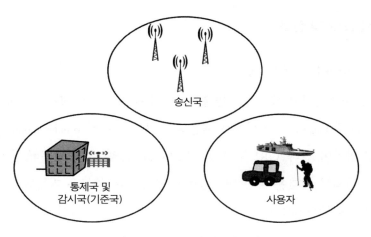

〈그림 8.10〉 eLoran의 시스템 구성도

감시국은 기본적으로 eLoran 신호를 감시하는 일이 주 임무다. 감시국은 eLoran 시스템 사용구역 내에 설치되어 각종 정보를 통제국에 보낸다. 또한 사용자에게 무결성을 제공하는데 비정상적인 상황이 발생될 경우 사용자들에게 통지하는 일도 맡게 된다. 감시국 중 일부는 UTC와 동기되어 시각 및 주파수 보정값을 사용자에게 보내기도 하며, 디퍼렌셜 보정치를 계산하여 송신국으로 보내기도 한다.

사용자는 eLoran 수신기를 통해 자신의 현재 위치를 얻는다. 수신기는 송신국에서 보내는 데이터를 수신하여 위치결정을 하는데 수신기 내부에는 데이터 채널 메시지를 해독할 수 있는 알고리즘이 포함되어 있다. 데이터 채널을 해독한다는 것은 결국 송신국과 수신기 간의 의사거리(Pseudo Range)를 측정해야 하는 일인데 이는 뒤에서 설명하겠지만, eLoran의 위치결정을 하는 데 가장 중요한 요소이다. 또한 별도의 보정기준국 또는 감시국(보정기준국 임무를 하는 경우)에서 생성되는 전파지연 보정값 및 수신기 내부의 ASF 보정값들을 이용해 디퍼렌셜 eLoran 역할을 할 수 있다.

3) eLoran의 신호

반송파 주파수와 펄스신호

eLoran시스템에서 사용하는 반송파는 중심주파수 100kHz의 Loran-C 주파수와 동일하며, Loran-C 방식에서 채용하고 있는 표본점(Sampling point: 제3 사이클 식별) 식별 방식이 같다. GRI 부여 방법도 Loran-C와 같다. 모든 송신국 신호는 UTC에 동기되며 새로운 통신 변조방법을 사용한다. 주국은 기존의 9개의 펄스를 사용하고 종국은 8개의 펄스군 뒤에 9번째 펄스를 추가하여 데이터 채널로 사용한다.

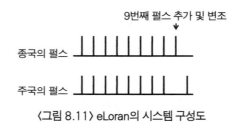

〈그림 8.11〉 eLoran의 시스템 구성도

데이터 채널

기존의 Loran-C와 eLoran의 주요 차이 중 하나는 앞에서 설명한 바와 같이 데이터 채널을 추가하여 다양한 정보를 송신함으로써 Loran-C에서 구현하지 못한 것들을 가능하게 한다. 이 데이터 채널에는 아래와 같은 정보들이 포함되어있다.

① 송신국 식별, 송신국 및 보정감시국의 알마낙(almanac)
② 절대시각(UTC 기준)
③ 비정상적인 전파 전파 정보, 무결성 향상을 위한 신호 고장경보
④ 디퍼렌셜 Loran 보정치
⑤ DGNSS 보정치 등

4) 의사거리 방정식과 eLoran 위치결정 원리

eLoran에 의한 수신기의 위치결정을 하기 전에 앞에서 설명한 바와 같이 기존의 Loran-C의 위치결정 원리를 상기할 필요가 있다. Loran-C는 동일 체인 내에서 2쌍 이상의 주국과 종국에서 송신되는 전파의 도착시간차(TD: Time difference)에 의해 생성되는 쌍곡선항법에 기반을 두었다. 또 수신기 내에 내장된 ASF 값으로 시간차를 보정하여 사용했다. 그러나 eLoran에서는 데이터 채널을 통해 송신되는 정보를 사용하고, 송신국과 수신점 간의 도착시간(TOA: Time of arrival)을 측정하여 위치를 결정한다.

특히 eLoran에서는 사용자가 수신 가능한 모든 송신국의 신호를 사용(일명: All-in-view)할 수 있기 때문에 기하학적으로 가장 양호한 송신국들의 조합을 선택할 수 있다. 이것은 앞에서 설명한 GPS/GNSS에서 수신 가능한 위성들 중 소위 HDOP이 양호한 위성을 선택하여 위치결정에 사용하는 경우와 매우 유사하다.

위에서 설명한 바와 같이 eLoran은 송신국의 시각동기, 송신국과 수신기 간의 전파 도착시간 이용, 수신 가능한 모든 송신국 신호 사용이 가능하다. 특히 송신국처럼 고가의 시계를 수신기에는 내장할 수 없기 때문에 송신국과 수신기 간의 전파 도착시간 측정에는 시계오차가 포함되어있다. 이는 eLoran의 위치결정도 GPS/GNSS에서와 같이 의사거리 방정식의 해를 찾아 해결할 수 있음을 알 수 있다. 다음은 eLoran의 위치결정 원리를 설명한다.[3] 〈그림 8.12〉에서와 같이 eLoran 송신국이 주국과 종국을 포함하여 다음과 같이 배치되어 있다고 생각해 보자.

---

3 고광섭 · 최창묵(2010), Mathematic Algorithms for Two-Dimensional Positioning Based on GPS Pseudorange Technique, 한국항해항만학회지, vol. 8, no. 5.

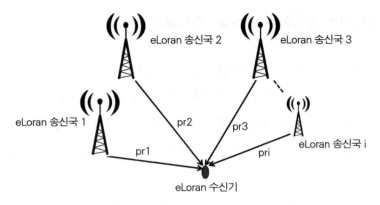

〈그림 8.12〉 eLoran의 위치결정 원리 이해도[4]

eLoran 수신기의 좌표를 (x_u, y_u), 송신국의 위치를 $(x_1, y_1), (x_2, y_2), (x_3, y_3), \cdots$,(x_i, y_i)라고 하면 의사거리 pr1, pr2, pr3, $\cdots$,pri는 아래와 같이 표현 가능하다.

$$pr1 = \sqrt{(x_1 - x_u)^2 + (y_1 - y_2)^2} + ct_u$$

$$pr2 = \sqrt{(x_2 - x_u)^2 + (y_2 - y_u)^2} + ct_u$$

$$pr3 = \sqrt{(x_3 - x_u)^2 + (y_3 - y_u)^2} + ct_u$$

$$pri = \sqrt{(x_i - x_u)^2 + (y_i - y_u)^2} + ct_u \quad \cdots\cdots\cdots\cdots\cdots\cdots\cdots\cdots\cdots (8.2)$$

여기서 c는 전파의 속도로 상수이며, t_u는 수신기 시계 바이어스로 미지수이다. 상기 의사거리 방정식은 구하고자 하는 수신기의 위치좌표 (x_u, y_u) 및 수신기 시계 바이어스 t_u 등 3개의 미지수를 포함하고 있다. 이 미지수는 비선형 연립방정식으로서 테일러급수 전개 및 선형화를 통해 앞에서 설명한 GPS/GNSS의 항법

---

4 고광섭 · 최창묵(2010), 위의 논문.

해와 같은 방식으로 해결할 수 있다(필요시 앞부분 참조). 우리는 여기서 eLoran시스템에서 경도와 위도 등 2차원 좌표를 구하기 위한 조건으로 최소한 3개의 송신국의 신호를 수신해야 한다는 것을 알 수 있다.

5) 디퍼렌셜 eLoran에 의한 정밀도 향상 방법

eLoran에서 주목해야 할 점은 송신국과 수신기 간의 시계 불일치에 따른 시계오차 외에도 전파 경로장에 따른 ASF 보상의 정도, 송신국의 UTC 동기 및 송신국의 기하학적 배치 등은 사용자 수신기 정확도에 영향을 미친다는 것을 알아야 한다. 따라서 독자들은 왜 GPS가 개발된 이후 얼마 지나지 않아 DGPS 개발이 이루어졌는지를 생각해 보면 eLoran에도 디퍼렌셜 개념이 추가되어야 함을 이해하기 쉬우리라 생각된다.

eLoran에서의 디퍼렌셜 개념도 DGPS에서처럼 위치가 정확하게 알려진 기준국에서 송신국으로부터 보내지는 신호를 수신하여 거리 보정치를 계산하여야 한다. 이렇게 계산된 보정치는 송신국으로 전달되며, 송신국에서는 사용자에게 송신한다. 사용자는 수신기에 내장된 ASF 값과 전송된 보정치로부터 eLoran보다

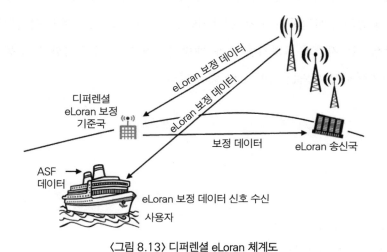

〈그림 8.13〉 디퍼렌셜 eLoran 체계도

높은 정확도를 얻을 수 있다.

6) eLoran 송신국 배치와 HDOP

eLoran 송신국 신호 도달 거리권 내에서 수신기와 송신국 상호 간의 상대적 위치는 위치정밀도에 영향을 미친다. 이는 지문항법에서 교차방위법에 의한 위치 측정 시 위치선으로 선택한 물표의 교각이 정밀도에 미치는 이유와 유사하다. 특히 3차원 위치 정보를 제공하는 GPS/GNSS 위치오차에서도 설명한 바와 같이 2차원 평면 상의 위치를 구하는 eLoran에서도 송신국의 기하학적 배열은 위치정밀도에 영향을 미친다.

즉 eLoran의 위치 오차는 의사거리 오차와 송신국의 기하학적 배치로부터 얻어지는 HDOP 계수를 곱하여 얻을 수 있다. 앞서 설명한 바와 같이 eLoran과 같은 2차원 위치결정에 적용된 의사거리와 시스템의 기학학적 배열(HDOP)에 대한 추가적인 이해를 원하는 독자는 별도의 자료를 참고하기 바란다.[5]

한편, eLoran 신호는 지구표면을 통과하여 전파되기 때문에 지상파와 공간파의 영향을 받을 뿐만 아니라 지구상의 도전율의 영향으로 전파지연이 발생하여 매우 복잡한 환경이 초래된다. 위치 측정 방해요소를 구체적으로 살펴보면, 송신국에서 발생하는 시각동기 오차, 내부지연 오차 등이 있고, 전파가 전파되는 상황에서 발생되는 지상파 전파지연 오차, 재방사나 외부 간섭에 의한 오차 등이 있으며, 수신기에서 발생되는 지연 오차 등이 있다.

5　고광섭 · 최창묵(2010), 위의 논문

제9장

인공위성항법
GNSS 및 GPS

1. 인공위성이란?

1) 개요

일반적으로 위성이란 큰 질량을 가진 물체 주변을 도는 작은 질량의 물체를 말하며, 달도 지구의 자연적인 위성이다. 그러나 과학기술의 발달로 인하여 인간이 어떠한 특수한 목적을 가지고 지구 주위를 돌도록 물체를 만들었는데 이것을 인공위성(Satellite)이라고 한다.

인공위성이 우주에서 지면에 낙하되지 않고 지속적으로 지구 주위를 회전할 수 있는 이유는 우주에는 공기가 없어 저항이 없기 때문이다. 우리의 지구는 대기층으로 둘러싸여 있으며, 대기 밀도는 지구로부터 멀어질수록 감소하여 약 160km 이상의 상공에 올라가면, 공기가 거의 존재하지 않고 대기가 사라진다. 따라서 대기권 밖의 일정한 고도에서 수평으로 물체를 던지면 그 물체는 포물선을 그리면서 지상에 떨어지지만, 던지는 물체의 속도가 증가하면 떨어지지 않고 지구를 회전하는 운동을 계속하게 되는 것이다. 이때 작용하는 것이 만유인력과 원심력이다.

〈그림 9.1〉은 지구와 인공위성이 회전할 때 작용하는 힘이다.

지구의 중량을 M, 지구반경을 R이라고 하고, 인공위성의 중량을 m, 고도를 h, 속도를 v, 만유인력 상수를 G라고 할 때, 지구와 인공위성 사이의 원심력과 만유인력은 식 (9.1), (9.2)와 같다.

$$원심력 = \frac{mv^2}{R+h} \quad\text{..} \quad (9.1)$$

$$만유인력 = G\frac{mM}{(R+h)^2} \quad\text{..} \quad (9.2)$$

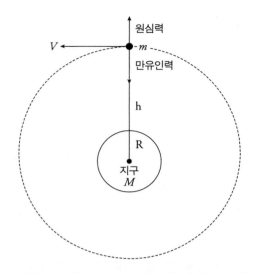

원심력

V ← m

만유인력

h

R

지구
M

〈그림 9.1〉 지구와 인공위성이 회전할 때 작용하는 힘

식 (9.1), (9.2)가 같아지는 인공위성의 속도 v는 식 (9.4)와 같다.

$$\frac{mv^2}{R+h} = G\frac{mM}{(R+h)^2} \quad\text{(9.3)}$$

$$v = \sqrt{\frac{GM}{R+h}} \quad\text{(9.4)}$$

즉, 식 (9.4)에서 보이는 바와 같이 인공위성이 도는 궤도가 높아질수록 지구의 인력이 약해지므로, 도는 속도는 느려지게 되고, 궤도가 낮아질수록 도는 속도는 빨라지게 된다.

일반적으로 인공위성이 로켓에 실려 발사된 후 대기권 밖의 궤도까지 올라가 계속 공전하기 위해서는 수평방향으로 약 7.9km/s 이상의 속도가 필요하다. 또한 인공위성이 지구가 당기는 인력을 벗어나기 위한 속도를 '탈출속도'라 하며 11.3km/s 이상 되어야 가능하다.

세계 최초의 인공위성은 1957년 10월 4일 구소련이 발사한 스푸트니크(sputnik) 1호이다. 러시아어로 '동반자'라는 뜻이며, 인공위성의 직경은 57cm, 무게

83.6kg의 금속구로 적도와의 경사각 65.2도, 주기가 96.2분이었다. 금속구에 4개의 안테나가 달린 모양이었으며, 내부에는 측정기외 2대의 송신기 등을 장착했다.

대한민국 최초의 인공위성은 우리별 1호이며, 1992년 8월 11일 발사되었다. 무게 48.6kg의 소형위성으로 지구 경사각 55도, 고도 1,300km로, 한반도 상공에서 지구표면 촬영 및 탐사 목적이었다.

2) 인공위성의 분류

우주에 올라가 있는 인공위성은 스푸트니크 1호 이후 수천 기가 있으며, 그 임무 및 역할도 매우 다양하다. 인공위성을 분류할 때 일반적으로 임무(Mission)와 궤도(Orbit)에 따라 구분할 수 있다. 먼저, 임무에 따라 구분하면, 과학위성, 통신위성, 기상위성, 항법위성, 군사위성 등으로 분류할 수 있다.

최초의 인공위성 스푸트니크 1호나 미국의 익스플로러 1호도 지구 주변을 연구하는 과학위성이었다. 초기 과학위성은 지구관측에 초점에 맞추어 있었으나 점진적으로 태양활동, 우주관측/탐사 등으로 확대되었다. 우리나라가 쏘아올린 최초 아리랑 위성도 지구를 관측하기 위한 과학위성으로 고해상도 카메라와 레이더, 적외선 카메라와 같은 장비를 이용하여 지상을 촬영했다.

통신위성은 지상 통신국에서 보내는 신호를 받아 이를 다른 통신국에 전달하는 중계 역할 위성이다. 따라서 통신위성은 자국에서 좋은 서비스를 하기 위해 지구의 자전 속도와 같은 속도로 적도 상공에서 공전하는 정지궤도위성이다. 최초의 통신위성은 미국의 에코위성으로 1960년 8월 12일 발사되었다.

기상위성은 대기에서 일어나는 기상현상을 측정하는 위성이다. 고도가 높을수록 더 넓은 지역을 관측할 수 있기 때문에 대부분 정지궤도위성이며, 극궤도 기상위성도 있다. 최초의 기상위성은 미국에서 개발한 타이로스(TIROS) 위성이며, 1960년 4월 1일 발사되었다. 초기에는 정상 작동했으나 카메라 축이 지구자기장의 영향으로 흔들려 시용이 제한되어 그해 11월 2호가 발사되었다.

기상위성에는 날씨정보를 획득하기 위해 수증기량이나 기압 측정, 태양광선의 반사량과 같은 정보들을 측정할 수 있는 탑재체가 실리며, 위성정보는 주변의 나라에게도 도움이 되는 경우가 많아 국가들끼리 위성정보를 주고받기도 한다.

항법위성은 위성에서 신호를 보내주고 사용자가 신호를 수신하여 정확한 3차원 위치를 계산하는 시스템 위성이다. 가장 널리 알려진 항법위성이 GPS 위성이며, 그 외에도 세계적으로 러시아의 GLONASS 위성, EU의 GALILEO 위성, 중국의 COMPASS 위성 등이 있다.

다음으로 인공위성을 궤도에 따라 분류하면, 저궤도 위성, 중궤도 위성, 정지궤도 위성, 장타원궤도 위성으로 구분할 수 있다. 〈그림 9.2〉에 인공위성의 궤도를 나타냈다.

- 저궤도(LEO: Low Earth Orbit) 위성: 지구 상공 200~2,000km까지의 궤도를 도는 인공위성을 말하며, 기상위성이나 정찰위성 등에 많이 사용된다. 일반적으로 약 1,000km 상공에서 많이 운용되며, 1시간 45분 주기로 공전한다.
- 중궤도(MEO: Middle Earth Orbit) 위성: 지구 상공 2,000~20,000km까지의 궤도를 도는 인공위성을 말하며, 군사위성, 통신위성, 항법위성 등 다양하게 사용된다. 만약, 10,000km 상공에서 있다면 공전 주기는 6시간 정도이다. 최

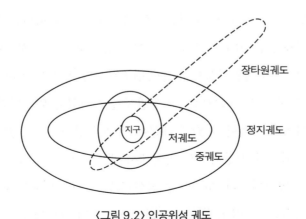

〈그림 9.2〉 인공위성 궤도

근 들어 위성조난시스템은 저궤도에서 중궤도로 변경하여 이용하고 있다.

- 정지궤도(GEO: Geostationary Orbit) 위성: 지구의 자전주기와 동일한 공전주기를 가지고 지구 주위를 도는 위성으로 약 36,000km 상공에서 지구 주위를 돌게 된다. 이때, 지구의 자전주기와 정지궤도 위성의 공전주기가 같기 때문에 항상 같은 지역의 위에 정지한 것처럼 보이기 때문에 정지궤도 위성이라고 한다. 정지궤도 위성은 통신위성, 기상위성 등으로 사용된다.

- 장타원궤도(HEO: Highly Elliptical Orbit) 위성: 타원궤도로 이동하며 지구와 가까운 지역(근지점)을 지날 때보다 반대편인 지역(원지점)을 지날 때 비행하는 시간이 상대적으로 긴 특성을 가진다. 즉, 근지점 근처에서는 아주 빠른 속도로 움직이고 원지점 근처에서는 아주 느리게 움직이게 된다. 이 궤도의 위성은 정지궤도 위성과 통신을 할 수 없는 고위도 지방에서 통신이나 방송용으로 사용하고 있다.

3) 대한민국의 인공위성

대한민국 최초의 인공위성은 우리별 1호(KITSAT-1)로 KAIST 인공위성연구소가 1992년 8월 11일 아리안 발사체에 의해 남미 프랑스령 기아나-쿠루 우주센터에서 발사되었다. 이를 계기로 우리나라는 세계 22번째 인공위성 보유국가가 되었다. 우리별 1호 개발은 위성분야 기술인력 양성 및 우주 기초기술 확보 차원에서 KAIST가 영국 Surrey 대학의 기술을 전수받아 성공적으로 제작, 발사한 42kg급 소형 인공위성이다.

우리별 1호의 성공적인 발사 이후, 1992년 10월에 우리별 2호의 개발이 시작되어 1993년 9월 26일 발사되었다. 이후 무궁화 위성, 아리랑 위성이 지속적으로 발사되었다.

1995년 8월 5일 발사된 무궁화 위성 1호는 대한민국에 위성통신 서비스가 가능하도록 했으며, 1999년 12월 21일 발사된 다목적 실용위성 아리랑 1호는 한반도 관측, 해양관측, 과학실험 등을 위한 위성의 국산화와 운용 및 이용기술 기반확보를 목표로 추진되었다.

2003년 9월 27일 발사된 과학기술위성 1호는 천문우주 관측과 우주환경 관측을 목적으로 개발되어 원자외선 영역에서의 천체관측을 위한 원자외선분광기와, 극지방의 오로라 현상 관측과 우수환경 관측을 위한 우주물리 탑재체, 정밀지향 임무를 수행하기 위한 별감지기 등이 탑재되었다.

2006년 7월 28일 성공적으로 발사된 아리랑 2호는 한반도 정밀관측을 위한 고해상도 카메라가 장착되었으며, 흑백 1m, 컬러 4m의 해상도와 관측폭 15km의 성능을 갖는다.

2006년 8월 22일 발사된 무궁화 5호 통신위성은 최초의 민·군 복합위성으로 서비스 지역은 한반도뿐 아니라 일본, 중국, 대만, 필리핀 등을 포함하여, 기존 한반도 중심의 서비스 영역 한계를 벗어났다는 큰 의미를 지니며, 요즘 한창 활성화되고 있는 한류 콘텐츠를 인근 국가에 직접 송출하고, 해당 국가에서 활동하는 국내기업들에게 전용회선, 인터넷 서비스를 제공하는 데도 활용되고 있다. 또한 광대역화가 필요한 해상통신 및 군 통신 등 군사용 목적에도 일부 사용되고 있다. 우리나라는 2022년 6월 21일 누리호를 계획된 궤도에 안착시켰다. 이로써 우리나라는 자체 기술로 개발한 위성발사체를 자력으로 우주 궤도에 올린 세계 7번째 국가가 되었다.

2. GNSS란 무엇인가?

GNSS란 "Global Navigation Satellite System"의 약자로, 인공위성을 이용한 항법 방식을 일반적으로 부르는 용어이다. GNSS는 IMO, IALA(International Association of Lighthouse Authority), ITU(International Telecommunication Union), CCIR(Consultative Committee of International Radio-Communication) 등의 국제기구가 공식으로 채택한 용어이다. 따라서, GNSS는 GPS, GLONASS, Beidou/COMPASS 및 GALILEO 등의 독립위성항법뿐 아니라, 이 시스템들을 바탕으로 독립위성항법 방식에서 갖는 오차요인을 제거하여 정밀도를 향상시키는 디퍼렌셜(Differential) 위성항법 시스템 계통의 위성항법 방식(일명 DGNSS라 하며 뒤에서 상세히 설명함)도 포함된다. 위성항법 개발 당시 미국과 러시아(구소련)는 독자적으로 자국의 위성항법 방식을 GPS(Global Positioning System) 및 GLONASS(Global Navigation Satellite System)등으로 고유 명칭을 부여했으나 위성항법의 일반적인 용어 GNSS라는 말이 국제학회나 국제사회에서 통용된 것은 그 이후의 일이다. 아직도 전문가 그룹을 제외한 일반인들에게는 GNSS라는 용어 사용이 익숙하지는 않다. 그 이유는 현재까지 위성항법의 대표적인 GPS 시스템이 워낙 광범위하게 사용되어 일반적인 용어로 알려져 있기 때문인 것으로 보인다.

3. GNSS의 분류

GNSS는 우주공간에 배치된 항법위성으로부터 발사된 항법신호 등에 포함된 정보로부터 수신기를 통해 직접 위치정보를 얻는 독립위성항법 시스템과 위치를 정확히 알고 있는 기준국에서 구한 의사거리 보정치 등을 사용자에게 전송하여 위치정밀도를 개선하는 방식인 디퍼렌셜 위성항법 시스템으로 크게 분류할 수 있다. 디퍼렌셜 위성항법 시스템은 DGNSS라 부르며, 독립위성항법 시스템의 지원 없이는 존재할 수 없고, 독립위성항법에 종속되어 있는 시스템임을 강조하는 의미에서 종속위성항법 시스템으로 부를 수도 있겠다.

독립위성항법 시스템으로는 GPS, GLONASS, Beidou/COMPASS 및 GAL-ILEO가 있으며, 종속위성항법 방식에는 독립위성항법 방식의 디퍼렌셜 계열인 DGPS, DGLONASS, DBeidou 및 DGALILEO 등을 포함시킬 수 있다. 또한, 기존의 GPS 독립위성항법 시스템을 기반으로 위성항법 시스템 활용도를 향상시키기 위한 일본의 QZSS시스템도 큰 틀에서는 GNSS 방식이라 말할 수 있겠으나 아직은 단독으로는 위치결정이 어렵다.

현재까지 세계 각국에서 사용되고 있는 DGNSS 종속위성항법 방식으로는 지상기준국 기반(GBAS: Ground Based System)으로서 GPS 신호를 이용한 DGPS 시스템 계열이 주류를 이루고 있다. 아직까지는 LAAS, WAAS, MSAS, EGNOS, RBN DGPS, NDGPS, DARC DGPS 등 DGPS 계열에 포함된 종속위성항법 방식이 주로 운용되고 있으나, 기타의 독립위성항법 방식을 기반으로 하는 DGNSS 방식의 활용도 필요성에 따라 점차 증가할 것으로 예상된다. 우주기준국 기반 (SBAS: Satellite Based System) DGNSS에 대하여는 추후 설명하기로 한다.

1) 독립방식

① GPS(운용 중)
② GLONASS(운용 중)
③ Beidou/COMPASS(운용 중)
④ GALILEO(운용 중)

2) 종속방식

① DGPS 계열
  • GBAS(Ground Based Augmentation System)
    - LAAS(Local Area Augmentation System)

- LDGPS(LOCAL Differential GPS)

- RBN DGPS(Radiobeacon Differential GPS)

- NDGPS(National Differential GPS)

- DARC DGPS(Data Radio Channal DGPS) 등

• SBAS(Satellite Based Augmentation System)

- WAAS(Wide Area Augmentation System)

- EGNOS(European Geostationary Navigation Overlay System)

- MSAS(Multifunction Transportation Satellite(MTSAT) based Satellite Augmentation System)

- GAGAN(GPS Aided Geo Augmented Navigation system)

② DGLONASS, Dbeidou 및 DGALILEO 계열: 독자적인 디퍼렌셜 방식 또는 타 위성항법 방식과 복합한 디퍼렌셜 방식으로 발전될 것으로 예상됨

③ 기타방식(지역항법방식)

④ QZSS(Quasi-Zenith Satellite System) 및 IRNSS: GPS 독립위성, 항법 방식 지원 및 디퍼렌셜 기능 지원 가능

4. GPS란 무엇인가

1) 개요

GPS(Global Positioning System)는 미 국방부 주도로 군사적 목적으로 1970년 중반부터 20여 년 기간의 오랜 세월에 걸쳐 개발되어 1995년부터 본격적으로 서비스를 시작하여 여전히 미 국방부에서 현대화 및 운용의 책임을 맡고 있다. GPS가 군사적 사용목적을 위해 개발되었음에도 불구하고, 오늘날 군사, 과학기술 및 산업분야 등에 전반적으로 응용되어 그 중요성이 매우 높게 평가되고 있으며, 민간 부분에 개방되는 계기를 맞아 더욱 그 활용 분야가 다양해지고 있다.

GPS란 NAVSTAR/GPS(Navigation System with Time and Ranging / Global Positioning System)라 부르는 위성 체계에 기반을 둔 위치 결정 시스템으로서 GNSS의 한 종류이다. 이는 지상, 해상, 공중 등 지구상의 어느 곳에서나 시간제약 없이 인공위성에서 발신하는 정보를 수신하여 정지 또는 이동하는 물체의 위치를 측정할 수 있도록 우주 부문, 통제 부문, 사용자 부문 등의 3부문으로 구성된 전천후 위치측정 시스템이다.

GPS를 인터넷, 이동통신 등과 함께 21세기 3대 발명으로까지 부르는 가장 큰 이유도 과거 어떠한 전파항법 방식도 갖지 못한 3차원의 고정밀 실시간 위치, 이동체의 속도, 정확한 시각 정보를 날씨에 무관하게 전 세계 어느 곳에서나 24시간 실시간으로 제공할 수 있기 때문이다.

2) GPS 시스템 구성

GPS는 우주 부문(Space Segement), 통제 부문(Control Segement), 사용자 부문(User Segement)의 3가지로 구분할 수 있다.

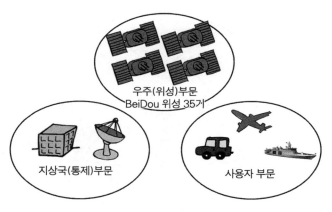

우주(위성)부문
BeiDou 위성 35거

지상국(통제)부문

사용자 부문

〈그림 9.3〉 GPS 시스템 구성

우주 부문

우주 부문은 6개의 궤도면에 지구의 주위를 선회하는 24개의 인공위성(고도 20,200km, 경사각 55도, 주기 0.5 항성일)으로 구성되며, 시간신호, 위성의 위치, 위성의 상태, 시간보정 등의 정보를 사용자에게 전송하는 역할을 한다. 위성이 지구를 도는 주기 0.5 항성일이란 지구가 항성계에 대하여 1회전 하는 데 걸리는 시간이며, 23시간 56분 4.09초로 되어 있다. 이것은 지구가 360도 회전하는 시간에 해당한다. 우리가 하루라고 정하고 있는 것은 지구가 태양 방향을 향하는 주기로서, 실제로 지구가 1회전 하는 시간보다 3분 55.91초 길어진다. 0.5 항성일의 주기로 돌고 있는 위성은 완전히 지구의 자전과 동기되어 있다. 위성은 일정한 궤도를 유지하고 있기 때문에 항상 같은 장소의 상공을 통과한다. 따라서 GPS 위치가 가능한 시각이 하루에 약 4분씩 빨라진다.

이 24개의 위성은(실제로 궤도에서 작동되고 있는 위성은 더 많음) 21개의 항해위성과 3개의 예비위성으로 구성되어 있으며 지구를 약 12시간마다 궤도를 따라 돌고 있다. 이들 궤도는 매일 동일한 지상궤적을 따라 돌고 있는데 궤도의 고도는 약 20,000km이며, 6개의 궤도(각 궤도에 4개의 위성)가, 동일한 간격(60도 떨어짐)으로 배치되어 있으며, 적도면에 대하여 약 55도의 경사각을 갖고 있다. 이 배치는 지구상 어느 곳에서나 사용자에게 항상 5개에서 8개의 위성을 제공하기 위한 것이

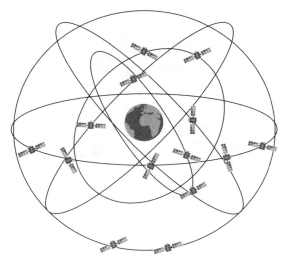

〈그림 9.4〉 GPS 위성궤도

라 할 수 있다. 한반도 대부분의 상공에서는 10여 개의 위성을 동시에 관측할 수 있다.

GPS 위성은 전파 송수신기, 원자시계, 컴퓨터 및 시스템 작동에 필요한 여러 가지의 보조 장비를 탑재하고 있어 위성의 공간상의 위치와 사용자의 위치를 결정할 수 있게 된다. 위성은 사용자가 최소한 3차원 위치정보를 얻을 수 있도록 최소한 4개 이상의 위성으로부터 신호를 수신할 수 있도록 배치되어 있으며, 각각의 위성은 L1(1,575.42MHz) 및 L2(1,227.6MHz) 등 L밴드 주파수를 송신한다. L1은 P코드(Precise code) 및 C/A코드(Coarse/Acquisition code)를 반송하며, L2는 P코드를 반송한다. 이들 코드에 항법 데이터가 중첩되며, L1과 L2에 의해 반송된다. 한편, GPS 현대화 계획에 따라 새로운 반송파와 코드가 서비스 되고 있으며 점차 그 사용이 확대될 전망이다.

GPS 현대화 정책에 따른 GPS 위성

GPS 위성은 지금까지 Block I, IIA, IIR, IIF형으로 업그레이드 되어 위성궤도에 올려지고 있는데 GPS 현대화 계획에 따라 지정궤도에 배치되고 있다. 2021

년 기준 작동 GPS 위성은 31기 이상이다. 이 위성 수는 설계 목표치 24개를 넘는 숫자로 GPS 시스템의 현대화 과정에서 위성교체 등 GPS 현대화 정책이 추진되고 있음을 의미한다. GPS 현대화 계획은 크게 3가지로 요약할 수 있다. 첫째는 군용 목적으로 L1, L2 주파수에 새로운 M코드를 삽입하고, 둘째는 새로운 반송파 신호로 L5 주파수를 항공분야 등에 사용하도록 하며, 셋째는 L2 주파수에도 민간용 코드를 추가하는 일이다. 〈표 9.1〉은 미 국방성의 GPS 현대화 기본 추진계획과 최근의 변화를 고려하여 작성한 자료이다.[1]

〈표 9.1〉 GPS 현대화 추진(The Road Map for GPS Modernization)

추진계획	기간

GPS IIR 위성
  - L2 신호에 C/A코드 삽입
  - L1 & L2에 M코드 삽입
	2003~2010

GPS IIF 위성
  - L2 C/A에 코드 삽입
  - L1 & L2에 M코드 삽입
  - L5 신호 발사
	2005~2014

GPS III 위성
  - L2 신호에 C/A코드 삽입
  - L1 & L2에 M코드 삽입
  - L5 발사
	2010~2018

기본 계획에 따르면 Block IIR-M 위성과 일부 Block IIF 위성이 운용될 경우 L1, L2 두 개의 민간주파수의 코드 정보를 이용한 측위가 가능하여, 현재의 DGPS 기법을 이용하지 않고도 3~5m의 정밀도를 얻을 수 있을 것으로 전망된다. 또 제3 민간주파수인 L5 신호서비스가 시작되면 민간 주파수로 L1, L2, L5 의 세 가지 주파수를 이용할 수 있게 되어 세 주파수의 민간코드 정보만으로 1~3m

---

1   DOT, DoD, DHS(2012), 2012 Fedral Radionavigation Plan, US DOT, DOT & DHS.

의 정밀도를 얻을 수 있다. 그럼에도 불구하고 GPS 위성 교체 과정에서 발생되는 의사거리측정 등 위치측정 원리에 가장 기본이 되는 문제 해결에 결함이 있는 것으로 확인되는 등 현대화 추진에 대한 지연 요소도 발생하고 있다. 적정수준의 위성 출력과 지상에서의 수신 전계강도 확보, 타 위성 항법체계나 위성통신 사용 주파수와의 상호 간섭문제 해결 등의 만족도가 향후의 GPS 현대화 추진계획의 완성에 영향을 미칠 것으로 판단된다. 한편 새로운 군용코드인 M코드를 추가하고 현재 이용되고 있는 P(Y)코드보다 출력 파워를 높일 계획이어서 재밍 방지 기능과 신호의 보안성이 크게 향상될 전망이다.

<표 9.2> GPS 운영 최신현황[2]

Block	발사 기간	GPS 위성군			정상상태
		성공	실패	Planed	
I	1978~1985	10	1	0	0
II	1989~1990	9	0	0	0
IIA	1990~1997	19	0	0	0
IIR	1997~2004	12	1	0	12
IIR-M	2005~2009	8	0	0	7
IIF	2010~2016	12	0	0	12
IIA	2017	0	0	12	0
IIB	–	0	0	8	0
IIC	–	0	0	16	0
Total		70	2	36	31

통제 부문

통제 부문은 GPS 위성에 대한 궤도수정 및 예비위성 작동에 대한 전반적인

---

2 https://en.wikipedia.org/wiki/Global_Positioning_System.

지휘를 담당하는 MCS(Master Control Station) 1개소(Colorado springs Palcon AIR BASE) 와 GPS 위성 신호 점검 및 궤도추적·예측과 전리층·대류권 지연에 대한 관찰 등 업무를 하고 있는 MS(Monitor Station) 5개소(Diego Garcia, Ascension Island, Kwajalein Hawaii, Colorado Springs) 및 위성에 대한 정보(시계, 보정치, 궤도 보정치, 사용자에 대한 메시지) 를 전송할 수 있는 안테나 관리를 하는 GCS(Ground Control Station) 3개소(Diego Garcia, Ascension Island, Kwajalein)로 나누어 GPS를 관제하고 있다. 미 국방성은 군전략 적 목적을 위해 SA(Selective Availability) 방법과 AS(Anti Spooting) 방법으로 민간인 사용자를 통제하고 있다.

〈그림 9.5〉 GPS 시스템의 지상국[3]

사용자 부문

GPS 사용자 부문은 GPS 수신기와 사용자 집단으로 구성된다. GPS 수신기는 항법, 측위, 시각동기, 군사용도, 기타 연구 등 많은 분야에 이용된다. GPS 수

---

3 DOT, DoD, DHS(2012), 앞의 책.

신기는 항법용, 측지용 등 각 분야의 특성에 맞게 개발되고 있으며, 실제로 많은 제작업체에서 다양한 종류의 GPS가 생산되어 판매되고 있다. 항법용 수신기는 비행기, 선박, 지상차량과 개인을 위한 휴대용 등으로 제작된다.

5. GPS의 SA와 GNSS 특성

GPS가 전면 운용된 이래 미국의 사용자는 물론 전 세계 사용자들은 미국의 GPS 주요 운용정책의 하나인 SA에 대한 의구심이 높아왔다. 또한 현재는 GPS 외에 다양한 전 세계 위성항법 시스템들이 사용되고 있다. 현재와 미래의 GNSS에 대한 이해를 돕기 위해 전 세계를 유효범위로 하는 각각의 GNSS의 특성을 간단히 소개한다.

1) GPS에 대한 미국의 국가정책 SA와 해제 배경

SA(Selective Availability)란 고의적으로 위성신호를 조작하여 GPS 사용자들에게 고정밀 위치정보를 제공하지 않도록 하는 것으로서 유럽을 중심으로 세계 주요국가에서 GPS 위성측위시스템 사용에 대한 걸림돌로 여겨져 온 미국의 국방 정책이었다. SA는 GPS의 오차 중 가장 큰 비중을 차지하는 요소로서 SA를 포함한 GPS의 정밀도는 100m 내외였다. GPS의 정밀한 위치정보 사용을 위하여 미국의 정부 부처 및 민간단체에서는 SA 해제를 강력하게 미 당국에 요구한 반면, 미사일을 비롯한 첨단 무기체계 운용에 있어서 GPS가 핵심 역할을 하기 때문에 SA를 해제할 경우 불특정 개인이나 적성 국가의 GPS 악용으로 미국 안보에 위협요소가 될 수 있다는 점을 들어 미 국방부에서는 SA 유지를 주장해왔었다.

이에 미 대통령 클린턴은 SA를 해제할 계획으로 매년 평가회의를 실시했다. 미 정부에서는 GPS의 SA를 지역적으로 사용 가능하도록 기술 개발에 노력했고, 미 국방부는 기존 C/A코드에 L1(1,575.42MHz) 신호만을 사용하던 것을 L2(1,227.60MHz) 신호를 편입시키고, 새로운 신호 L5(1,176.45MHz)를 항공 및 안전용 신호로 계획했고, L2 신호와 L5 신호를 2005년부터 발사되는 위성부터 반영토록 계획했다. 군용으로는 또 다른 M코드를 삽입하여 군용의 독자성을 유지하기로 했다. 그 결과 2000년 초에 지역적 사용 능력을 달성하여 SA를 존속시킬 더 이상의 이유가 없다고 판단했으며, 미 정부는 GPS의 고의적인 오차 SA를 2000년 5월 1일 자정을 시점으로 전격 해제했다. 따라서 현재 상용 GPS 수신기를 사용하는 전 세계 GPS 사용자는 기본적으로 20~30m 수준의 정밀도를 사용할 수 있다. 이에 대한 보다 상세한 내용에 대하여는 후술하도록 한다.

2) GNSS 시스템의 특성 비교

〈표 9.3〉에 전 세계를 유효범위로 하는 GNSS인 GPS(운용 중), GLONASS (운용 중), Beidou/COMPASS(운용 중) 및 GALILEO(운용 중)에 대한 위성, 궤도 및 사용 주파수에 대하여 상호 비교를 위하여 간단히 요약했다.

〈표 9.3〉 GNSS의 특성비교표

구분	GPS	GLONASS	GALILEO	COMPASS
위성수	24	24	30	35
궤도수	6	3	3	3
궤도고도	20,200km	19,100km	23,200km	21,500km
궤도경사각	55도	64.8도	56도	55도
주파수	L1, L2, L5	L1, L2, L5	E1, E5, E6	E1, E2, E5b, E6
변조방식	CDMA	FDMA(일부 CDMA)	CDMA	CDMA

6. GNSS/GPS의 활용 및 정확도 표준화

민간 및 군사 활용분야

GPS의 코드의 종류에 따라 정밀도가 다르다. 즉 C/A코드 수신기는 민간에게 공개된 PN코드로서 보통 20~30m 정밀도를, 미군, NATO군 및 미 국방부가 허가한 자에게만 가능한 P코드 수신기는 10m 미만의 정밀도를 갖고 있다. 개발 초기에 예상했던 것과는 달리 군사적 목적뿐만 아니라 민간 차원으로 급속도로 확산되어 현재는 수신기의 소형화, 가격의 하락 및 여러 가지 서로 다른 정보 시스템으로부터 정보를 단일화할 수 있는 이점 등으로 인하여 불과 몇 년 전만 해도 거의 상상할 수 없었던 분야에서 대중화되어 가고 있는 실정이다.

GNSS/GPS의 민간분야 활용은 항법 및 교통분야에서 가장 활발하게 활용되어 왔으나 현재는 정밀한 위치정보, 시각정보, 속도정보를 필요로 하는 많은 분야로 확대되어 가고 있으며, 미래에도 그 활용 분야는 늘어날 것으로 예상된다.

따라서, 사용범위가 주요 민간 산업인 항공, 정보통신, 교통, 자동차 산업을 포함하여 측량, 측지 및 레크레이션까지 넓혀짐에 따라 많은 수신기 제작회사에 의해 다양한 수신기가 시판되고 있으며, 채널의 수, 크기, 정밀도 및 작동기능에 따라 가격차이도 현저하다. 비록 GPS가 민간산업 분야에 대중화되어 가고 있는 것이 사실이지만, 주요 핵심 기술은 비공개로 되어 있을 뿐 아니라, 미국 안보(이익)에 영향을 줄 수 있는 고정밀의 위치정보를 사용할 수 있는 P코드 해독용 수신기는 우방국에도 사용을 제한하고 있는 실정이다. 더욱이 DGNSS 시스템 및 수신기의 개발로 인하여 정밀 위치 정보의 활용은 다양한 분야에 널리 사용되어 가는 추세이다.

〈표 9.4〉 및 〈표 9.5〉에 대표적인 활용분야를 간단히 요약했다.

〈표 9.4〉 민간 활용분야[4]

정확도	이용분야	응용분야
100m 이상	항공	대양항해
	해양	연안항해
25~100m	차량항법	차량관제
10~25m	항공	지상경계
	탐색, 구조	위치결정
1~10m	항공	Cat Ⅰ/Ⅱ 접근, 착륙
	해양	항구 접안, 협수로 항해
	철도	기차 제어
	차량항법	고속도로항법, 유도
		버스/기차정류장 안내
		차량/화물 위치확인
	레크레이션	비도로 주행, 등산 외
1m 이하	항공	CatⅢ 접근, 착륙
	측량, 지도제작, 측지학	사진측량
		지도제작

4　FRP 2012-2014.

- 적의 주요 표적위치에 대한 절대위치 제공
- C3I/C4I 체계
- 미사일 및 주요 무기체계와 연동한 정밀사격, 폭격으로 명중률 향상
- 함정의 안전운항과 종합 항법체계
- 기뢰부설/소해
- 지상부대의 보병 공격력 향상
- 통신 위성과 연계한 우군 세력의 지휘통제능력 향상
- 항공기 운항
- 항공기 계기 이착륙
- 우군 세력(함정, 항공기, 차량, 포, 병력 등)의 이동체계 지원
- 긴급 구조/경보 시스템
- 특수전(침투/퇴출) 외

7. GNSS/GPS 해양분야 표준화

해양분야에 사용되는 장비들은 다른 분야와 비교하여 대부분 국제 기준에 의한 개발과 시장 형성이 이루어진다. GNSS 분야도 국제 표준과 규정을 따르고 있다.

해양분야의 경우 주로 국제해사기구인 IMO(International Maritime Organization) 권고안에 따라 정해진다. 또한, 제시된 성능의 검증을 위해 IEC(International Electro-technical Commission), 국제전기전자위원회에서 기준을 제정하고 있다. 일반적인 항해장비의 경우와 마찬가지로, 위성항법 장비도 선박에 사용되기 위해서는 IMO와 IEC, 혹은 ITU가 제시한 국제 표준 및 권고안을 만족해야 한다. 국제기구에 의해 지정된 의무 선박 탑재장비로 지정된 경우에는 관련 국제 규정을 모두 만족해야 하며, 의무 탑재 장비가 아니더라도 해당 장비로서 인정을 받기 위해 국제기

준을 만족해야 한다.

국제수로기구인 IHO(International Hydrographic Organization)는 각국의 수로측량 업무에 공통적으로 필요한 측량 대상별 정확도에 관하여 Special Publication No. 44 문서를 발간했다. 이 문서는 우리나라의 수로 측량기관인 국립해양조사원도 채택하여 참고한 것으로 측량 대상별로 요구되는 정확도를 기술하고 있다.

8. 미연방정부 전파항법 정확도 기준

FRP(Fedral Radionavigation Plan)에서는 대양 항해를 위한 GNSS의 정확도를 1 에서 2해리, 연안항해를 위해서 0.25해리를 권고하고 있다. 그러나 더욱 향상된 정밀도가 요구되는 협수로나 내륙 수로의 경우에는 신호 무결성을 보장하는 설비 가 제공되어야 한다. 이에 FRP는 항만이나 항만접근의 경우 95% 신뢰수준에 8~20미터의 정확도를 요구하고 있다. 이에 반해 동일 지역에 대한 IMO의 요구 는 10미터이다.

제10장

GPS의 위치결정
원리와 오차

1. 개요

    GPS는 위치를 알고 있는 여러 개의 위성으로부터 수신기(사용자)까지의 거리를 동시에 수동적(사용자는 위성으로부터 발사된 전파를 수신만 하여)으로 관측하여 위치를 결정하는 방식이며, 이용자의 위치는 지구의 중심을 원점으로 하고 지구의 자전과 더불어 회전하는 3차원의 지구좌표계를 사용한다. GPS 시스템이 제공하는 주요 정보는 위도, 경도, 고도 및 도플러 측정에 의한 이용자의 속도 성분이다.

    인공위성을 이용한 위치측정 방법은 선박, 항공기 및 자동차 등 이동체의 실시간 절대위치를 결정하는 단독 측위방법과 고정밀 거리측정을 기반으로 상대측위를 구하는 측량방식 등으로 구분된다. 일반적으로 이동체의 절대위치를 구하기 위해서는 위성으로부터 송신되는 PN코드를 수신하여 위성과 수신기간의 의사거리 측정을 기초로 하여 수신기 좌표를 구하며, 측량분야에서는 기준점과 측량지점에 위성항법 수신기를 설치하고 위성으로부터 기준점과 측량점의 수신기까지의 거리차를 이용하여 상대위치(기선벡터)를 구하는 것이 기본이다. 위성과 수신기까지의 거리는 PN코드와 반송파 위상을 측정함으로써 산출할 수 있으며, 이동체의 실시간 절대위치를 구하기 위해서는 PN코드를 사용하고, 측량 및 측지 분야에서는 반송파 위상측정을 사용하는 것이 보통이다. 선박, 항공기, 자동차 미사일 및 무인항공기 등의 이동체의 항법 문제를 해결하기 위해서는 실시간 절대위치가 필요하다.

2. 의사거리(Pseudo Range) 측정

의사거리란 위성으로부터 수신된 PN신호와 수신기 내에서 생성된 PN신호를 정렬하여 요구되는 시간 변화로써 이를 거리로 환산한 것이다. 이상적으로는 위성에서 발사된 시간과 수신된 시간을 측정한 시간변이를 의미한다. 실제로 두 시계 정밀도가 같지 않기 때문에 수신기에서 측정된 전파의 전파시간을 거리로 환산한 수신기와 위성까지의 거리는 실제 거리가 아니며, 시계 바이어스 오차가 포함된다. 이 거리를 의사거리라 한다. 〈그림 10.1〉은 의사거리를 측정하는 설명도이다.

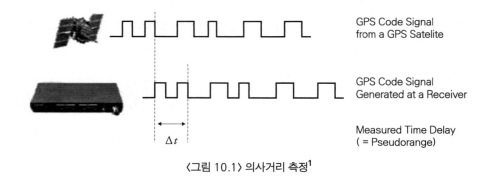

GPS Code Signal
from a GPS Satelite

GPS Code Signal
Generated at a Receiver

Δt

Measured Time Delay
(= Pseudorange)

〈그림 10.1〉 의사거리 측정[1]

실제로 두 위성과 수신기 간의 거리를 정확히 측정하기 위해서는 위성과 수신기가 아주 정밀한 시계를 가져야 한다. GPS에서는 위성 탑재용의 시계로는 고정밀도를 가진 원자시계를 탑재하고 있다. 그러나 수신기에 이러한 정밀도의 시계를 비치하는 것은 경비의 문제로 부적당하기 때문에 수정발진기를 사용한다. 따라서, 의사거리 측정방식을 채택하는 절대위치 결정을 위한 방정식 해는 수신기 시계오차를 미지수로 하여 계산한다.

---

1   해군본부(1992), 전천후 최신 위성항법, pp. 41-74.

3. 반송파 비트 위상 측정(Carrier Beat Phase Measurement)

반송파 비트 위상이란 도플러 효과에 의해 수신된 반송파가 수신기 내에서 발진된 주파수와의 차이만큼의 신호 위상을 말한다. PN신호의 파장(1코드 길이) 보다 반송파의 파장이 짧기 때문에 반송파 비트 위상 측정에 의한 정밀도는 PN 신호에 의하여 측정한 거리보다 훨씬 높다. GPS의 L1 반송파 신호는 파장이 약 20cm이다. 어림잡아 위상측정은 파장의 1%까지 측정이 가능하기 때문에 2mm 정밀도까지 측정할 수 있다. 그러나 위성과 수신기 간 반송파의 최초의 정수주기를 얻기가 어렵다. 이는 고품질 고가의 GPS 수신기에서 가능하다. 잡음신호 또는 안테나 가림 같은 여러 가지 이유 등으로 어떤 수신기는 사이클 슬립 때문에 근사한 정수 사이클 측정이 어렵다. 많은 경우 최대한의 사후처리를 통해 사이클 슬립의 탐지와 보정을 한다. 따라서, 반송파 비트 위상 측정은 실시간으로 측정하기가 어렵고, 실시간 위치측정에 필요한 이용에는 제약을 받을 수 있다. 〈그림 10.2〉에 GPS 위성신호 중 상용 L1반송파와 PN코드(여기서는 C/A코드)의 1파장의 길이를

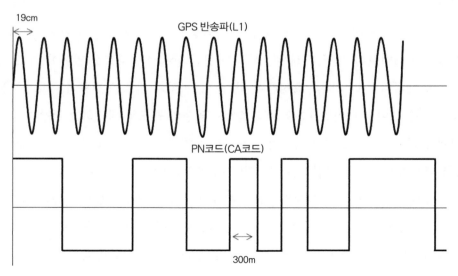

〈그림 10.2〉 GPS 반송파와 PN코드 1파장(코드)의 길이

비교했다. 여기서 우리는 측량과 같이 반송파를 측정하여 위치를 찾는 경우와 의사거리를 이용한 실시간 위치결정에는 근본적으로 정밀도 측면에서 차이가 있음을 알아야 한다.

4. 의사거리를 이용한 절대위치 결정원리

GPS에 의한 위치결정은 위성으로부터 발사되는 전파의 지연시간을 측정하고 위성으로부터의 수신기까지의 거리를 이용한다. 위성으로부터의 거리를 알면 현재의 위치는 위성을 중심으로 하여 반경이 그 위성으로부터의 거리가 되는 구의 표면의 어느 곳으로 된다. 이와 같은 위치결정 개념은 레이더항법에서 3물표로부터의 거리를 측정하여 위치를 구하는 방법과 유사하다.

위치결정이라는 것은 인공위성을 이용해서 이용자의 위치를 구하는 것을 의미하며, 위성의 위치를 결정하는 것을 의미하지 않는다. 위성을 이용하여 위치를 구한다는 것은 엄격히 말하면 관측지점 즉, 위성신호를 수신하는 안테나의 위치를 산출함을 의미한다. 이를 위해서는 위성의 공간 상에서의 좌표를 알아야 하고, 위성과 안테나의 거리벡터를 측정해야 한다. 또, 위성의 좌표를 정확히 예보한다는 것은 쉬운 일이 아니지만, GPS 운영 측에서 위성의 궤도를 예측하고 결정하여 위성에 보내어 사용자들에 재방송하는 체제로 유지되어 있기 때문에, 수신기에서는 위성에서 보내지는 항법신호를 이용하여 현재의 위치를 계산한다.

GPS 위성을 이용한 위치결정원리에 대한 이해를 위해 〈그림 10.3〉과 의사거리 식 (10.1)을 보기로 하자. 〈그림 10.3〉은 GPS 수신기 사용자가 WGS-84 기준 좌표계에서 공간상의 위치가 알려진 4개의 위성을 동시에 관측하여 수신기 좌표를 구하는 개념도이다.

전자항법과 GPS: 전자 · 위성항법의 이론과 실무

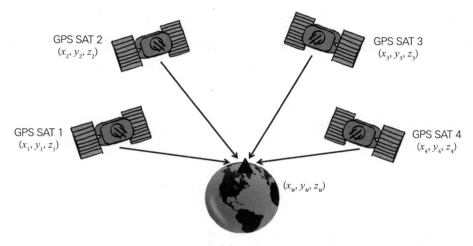

〈그림 10.3〉 4개의 GPS 위성과 수신기 좌표

여기서 Z축은 지구의 자전축의 방향, X축의 방향은 그리니치 자오선의 위도 0도인 방향이고 Y축은 이 두 축과 직교하는 직교 좌표계를 사용한다.

$$\mathrm{Pr}_i = \sqrt{(x_i - x_u)^2 + (y_i - y_u)^2 + (z_i - z_u)^2} + ct_u \quad \cdots\cdots\cdots\cdots\cdots\cdots\cdots (10.1)$$

여기서 Pr_i는 GPS 위성 i와 사용자 수신기 사이의 의사거리, (x_i, y_i, z_i)는 3차원의 i번째 위성의 위치, (x_u, y_u, z_u)는 3차원의 사용자 수신기 위치, t_u는 수신기 시계오차, c는 전파의 속도를 나타낸다.

상기의 식은 수신기 좌표와 수신기 시계오차가 미지수인 비선형 방정식이다. 위 식을 의사거리 방정식 또는 항법식이라고도 하며, 위성의 좌표는 GPS 위성에서 보내준 수신신호로부터 이론적으로 계산이 가능하다. 이 식은 대수적으로는 풀 수 없고, 뉴톤법 등 수치계산 알고리즘을 써서 계산한다.

이와 같이 GPS에서는 4개의 수신기의 신호를 동시에 측정하면 수신기의 시계오차와 수신기의 3차원 위치를 결정할 수 있다. 또 시계오차가 계산되기 때문에 수신기 내부 시계를 보정하여 정확히 GPS 시각에 동기되고, 따라서 한번 동기되면 그 이후에 연속측정의 계산이 고속으로 처리 가능해진다. 기본적으로 3차원 위치를 구하기 위해서는 4개 이상의 위성 신호가 동시에 관측되어야 하지만 해상에서와 같이 2차원 위치가 필요한 장소에서는 3개의 위성이 관측되어도 별 문제는 없다. 실제로 운용되고 있는 GPS 위성은 24개이고, 현재 우리나라에 대부분의 지역에서 7~8개의 GPS 위성신호가 동시에 관측된다.

5. 선형화에 의한 3차원 항법해

앞 장에서 의사거리 방정식이 비선형 방정식임을 알았고, 이를 풀기 위해서는 우선 선형방정식으로 변환하여 수치해석법으로 해결해야 한다. 비선형방정식인 의사거리 방정식을 선형방정식으로 변환하기 위해서는 위치를 구하고자 하는 수신기 근처의 위치를 알고 있어야 한다. 근사위치를 3차원 위치 $(\hat{x}_u, \hat{y}_u, \hat{z}_u)$라 하면, 구하고자 하는 수신기기의 3차원 위치 (x_u, y_u, z_u)는 근사위치와 보정치로 표시 가능하다. 이에 대한 거리방정식은 근사위치와 보정위치를 포함한 함수로 표시 가능하다. 이 식을 근사위치에 대한 Taylor 급수로 전개하여 복잡한 선형화 과정을 거쳐서 최종적으로 수신기 위치를 구할 수 있다.[2] 여기서는 그 결과식으로 간단히 설명한다.

전술한 바와 같이 위성 i에 대한 의사거리 방정식은 아래와 같이 미지수인 수신기 위치와 수신기 시계 바이어스 오차를 미지수로 하는 비선형 방정식이다.

---

[2] 해군본부(1992), 전천후 최신 위성항법, pp. 41-74; E. D. Kaplan, C. J. Hegarty(2006), *Understanding GPS Principles and Applications*, MA: Artec House, pp. 54-57; W. Parkinson, J. J. Spilker Jr.,(1996), *Global Positioning System: Theory and Applications VolumeI*, Washington, American Institute of Aeronautics and Astronautics, Inc., pp. 31-36; 고광섭 · 이형욱 · 정세모(1998), 한국동해안에서의 MARINE RADIOBEACON/ DGPS 정밀도 분석에 관한 연구, 한국항해학회논문집, 제22권 제1호.

위에서 소개한 의사거리 식을 다시 표현한 아래 식 (10.2)에서

$$\mathrm{Pr}_i = \sqrt{(x_i - x_u)^2 + (y_i - y_u)^2 + (z_i - z_u)^2} + ct_u$$

$$= f(x_u, y_u, z_u, t) \cdots\cdots\cdots\cdots\cdots\cdots\cdots\cdots\cdots\cdots\cdots\cdots\cdots \text{(10.2)}$$

근사위치 $(\hat{x}_u, \hat{y}_u, \hat{z}_u)$와 수신기 시간 오차 $\hat{t}$로 근사 의사거리 계산 식을 나타내면 식 (10.3)과 같다.

$$\widehat{\mathrm{Pr}}_i = \sqrt{(x_i - \hat{x}_u)^2 + (y_i - \hat{y}_u)^2 + (z_i - \hat{z}_u)^2} + c\hat{t}$$

$$= f(\hat{x}_u, \hat{y}_u, \hat{z}_u, \hat{t}) \cdots\cdots\cdots\cdots\cdots\cdots\cdots\cdots\cdots\cdots\cdots \text{(10.3)}$$

한편, 미지의 수신기(사용자) 위치와 수신기 시계오차는 아래와 같이 근사위치와 보정위치로 표시가 가능하다. 단, 보정치는 $(\Delta x, \Delta y, \Delta z, \Delta t)$, 근사위치는 $(\hat{x}_u, \hat{y}_u, \hat{z}_u)$, GPS 사용자(수신기) 위치는 (x_u, y_u, z_u)이다.

$$x_u = \hat{x}_u + \Delta x$$
$$y_u = \hat{y}_u + \Delta y$$
$$z_u = \hat{z}_u + \Delta z$$
$$t = \hat{t} + \Delta t$$

위에서 설명했듯이 위의 미지의 수신기 위치는 복잡한 선형화 과정을 거쳐서 구해진다. 그 과정은 생략한다.

위에 표시된 수신기의 3차원 위치는 직교좌표계 상의 3차원 위치이므로 항해사들이 종이해도나 전자해도용으로 사용하기에는 부적합하여, 위도, 경도 및

고도로 표시할 수 있는 회전타원체 좌표로 변환해야 한다. 실제로는 GPS 수신기에는 좌표변환 결과인 위도, 경도 및 고도가 표시된다. 이 좌표 변환은 수신기 내부에서 자동으로 계산된다.

6. 반송파 위상측정에 의한 상대위치 결정원리

세계 어느 곳에서나 수 개의 GPS 위성의 전파만 수신되면 육상, 해상, 공중에서 항시 자기의 위치를 측정 가능하다. 이동체가 1대의 수신기로 위치를 측정하는 것을 단독측위라고 한다. 이와는 달리 복수 개의 수신기를 이용하여 측지학자나 물리학자 등에 고안된 상대측위법에 의해 구한 위치측정 방식을 상대측위라 한다.

이는 일명 간섭법에 의한 상대위치 결정 방식으로서 전파성의 방향으로부터 기선의 길이와 방향을 구할 수 있는 전통적인 간섭법(VLBI: Very Long Baseline Interferometry) 기법을 의미한다.

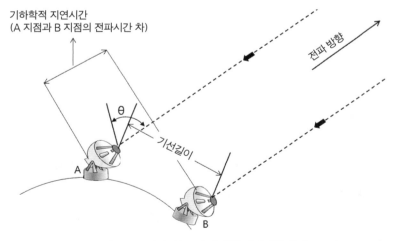

〈그림 10.4〉 간섭법(VLBI)에 의한 상대위치 결정

1) GPS 전파와 간섭법에 의한 상대위치 결정방식

실시간 절대위치를 구하는 방식은 위성과 수신기(안테나) 사이의 의사거리를 구하여 위치결정을 하는 반면에 상대위치를 구하는 간섭에 의한 위치결정은 반송파의 위상을 측정하는 방법이 이용된다. 이러한 위상차 기법을 바탕으로 위성과 두 관측점의 수신기(안테나)의 거리차를 구하여 위치 결정을 한다.

특히, 정확한 거리 측정을 위하여 반송파 위상을 측정하여 사용한다. 반송파 측정위상은 수신기 안에 있는 발진기에서 발생되는 반송파 위상에 대한 수신되는 반송파의 위상이다. 발진기에서 발생되는 반송파는 거의 일정한 주파수를 가지는 반면에 수신되는 반송파는 위성과 수신기 간의 상대적인 운동에 의하여 유발되는 도플러 효과 때문에 주파수가 변화된다. 반송파 L1과 L2 두 주파수로서 파장이 각각 대략 20cm, 24cm이므로 PN코드의 1클럭(CA코드: 약 300m, P코드: 약 30m임)보다 훨씬 짧아서 의사거리 측정방식보다 거리분해능이 높아져 거리 측정이 양호해진다. 반송파 위상을 이용한 GPS 수신기의 정밀도는 수신기 기종에 따라 다소 다르나 수cm에서 수mm까지 매우 높다. 기본적으로 상대측위는 반송파의 위상을 이용하고, 기준국과 이동국으로 구성되며, 단시간 측정하고 후처리로 위치를 계산하는 의사 키네마틱법, 이동국에서 데이터를 수집하고 후처리로 위치를 계산하는 연속 키네마틱법 및 이동국에서 실시간으로 위치를 측정하는 실시간 키네마틱 (Real Time Kinematic)법 등이 있다.

전술한 바와 같이 GPS 전파와 간섭법에 의한 상대위치 결정방식은 한 개의 GPS 인공위성을 이용하여 전통적인 VLBI 기법으로 두 개의 수신기의 기선 벡터를 구하는 방법이다. 이러한 방식은 GPS 운용 이래 측량 또는 각종 산업분야에서 사용되어 왔다. 그럼에도 불구하고 GPS 위성이 지구상공으로부터 약 20,000km 상공에 위치하여 별보다 상대적으로 지구와 가깝기 때문에 기선벡터의 길이 즉, 두 수신기 간의 거리가 멀어지면 GPS 위성으로부터 수신기에 들어오는 위성전파의 방향차이가 있어 오차가 증가하게 된다.

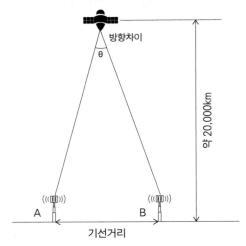

GPS 또는 GNSS 항법위성

방향차이

θ

높이 20,000km

A　　　　　B

기선거리

〈그림 10.5〉 GPS/GNSS 위성전파와 VLBI 응용 개념도

2) GPS 반송파를 위한 위성과 수신기 간 거리차 측정과 상대위치

　GPS 위성 전파를 이용한 간섭법으로 상대위치를 알기 위해서는 위성과 수신기 안테나 간에 반송파 수를 측정해야 한다. GPS 위성과 수신 안테나와의 거리는 반송파 수와 1파장으로 부족한 분의 위상에 상당하는 거리의 합으로 계산할 수 있으나, 실제로 위성과 안테나 간에 몇 파장의 반송파가 존재하는가를 측정하는 일은 매우 비현실적이다. 따라서 측량용의 수신기에서는 위성으로부터 수신한 반송파를 재생하여 위상을 측정하기 위하여 위성의 PN코드로 역확산을 하는 반송파를 재생하는 방법으로 동시에 복수 개 GPS 위성의 반송파 위상을 측정할 수 있도록 되어있다.

　두 개의 측량용 GPS 수신기에서 한 개의 GPS 위성으로부터 도래하는 반송파의 위상을 적산하고 그 차를 구하고(1중차라 부름), 또 다른 한 개의 GPS 위성으로부터의 도래하는 반송파로부터 별도의 다른 위상차(다른 위성의 1중차)를 얻는다. 두 개의 1중차의 차를 2중차라 부르는데 이러한 방법을 통하여 수신기에 기인한

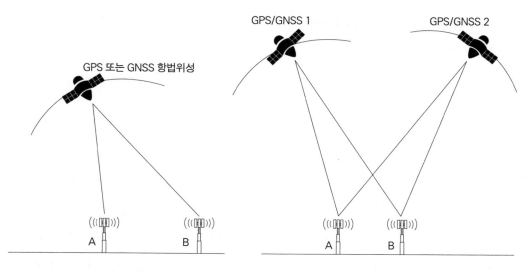

〈그림 10.6〉 1개의 항법위성과 1중차

〈그림 10.7〉 2개의 항법위성과 2중차

시계오차 등을 제거함으로써 보다 더 정확한 두 수신기와 GPS 위성 간의 거리차를 구할 수 있다.[3]

한편, 반송파를 이용한 GPS 위성과 수신기 간의 거리를 알기 위하여, 수신기에서 적산한 결과는 정확한 파장의 수가 포함되어 있지 않고, 1중차, 2중차 모두 위상차만 포함되어 있다. 이를 Ambiguity라 부르며, 이를 찾기 위한 몇몇 방법이 있으나 수신기마다 다르다. 이에 대한 보다 구체적인 지식을 얻고자 하는 독자는 별도의 자료를 참고하기를 권장한다.

3 A. H. Phillips(1984~1985), Geometrical Determination of PDOP, Journal of Navigation, vol. 31, no. 4, pp. 329~333; Van Sickle, J.,(2001), GPS for Land Surveyors, CRC Press, London.

7. GPS 위성항법의 위치 오차 요소

위성항법시스템의 위차오차는 크게 우주 부문, 신호전파 부문, 이용자 부문 에서의 오차로 나누어 볼 수 있다. 우주 부문의 오차는 위성시계 오차(신호 안정도, 지연 등)와 위성 궤도 오차(궤도데이터의 예측과 모델, 기타요소 등)가 있고 신호전파 부문 에서는 전파가 통과하는 매질의 특성인 전리층 전파지연, 대류권 전파지연이 있 으며, 이용자 부문에서는 수신기 잡음, 디중경로에 의한 멀티패스 효과 등이 있다. 위성항법시스템의 세부 오차요소를 정리하면 다음과 같다. 대략적인 수치는 GPS 기준으로 작성했다.

〈표 10.1〉 위성항법 오차요소

부문	오차요소	UERE(σ)/GPS 경우
위성	위성시계 오차	3m
	위성궤도 오차	4m
신호전파	전리층 전파지연	4~5m
	대류권 전파지연	1~2m
	수신기 잡음	1.5m
이용자	멀티패스	2.5m
	기타	0.5m
UERE(rss)		8.0m

위성시계 오차는 위성에 탑재된 원자시계로부터 발생하는 오차로 주통제국 에 의해 어느 정도 예측이 가능하다. 위성궤도 오차는 관제소에서 취득한 데이터 를 바탕으로 예측하여 그 파라미터를 위성이 코드정보와 함께 방송하고 있으나 예측된 궤도와 실궤도 사이에는 차이가 생겨 오차가 발생한다. 전리층과 대류권

지연오차는 전파신호가 대기를 통과하여 올 때 매질 변화에 따른 지연 오차로 전리층에서 더 크게 발생된다. 전리층에서의 전파지연은 전리층의 전자 활동이 활발한 경우에는 커지고, 활동이 미약한 자정 무렵에 작아지며, 그 차가 일별, 계절별로 상당한 격차를 보인다. 주통제소에서 예측한 상기 지연량을 코드정보와 함께 항법메시지로 방송하면 사용자는 신호를 수신하여 보정함으로써 위치오차를 줄인다.

또한 위와 같은 오차에 추가하여 위성의 배치상황에 따라 기하학적인 요인과 어우러져 최종 위치 오차를 나타내게 된다.

위치 측정 시 이용되는 위성들의 배치상황에 따라 오차가 증가하게 되는데 이는 지문항해에서 교차방위법으로 위치 산출 시 사이각이 어느 정도인 물표가 선정되었느냐에 따라 오차 삼각형이 크고 작아지는 것과 동일한 형태로 위치 오차가 증가하여 부정확하게 된다.

위성이 3차원 공간에 어떻게 적절히 배치되어 있는지가 위치 오차에 영향을 주게 되며, 이를 DOP(Dilution Of Position)라고 한다. DOP는 수신기에서 위성까지의 단위백터로 표현된 체적의 크기와 반비례하게 되며, 방위각과 고도각의 행렬조합에 의해 계산된다. DOP는 GDOP(Geometric DOP), PDOP(Position DOP), TDOP(Time DOP) 등으로 구분하여 나타낼 수 있다. 〈그림 10.8〉과 같이 작은 DOP 값은 위성의 좋은 기하학적 배치를 의미하며, 큰 DOP 값은 위성의 나쁜 기하학적 배치를 의미한다.

따라서 위성항법의 최종 위치 측정오차는 〈표 10.1〉과 같은 위성과 사용자 간의 의사거리 오차에 위성의 기하학적 배치인 PDOP의 곱으로 계산된다. 예를 들면, PDOP가 2인 경우 위치오차는 $8 \times 2m$, 대략 $16m(\sigma)$ 정도이다.

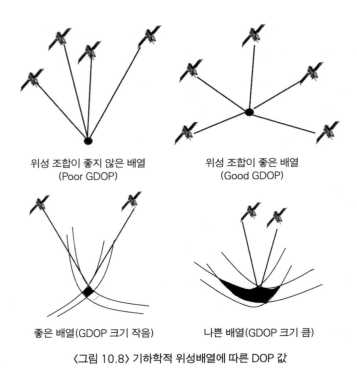

위성 조합이 좋지 않은 배열
(Poor GDOP)

위성 조합이 좋은 배열
(Good GDOP)

좋은 배열(GDOP 크기 작음)

나쁜 배열(GDOP 크기 큼)

〈그림 10.8〉 기하학적 위성배열에 따른 DOP 값

8. GPS L1 C/A 상용 수신기의 정밀도

아래에서는 GPS L1 C/A 상용 수신기의 최근의 측위 실험결과를 소개한다. 데이터 수집 장소는 한반도 서남 해역인 목포지역이며, 정적인 테스트를 기반으로 실시간으로 변하는 위성배열 상태와 반송파 잡음비 변화에 따른 DOP 변화와 항법파라미터를 분석한 결과이다.

〈표 10.2〉에서 보는 바와 같이 데이터 수집 중 추적된 위성은 G12, G13, G14, G15, G21, G22, G24, G25 8기였고, 이 중 G14를 제외한 7기의 위성이 위치측정에 사용되었다.

〈표 10.2〉 위성의 기하학 및 C/N 비[4]

Title	Experimental Static Values (Average)			Status Result	
SV No	El(deg)	Az(deg)	C/N(dB-Hz)	Tracking	Used
G12	31.2	136.8	43.8	yes	yes
G13	5.1	77.5	44.2	yes	no
G14	17.8	279.9	17.3	no	no
G15	43	65.9	52.1	yes	yes
G21	32.7	226.7	24.3	yes	yes
G22	32.8	312.9	24.8	yes	yes
G24	73.8	40.5	40.1	yes	yes
G25	12.6	172.6	40.5	yes	yes

신호추적과 위치측정에 사용된 위성 중 특이사항을 살펴보면, 위성 G13의 경우 C/N(Carrier-to-Noise ratio) 평균값이 44.2 dB로 비교적 큼에도 불구하고 고각이 5.1도로 낮은 경우 신호추적은 되었으나 위치측정에는 사용되지 못했음을 알 수 있다. 또한, 위성 G25의 경우에는 고각이 비교적 낮더라도 일정 수준의 C/N 값만 확보되면 신호추적은 물론 위치측정에 사용될 수 있음을 확인할 수 있다.

위치측정에 사용된 7기의 위성으로부터 현재의 위성의 상태를 고려하여 4개씩 다양한 조합으로부터 측정된 위치의 정밀도의 척도가 되는 PDOP를 비롯한 다양한 GDOP 값을 얻을 수 있다.

〈표 10.3〉에서 보인 바와 같이 실시간으로 얻은 위성위치로부터 얻어진 PDOP 평균값은 2.9, HDOP 평균값은 1.5, VDOP 평균값은 2.9이다.

〈그림 10.9〉에는 위치측정에 사용된 위성 중에서 평균 고각 및 C/N 값을 고려하여 GDOP 값이 비교적 양호할 것으로 추정되는 하나의 위성조합에 포함된 G12, G21, G22, G24 위성신호의 C/N 측정치를 순서대로 나타냈다.

---

4 고광섭(2015), 실험 및 통계적 분석을 통한 L1, C/A코드 GPS의 항법 파라미터연구, 한국정보통신학회논문지 제19권 8호.

<표 10.3> 측정된 GDOP 값

Title	PDOP	HDOP	VDOP	Title	PDOP	HDOP	VDOP
Min	1.7	1	1.4	Ave	2.9	1.5	2.5
Max	5.7	3.3	4.6	Dev	1.2	0.5	1.1

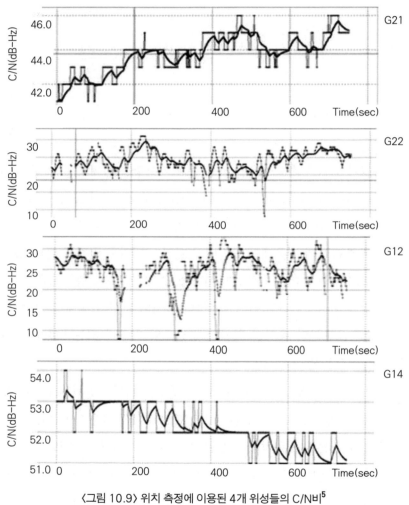

<그림 10.9> 위치 측정에 이용된 4개 위성들의 C/N비[5]

---

5   고광섭(2015), 위의 논문.

<표 10.4> 회전타원체 및 지구중심좌표계에 대한 위치정밀도[6]

Title	Ellipsoidal Position			ECEF Position		
	Lat(deg)	Lon(deg)	Alt(m)	X(m)	Y(m)	Z(m)
Min	34.8197	126.3925	60.1	-3,110,144	4,219,605	3,621,523
Max	34.197	126.3928	96.3	-3,110,105	4,219,628	3,621,530
Ave	34.8197	126.3926	77.651	-3,110,126	4,219,613	3,621,526
Dev	0.000038	0.000038	9.426	11.019	6.58	1.944

4개씩 조합을 이루는 위성은 의사거리 결정방식의 기지수 데이터를 제공하게 되고, 이를 토대로 비선형 연립방정식의 해인 ECEF 기반의 위치가 얻어진다.

실험에 의해 얻어진 값으로는 <표 10.4>에서 보는 바와 같이 회전타원체 위치의 평균값은 위도, 북위 34.8197도, 경도 126.3926도, 고도 77.651m이며, 편차의 경우 위도 0.000038도, 경도 0.000038도, 고도 9.426m이다. 한편 ECEF 기반으로 (평균기준) X축으로 -3,110,126m, Y축으로 4,219,613m, Z축으로 3,621,526m이며, 편차는 X축 11.019m, Y축 6.58m, Z축 1.944m이다. 이들 값들을 이용하여 구한 항법정밀도 및 신뢰도는 ECEF 기준으로 할 때 2DRMS의 경우 25.6m이며, 회전타원체 기준으로 항법정밀도 및 신뢰도를 구했을 경우 2DRMS 20.89m이다. 여기서 ECEF와 회전타원체를 기반으로 할 때 정밀도에서 차이가 나는 이유는 GPS 수신기에 내장되어있는 좌표변환 과정에서 나타나는 현상으로 예상된다.

---

6 고광섭(2015), 앞의 논문.

제11장

GPS 위성의
신호 변조 및 복조

1. 개요

GPS의 신호는 크게 3그룹으로 구분되는데, 반송파, 의사잡음 신호라 불리는 PN(Pseudo Noise) 신호 및 위성 데이터 정보를 싣고 있는 항법메시지 신호(데이터 신호라고도 부름)로 구성되어 있다. 반송파는 기본적으로 L1, L2 등의 신호를 사용하고 의사잡음 신호로는 P신호(Precision의 뜻, 위치정밀도가 좋고 잡음에 강함)와 C/A신호(Clear/Acquisition의 뜻)라는 두 개의 코드와 P코드를 암호화한 군사전용 Y코드가 있다. 군사전용 코드 역시 GPS 현대화 계획에 따라 새로운 코드 신호가 사용된다.

GPS 신호 송신의 기본은 항법메시지의 2진 부호 신호를 의사잡음 신호 2진 부호 신호로 변조하여, 그 결과를 다시 반송파에 2상 PSK(phase Shift Keying) 변조한 것이다. 즉, 모든 위성이 송신하고 있는 반송파가 동일하기 때문에 혼신을 일으킬 것 같지만, 위성마다 서로 다른 코드(암호)를 부여하고, 미리 그 코드로 데이터를 변조하고 나서 반송파를 변조하는 것이다. 이 코드를 발생하는 주파수는 전송해야 할 데이터의 속도보다 충분히 높게 선택한다. 이와 같이 GPS 신호 통신체계에서의 인상적인 것은 근래에 이동통신에서 널리 사용되고 있는 스펙트럼 확산방식과 CDMA 기술을 일찍 도입하여 동시에 수신한 여러 개의 위성 전파로부터 각각의 위성신호를 분리하여 해독한다는 것이다. 본 장에서는 신호의 특성, 신호의 변·복조 등에 대한 기본원리 등에 대하여 설명한다.

2. 반송파 신호

GPS 위성이 지구로 송신하고 있는 모든 반송파 신호는 동일하며, 시스템의 정밀도를 위해서 세슘이나 루비듐 같은 원자시계로부터 얻어지는 안정된 주파수로 만들어지고 있다. 기준이 되는 주파수는 10.23MHz이고 L1 반송파는 기준주파수의 154배인 1,575.42MHz를 발사하며, L2 반송파는 기준주파수의 120배인 1,227.6MHz의 반송파를 발사한다. 데이터의 클럭 주파수도 이 기준 주파수와 정수배의 관계로 되어 있다. 실제 위성에서의 기준 주파수는 10.23MHz보다 0.00455Hz 낮은 주파수로 되어 있다. 이것은 일반 상대성 이론에 기인하여 위성의 궤도 상에서 받는 중력이 지구상과 다르기 때문에 발생하는 오차를 보정하기 위함이다. 지구상에서 수신하면 10.23MHz가 된다. L1대의 전파는 반송파의 위상이 서로 90도 다르게 한 C/A코드와 P코드를 중첩시킨 것이며 4상 PSK 변조되어 있지만, L2대의 전파는 P코드만으로 되어 있다. GPS 개발 이래 GPS 위성에서 발사되는 반송파는 L1, L2대 주파수였으나 미국의 GPS 현대화 계획에 따라 L3,

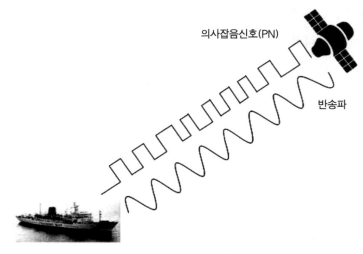

그림 〈11.1〉 GPS 위성에서 발사되는 PN신호와 반송파 신호

L4, L5대의 주파수가 추가되도록 추진되고 있는 가운데 점진적으로 모두 사용될 예정이다. 특히, L3대 주파수는 핵 폭발 또는 다른 고-에너지 적외선 폭발 등을 탐지, L4는 전리층 보정연구, L5는 항공항법 용도로 사용된다. 〈그림 11.1〉은 하나의 GPS 위성에서 발사되고 있는 반송파와 PN코드를 보여주고 있다. 모든 GPS 위성이 발사하는 반송파는 같으나 PN코드는 각각 다르다.

3. 의사잡음신호(PRN: Pseudo Random Number 또는 PN)

PN 신호에는 부호속도 1.023MHz이고 1ms마다 반복되는 C/A코드와 부호속도 10.23MHz로 1주일마다 반복되는 P코드(P코드를 암호화 한 것은 Y코드라 한다)의 2종류 계열이 있다. 위성마다 고유의 PN코드를 가지고 있으며, 각각의 위성으로부터 수신된 정보를 해독하가 위하여 수신기 내에 반드시 모든 GPS 고유의 PN 신호가 내장되어 있어야 한다.

1) C/A 코드

C/A코드는 L1 반송 신호로 변조되어 1MHz 밴드 폭에 확산 스펙트럼으로 전송된다. C/A코드는 매 1,023비트(1백만 초) 단위로 반복된다. 각 위성은 서로 다른 C/A코드인 PN을 갖고 있다. GPS 위성은 각 위성의 PN번호, 각 PN코드를 위한 고유 식별부호로 식별하기도 한다. L1반송파로 변조된 C/A 코드는 범용의 민간용 SPS(Standard Positioning Signal)를 위한 기준이다.

2) P코드

P코드는 L1과 L2 반송파 모두에서 변조된다. 이 코드는 7일의 주기를 갖는 10MHz 코드로서 군사 용도로 Y코드에 암호화된다. 암호화된 Y코드는 각 수신기 채널을 위한 AS(Anti Spoofing) 모듈로 분류되고, 이들의 사용은 오직 암호해독 키를 갖고 있는 승인된 사용자만 사용할 수 있다. P(Y)코드는 PPS(Precise Positioning Signal)를 위한 기준이다.

한편 10.23MHz, 반복주기 1주일인 P코드는 6.187104×10(12승)비트라는 긴 코드이며, P코드를 만드는 수학적 법칙을 적용하면 1주기가 38주간에 달하지만, 실제로는 1주간으로 끝내고 재설정하고 있다. Y코드는 P코드와 비슷한데 암호화되어있고 미군과 제한된 범위에서 동맹국 일부 군에서 사용하도록 허가된다. 최근 우리나라에서도 일부 첨단 무기체계 용도로 미 국방성의 허가아래 사용되는 것으로 알려지고 있다.

3) 항법메시지 신호(데이터 신호)

반송파를 변조하는 또 하나의 2진 부호인 항법메시지는 시각신호, 위성의 원자시계의 보정치, 위성의 궤도정보 등을 포함하는 디지털 데이터이다.

항법메시지는 하나의 프레임이 1,500비트의 크기이며, 이것을 50비트의 속도로 송신하고 있다. 1프레임은 5개의 서브프레임으로 구성되며, 처음 3개의 서브 프레임의 내용은 같지만 4, 5번째는 위성의 개별 정보(알마낙이나 전리층의 보정계수)로 되어있으며, 프레임마다 내용이 바뀐다. 이것을 페이지라 부르며, 1페이지부터 25페이지까지 있다. 이 모두를 마스터플랜이라 부르는데 전체의 정보를 수집하는 데 약 12분 30초 정도 소요된다.

4. GPS 신호의 함수 표시

위에서 설명한 GPS 신호를 함수로 표시하면 일반적으로 아래와 같이 표시 가능하다.

$$S_{L_1}(t) = A_P D(t) P(t) \cos(w_r t) + A_C D(t) C(t) \sin(w_r t) \quad \cdots\cdots\cdots\cdots (11.1)$$

단, AP: P signal power

　　AC: C/A signal power

　　D(t): ±1 binary data, 50bps

　　P(t): ±1 PRN(Pseudo Random Noise) code, 10.23MHz

　　C(t): ±1 PRN code, 1.023MHz

　　wr: carrier frequency(radians) of L1

5. GPS의 신호의 송신, 수신, 변조 및 복조와 스펙트럼 확산 통신방식

스펙트럼 확산(Spread Spectrum) 통신이란 데이터신호보다 넓은 대역폭을 갖는 코드를 사용해서 데이터 신호를 확산한 후 전송하고, 역 확산을 하여 수신기에서 데이터를 재생하는 통신방식으로서 군사용 통신시스템에서 주로 사용되고 있으며, GPS와 같은 위성항법시스템에서 사용된다.

이 방식의 특징으로는 데이터 신호와 사용된 코드는 상호 독립적인 신호이고, 송신된 정보 데이터를 수신기 측에서 추출하기 위해서는 송신 측에서 사용된 동일한 코드가 수신기 내에 내장되어 있어야 한다. 즉 GPS 위성에서 발사하는 서로 다른 모든 위성들의 PN코드 신호가 반드시 수신기에 내장되어 있어야만 수신기에서 위치결정이 가능함을 의미한다.

이러한 스펙트럼 확산 통신방식은 다수의 사용자에게 서로 다른 코드를 부여함으로써 다중화를 가능하게 한다. 이와 같이 스펙트럼 확산 통신기술을 이용한 다중화 방식을 CDMA(Code Division Multiple Access)라 한다. 확산대역폭은 칩율에 비례하여 넓어지며, C/A코드에서 약 2MHz, P코드에서 약 20MHz이다. 〈그림 11.2〉에 GPS 신호의 주파수 스펙트럼을 나타냈다. 스펙트럼 확산 통신 방식은 재밍과 전파간섭에 비교적 강하고, 다중접속이 가능하며, 통신 장애율이 적어 군용통신 및 위성통신에서는 잘 알려진 기술이다. 1970년 중반부터 개발이 시작된 GPS 위성 항법 시스템에서의 이러한 통신방식의 적용은 매우 고무적인 일로서, CDMA 기술의 파급효과를 가져오는 결정적인 계기가 되었다.[1]

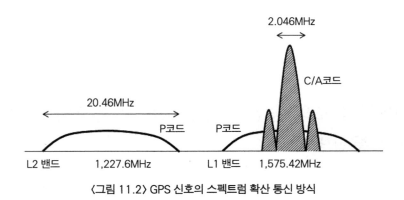

〈그림 11.2〉 GPS 신호의 스펙트럼 확산 통신 방식

1   Spilker JJ(1996), GPS signal structure and theoretical performance. In: Parkinson BW, spilker JJ (eds): Global Positioning System: theory and applications, vol 1. American Institute of Aeronautics and Astronautics, Washington DC, pp. 57-119; RALPH T. COMTON(1978), An Adaptive Array in a Spectrum Communication System, Proceeding of the IEEE, Vol. 66, No. 33; Forssell B.,(1991), 앞의 책, pp. 250-257.

6. GPS 신호 해독

전술한 바와 같이 지구상 궤도에 있는 모든 GPS 위성은 같은 반송파 주파수를 사용하고 있으며, 동시에 수신한 여러 개의 위성 전파로부터 각각의 위성신호를 분리하는 방법은 스펙트럼 확산방식에 기반을 둔 CDMA 기술에 근간을 두고 있다. 실질적으로 각 위성의 신호를 분리하고 해독하는 기술은 어렵지만 개요만 간단하게 설명하고자 한다. 다음에서는 GPS 신호의 변조와 복조 과정을 개괄적으로 설명한다.

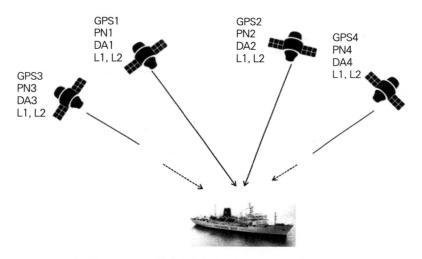

〈그림 11.3〉 GPS 항법위성의 반송파, PN 및 항법메시지 신호

우선 〈그림 11.4〉에서 보는 바와 같이 두개의 GPS 위성(또는 CDMA 기법을 채택하고 있는 기타 GNSS 항법위성이라 해도 무방함)에서 항법메시지의 데이터를 PN코드와 반송파에 실어서 송신한다고 생각해 보자. 또, 항법위성에서 송신된 항법메시지 데이터를 수신기에서 재생하는 일련의 과정을 이해하기 위하여 그 과정을 단계별로 살펴보도록 한다.

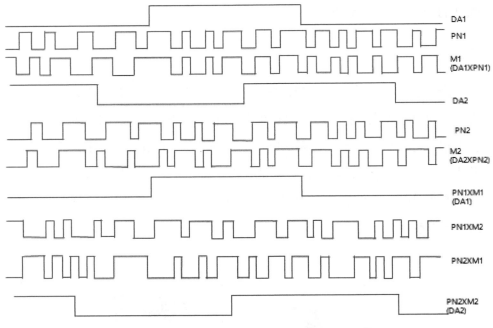

〈그림 11.4〉 GPS 위성항법 신호의 변조 및 복조 이해[2]

GPS1 항법위성의 항법메시지(데이터) 신호를 DA1, PN신호를 PN1신호라 하고, GPS2 항법위성의 항법메시지(데이터) 신호를 DA2, PN신호를 PN2신호라고 가정한다.

1단계(변조과정)

GPS1 항법위성에서는 DA1과 같은 항법메시지(데이터)가 PN1 같은 항법위성 고유의 PN신호를 곱하여 M1(DA1×PN1)과 같은 신호를 만들어 L1이나 L2와 같은 반송파에 실어서 송신한다. 이때 2진 신호의 곱셈은 (+1)×(+1)=(+1), (-1)×(-1)=(+1), (+1)×(-1)=(-1)의 산술연산이다. GPS2 항법위성에서는 DA2와 같은 항법메시지(데이터) 신호에 PN2와 GPS2 항법위성 고유의 PN2 신호를 곱하

---

2 고광섭(1983), GPS에 있어서의 의사잡음위상변조 통신방식에 대한 연구, 석사학위논문, 한국해양대학.

여 M2(DA2×PN2)와 같은 신호를 만들어 L1이나 L2와 같은 반송파에 실어서 송신한다. 여기서는 편의상 2개의 항법위성에 대해서만 고려했지만 이외 GPS(또는 GNSS) 시스템의 다른 항법위성도 위에서 설명한 송신 절차를 거친다.

2단계(복조과정)

GPS 수신기에는 실제로 M1이나 M2의 신호 성분뿐만 아니라 수신 가능한 모든 항법위성의 신호성분이 섞여서 들어온다. 수신기에는 GPS 항법위성의 PN신호가 모두 내장되어 있어서 이들 PN신호를 차례대로 불러내어, 수신된 혼합신호에 곱한다. 여기서는 GPS1과 GPS2의 항법위성으로부터 수신된 신호만을 고려하여 설명한다. 만약 수신기에 내장된 GPS1 항법위성의 PN1 신호를 불러내어 수신된 혼합신호 M1과 M2에 각각 곱하면 PN1×M1과 같은 느린 신호와 PN1×M2와 같은 빠른 신호가 생성된다.

즉, 느린 신호인 PN1×M1는 DA1, 빠른 신호인 PN1×M2는 잡음신호로 간주된다. 이와 같은 신호 가운데 위치결정에 필요한 항법정보가 들어있는 GPS1 항법위성의 50Hz 성분의 항법메시지(데이터) DA1은 저주파 필터를 이용하여 재생한다. 이때 고주파 성분은 자동적으로 소거된다.

같은 방법으로 수신기에 내장되어 있는 GPS2 항법위성의 PN2 신호는 PN2 신호를 불러내어 수신된 혼합신호 M1과 M2에 각각 곱하면 PN2×M2와 같은 느린 신호와 PN2×M1과 같은 빠른 신호가 생성된다. 여기서 PN2×M2는 GPS 2에서 보내진 항법메시지 DA2로서 저주파 필터를 거쳐 재생된다.

위에서 설명한 바와 같이 GPS 수신기에서는 위성 각각의 저주파 성분의 항법메시지 데이터 신호 외에 불필요한 고주파성분이 섞여서 생성된다. 따라서 저주파 필터를 써서 우주공간 궤도에서 선회하고 있는 항법위성에서 보내지는 각각의 항법메시지 데이터 성분만을 재생시킬 수 있음을 알 수 있다. 이와 같은 방법으로 여러 개의 항법위성에서 보내지는 항법메시지 신호를 수신기에서 재생시킬 수 있다.

따라서 항법위성에서 송신된 전파에 포함된 항법메시지 데이터를 얻기 위해서는 반드시 수신기 내부에 모든 위성의 고유의 PN신호가 있어야 함을 알 수 있다. 상기 설명 과정에서 PN1, PN2 신호를 각각 CA코드로 간주하여 CA1, CA2로 생각하여도 무방하다.

이와 같은 원리로 수신기 측에서 비교에 사용한 PN신호와 맞지 않는 다른 위성의 신호는 전부 잡음으로 간주되어 제거된다. 또 같은 위성의 신호라 하더라도 P코드(10.23Mb/s)의 PN신호를 쓸 때는 CA(1.023Mb/s)신호가 잡음으로 간주되고, CA(1.023Mb/s)의 PN신호를 쓸 때는 P신호가 잡음으로 간주되어 제거된다.

실제로는 수신한 신호에 맞는 PN신호를 수신기가 불러냈다 하더라도 변조에 사용된 PN신호와 위상이 일치하는 위치에서 곱셈을 하지 않으면 데이터 신호가 나오지 않으므로, 수신기는 하나의 PN신호에 대하여 한 비트씩 위상을 늦추면서 데이터가 풀릴 때까지 꾸준히 곱셈을 반복하지 않으면 안 된다. CA용의 PN신호는 1,023비트마다 반복된다(변조속도가 1.023Mbs이므로 1천분의 1마다 반복된다). 이 길이의 신호를 한 비트씩 늦추면서 전부 연산해 보는 데 약 1초면 족하다. 이렇게 하여 동기를 잡으면 위성의 데이터를 해독함과 동시에 1마이크로 초의 정밀도로 위상의 비교한 결과로 거리를 알 수 있다.

10.023Mbs의 속도로 변조된 P신호용 PN신호는 매주 토요일 0시(GMT)에 시작되는 1주일 길이의 신호이며, 약 6×10^{13}비트로 되어 있어서, 이 긴 신호를 한 비트씩 늦추면서 연산해 보는 데 많은 시간이 소요되기 때문에 CA신호에서 찾은 동기점 부근의 탐색만으로 P신호의 동기를 찾게 하기 위하여, 1주간 길이의 P신호의 어느 부분을 송신하고 있다는 정보를 데이터 신호에 실려 보내고 있다(이것을 Hand Over Word라 한다). P신호의 동기점을 찾으면 거리측정의 정밀도는 CA에 의한 것의 10배 정도 증가한다.

제12장

중국·러시아·유럽 등의
GNSS

1. 중국의 BeiDou/COMPASS

1) 개요

중국의 경제 발전과 군사력 강화와 함께 국가의 위상이 날로 높아가고 있는 상황에서 2012년 12월 27일 중국의 위성항법시스템 BeiDou(BDS: BeiDou Navigation Satellite System 또는 COMPASS)의 공개적인 신호서비스는 글로벌위성항법시스템(GNSS: Global Navigation Satellite System)의 역사를 새롭게 쓰고 있다.

2014년 11월 27일 영국 런던에서 개최된 94차 국제해사기구(IMO: International Maritime Organization) 안전위원회에서 중국의 BeiDou 위성항법시스템을 글로벌전파항법시스템의 일원으로 승인하는 역사적 사건이 있었다. 이는 중국이 자국의 BeiDou 시스템 서비스를 선언한 후 미국의 GPS(Global Positioning System), 러시아의 GLONASS(Global Navigation Satellite System)에 이어 세계 세 번째로 위성항법시스템에 대하여 국제기구로부터 합법적인 지위를 얻었음을 의미한다.

이에 앞서 2014년 5월 19일에는 미국 정부와 중국 정부는 양국의 민간용 글로벌 위성항법에 대하여 상호주의 원칙에 따라, 시스템의 양립성, 호환성 및 투명성 등에 대하여 상호협력을 강화하기로 성명서를 발표한 바 있다. 더욱이 최근 중국 정부는 위성항법 서비스를 개시한 이래 처음으로 해외 마케팅 전략의 일환으로 태국의 지리정보시스템 구축지원 및 BeiDou 지상국 구축 등에 대하여 태국 정부와 협정을 한 바 있다.[1]

또한, 2000년 초 계획에 착수하여 단기간에 빠른 속도로 발전해 온 중국의 위성항법에 대해 개발 초기 우려의 시각으로 지켜보던 미국 정부와의 협력강화, BeiDou에 대한 국제해사기구의 글로벌전파항법시스템으로서의 승인, 위성항법

---

[1] People Daily News, China's BeiDou system to cover Thailand, 2013.11.2. Available: http://en.people.cn.

시스템의 해외진출 시작 등에서 볼 수 있듯이 향후 글로벌위성항법시스템 세계에 큰 변화가 예상된다.

앞으로 중국의 위성항법시스템이 글로벌위성항법시스템 GNSS 영역에서 차지하는 비중과 영향력이 커질 것으로 예상된다.

본 장에서는 새로운 글로벌위성항법시스템으로서 GPS와 대등한 성능과 영향력을 발휘하고 있는 BeiDou 위성항법시스템에 대한 이해를 돕기 위해, BeiDou 위성합법시스템에 대한 특성 분석, 글로벌위성항법시스템의 의사거리 위치결정 원리에 대한 이론, 항법위성 신호를 실(實) 수신기를 이용하여 다양한 데이터를 수집한 항법파라미터에 대한 통계적 분석에 대하여 서술했다.

2) 시스템 개발 및 추진

BeiDou 시스템 구축 추진은 미국과 러시아에 이어 2000년 초 유럽연합과 유럽우주국이 공동으로 위성항법 정보 독립을 위해 글로벌위성항법시스템 GALILEO 프로젝트 추진을 의식한 중국의 우주 인프라 구축을 위한 국가정책이 원동력이 되었다. 또한 유럽연합이 GALILEO 글로벌위성항법 프로젝트 추진 초기인 2001년 5월 비유럽 연합국가들에 대한 문호개방을 결정한 바 있고, 이어서 암호화된 GALILEO 항법서비스에 대하여는 비유럽국가의 참여를 지양하기로 한 결정은 중국 정부의 자국 위성항법시스템의 개발을 더욱 가속화시킨 계기가 되었다.

강대국이 독자적인 글로벌위성항법시스템을 갖는 것은 경제적 측면뿐 아니라 국가안보 차원의 전략적으로 큰 의미를 갖는다. 특히, 전략적 가치의 측면에서 보면, GPS와 같은 글로벌위성항법시스템이 현대전의 핵심 전력인 미사일 같은 유도무기와 무인기 등을 비롯한 정밀타격 무기체계와 지휘통제체계 운용에 필요한 정밀한 실시간 3차원 위치정보, 시각정보, 속도정보 등을 제공할 수 있기 때문이다. 미국 국방부에서 개발 당시부터 현재까지 GPS 운용과 관리 책임을 맡고 있는 이유도 글로벌위성항법 시스템이 갖고 있는 국가안보적 가치 때문임을 알 수 있다. 글로벌세계위성항법시스템의 군사전략적 가치가 입증되고 있는 상황에서 경제대국을 넘어 군사강국으로 발돋움하는 중국의 독자적인 글로벌위성항법시스템 개발과 운영 배경은 자연스러운 시대적 요청이라 할 수 있다.

중국의 BeiDou 프로젝트는 아래와 같이 3단계 개발 전략에 의해 추진되었다.[2]

1단계(BeiDou-1: 2000년~2003년)

초창기 중국의 위성항법시스템 개발은 3개의 정지위성으로 시작되었다. 2000년 첫 2기의 BeiDou 항법실험 위성이 발사되었으며, 2003년 세 번째 실험위성이 발사되었다.

2단계(BeiDou-2: ~2012년)

중국과 주변국을 포함한 지역에 대한 위성항법정보 서비스를 목표로 2004년부터 항법위성을 궤도에 올리기 시작하여 2012년 까지 5기의 정지위성과 5기의 IGSO(Inclined Geosynchronous Satellite Orbit) 위성, 4기의 중궤도 위성을 포함한 14기의 항법위성을 궤도 상에 성공적으로 배치하여 아시아-태평양 구역에 대하여 2012년 12월부터 공식적인 서비스를 제공하기 시작했다.

3단계(BeiDou-2: ~2020년)

BeiDou-2의 확장으로서 전 세계를 서비스영역으로 한 중국의 독자적 글로벌위성항법시스템 계획이 완성단계에 있다. 독자적 위성항법시스템 완성 해인 2020년 35기의 항법위성을 배치할 계획으로 추진되었으나, 2022년 7월 기준 30기의 항법위성이 운용중이다.

---

2 China National Space Administration(2010), The construction of BeiDou navigation system steps into important stage, Three Steps development guideline clear and certain; China Satellite Navigation Office(2013), Report on the Development of BeiDou(COMPASS) Navigation Satellite System, Version 2.2; China Satellite Navigation Office(2013), The BDS Service Area(partial enlarged detail), BeiDou Navigation Satellite System Open Service Performance Standard version 1.0, BDS-OS-PS-1.0.

3) 항법시스템 구성 및 구축 현황

BeiDou 위성항법시스템 구성은 우주 부문, 통제 부문, 사용자 3요소로 구성되어 되어있으며 〈그림 12.1〉과 같다.

우주 부문은 5개의 정지궤도 위성과 30개의 궤도 위성으로 구성된다. 궤도위성군은 27개의 중궤도 위성과 3개의 IGSO 위성으로 구성되며 〈그림 12.2〉와 같다. 지상국은 주 제어국(MCS: Master Control Station), 시간동기/업로딩국(TS/US: Time Synchronization/Upload Station), 감시국(MS: Monitor Station)으로 구성된다.

MCS의 주 업무는 각 감시국을 통해 관측된 데이터를 모으고 처리 분석하여 위성항법메시지를 만들어 업로드하는 것이다. 시각동기 및 업로딩국의 주업무는 MCS와 공동 작업 아래 항법메시지를 업로드하고 MCS와 데이터를 교환하여 시간을 동기화시키고 측정한다. 마지막으로 MS의 주 업무는 항법위성을 계속해서 추적, 감시하는 것이며 항법신호를 받아 관측된 데이터를 MCS에 제공하는 것이다.

중국이 독자적인 글로벌위성항법시스템 구축을 위해 2000년 10월 31일 첫 번째 항법위성 BeiDou-1A를 발사한 이후 2007년 2월까지 4개의 BeiDou-1 항법

〈그림 12.1〉 BeiDou 시스템 구성

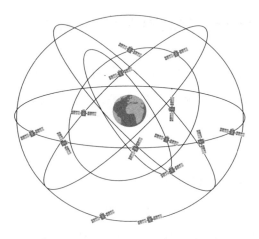

〈그림 12.2〉 BeiDou 위성궤도

위성을 발사하며 본격적인 위성항법 개발 및 운용 서비스를 준비했다. 이어서 2007년 4월 첫번째 BeiDou-2 항법위성 Compass-M1을 궤도에 올린 후 2012년 12월을 기하여 전격적으로 전 세계에 중국의 독자적인 위성항법 개발 선언과 함께 부분적 항법 서비스를 시작했다.[3]

BeiDou 위성항법 시스템의 사용현황을 보면, 2012년 BeiDou-2 System의 지역적 서비스 개시 이후 중국은 물론 아시아 지역을 중심으로 주변국들의 Bei-Dou 위성항법 시스템의 사용이 증가되고 있다. 중국 내에서는 이미 BeiDou 위성항법을 주 위치기반시스템으로 하는 스마트폰이 출시되었고 교통관제, 기상 및 재난예측 등 다양한 분야에서 활용되고 있다. 또한, 중국의 공식적인 위성항법 첫 사용국인 태국에서는 범정부 차원의 지원 아래 BeiDou의 교통정보 시스템 등에 사용되고 있다. 이 외에 파키스탄을 비롯한 아시아지역에서 BeiDou 위성항법시스템 사용이 늘어나고 있다. 현재 2022년 기준 BeiDou 위성항법 시스템은 완성된 상태다.

---

3 Wikipedia(2013), BeiDou Navigation Satellite System; Spaceflight Now News, Chinese navigatin system enters new phase with successful launch, 2015.3.30. Available: http://www.spaceflight.com.

4) BeiDou 위성항법시스템 정책 및 기술 특성

1995년 미국의 GPS, 1996년 러시아의 GLONASS에 이어 위성항법 서비스를 제공하고 있는 BeiDou의 빠른 진화와 파급효과를 뒷받침하는 정책 및 기술특성은 다음과 같다.

첫째, 1970년대 중반부터 장기간의 연구 및 개발과정을 거쳐 완성된 미국과 러시아 위성항법 기술의 세계적인 확산에 따른 중국 과학기술의 빠른 적응능력과 경제성장 정부 차원의 정책적 후원을 들 수 있다.[4]

둘째, Beidou 항법시스템의 대표적인 기술적 특징으로 위성항법 개발 역사상 GPS에서 처음으로 채택한 CDMA(Code Division Multiple Access) 통신기법을 채택한 점이다. 이와 같이 첨단 항법기술을 자국의 위성항법시스템 개발에 접목시킴으로써 미래에 다른 글로벌위성항법시스템과의 신호 호환성 가능성이 높다.

셋째, 위성항법 위치결정 원리의 가장 핵심인 위성과 수신기간의 거리측정 방식도 GPS에서 사용하고 있는 의사거리 측정방식을 채택하는 등 기존 위성항법 선진국의 기술력을 최대한 활용한 측면도 있다.

넷째, GPS 및 GLONASS 위성항법시스템이 모두 중궤도위성을 사용한 반면, Beidou 항법시스템은 중궤도와 정지위성을 혼용해서 사용함으로써 혼합 위성궤도의 기하학적 배열로부터 항법파라미터 성능 향상을 꾀하고 있다. 또한, 중국 정부기관에 의해 공개된 자체 실험을 통해 GPS 성능과 대등하거나 오히려 우수한 정밀도[5] 10m, 타이밍 50ns, 속도 정밀도

4　China Daily, China to invest big to support BeiDou System, 2013.5.18. Available: http://usa.chinadaily.com.

5　BBC Technology News, China's Beidou GPS-substitute opens to public in Asia, 2012.12.27. Available: http://www.bbc.co.uk/news/technology.

0.2m/s로 공개한 바 있으나 구체적인 실험 및 실측 환경이나 조건 등에 대하여는 알려진 바가 없다.

5) BeiDou 위성항법시스템의 주파수 특성

〈그림 12.3〉에서 보는 바와 같이 BeiDou 시스템의 주파수는 4개의 대역에 분포하고 있다. E1, E2, E5B, 그리고 E6이다. 4개의 주파수 대역 중 2개 E1, E2가 GALILEO 주파수 대역과 겹치고, GPS나 GLONASS 주파수에도 간섭을 야기 시킬 가능성이 있어 기존 국가들과 기술적으로나 외교적으로 문제점이 나타날 소지도 있다.

ITU 정책은 특정 주파수에 대하여 전파발사를 시작하는 첫 번째 국가가 주파수 사용우선권을 갖는다. 따라서 여타의 사용자가 그 주파수를 사용하려면 사전에 허가를 받아야 하거나 반드시 상호 간섭을 해결할 수 있음을 입증해야 한다. 따라서 중국은 유럽에서 개발하고 있는 위성항법 시스템과의 마찰을 피하고 주파수 사용 권한을 확보하기 위하여 실험용 항법위성 2기를 이용하여 광범위한 연구를 진행해왔다. 위성이 유럽의 GALILEO 위성보다 앞서 개시했기 때문에 중국에게 우선권이 있다고 할 수 있다.

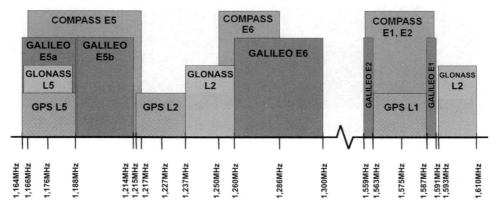

〈그림 12.3〉 글로벌위성항법시스템의 주파수 할당

6) 실측으로 확인된 BeiDou 위성항법시스템 특성

아래에서는 BeiDou 실험 및 실측자료를 토대[6]로 BeiDou 위성항법시스템 특성에 대하여 기술하기로 한다.

2015년 기준 실측 당시 우리나라에서 Beidou 항법위성은 정지위성 3개, 궤도위성 3~4개가 사용 가능했다. 정상 운영 중인 12개의 BeiDou 위성 중 사용 가능한 위성 수는 3차원 위치정보를 얻기 위한 최소 위성수인 4개 이상이다. 그럼에도 불구하고 〈그림12.4〉에서 보듯이 신호추적이 가능한 위성 중에는 C/N 비(Carrier-to-Noise Ratio)가 대부분 40dB-Hz 이하로 확인됨으로써 신호사용의 지속성에는 한계가 있음을 알 수 있다. 한편, 가용 항법위성 중 50%에 가까운 위성이 남서 방향에 치우쳐 있는 반면, 고각은 거의 45도를 기준하여 거의 대등하게 분포하고 있음을 알 수 있다. 이는 BeiDou 위성항법 서비스 운용 초기단계의 한계로서 시스템 완성 시기인 2020년 이후에는 개선될 것으로 전망된다. 〈그림 12.5〉에 위도,

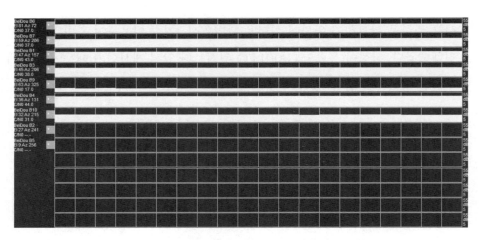

〈그림 12.4〉 측정에 이용된 BeiDou 위성과 C/N비 값

---

6   K.S. Ko, C.M. Choi(2015), "A Study on Navigation Signal Characteristics of China Beidou Satellite Navigation System," Journal of the Korea Institute of Information and Communication Engineering, Vol. 19, No. 8, pp. 1951-1958.

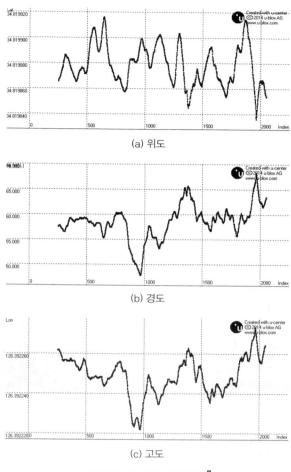

(a) 위도

(b) 경도

(c) 고도

〈그림 12.5〉 실측 데이터 값[7]

경도, 고도에 대한 실측 데이터를 도시했고, 〈그림 12.6〉에 2차원 수평위치에 대한 편차를 도시했다.

〈그림 12.6〉에서 보는 바와 같이 실험 및 실측 기간에 확인된 BeiDou 위성항법 시스템의 항법 정밀도는 5m 수준으로 양호하지만, 글로벌 서비스에는 못 미치고, 아직 위성신호 사용상의 지속성 및 위성 가용성 등에서 상당한 애로 사항이

7　K.S. Ko, C.M. Choi(2015), 위의 논문.

〈그림 12.6〉 측정된 위치정확도

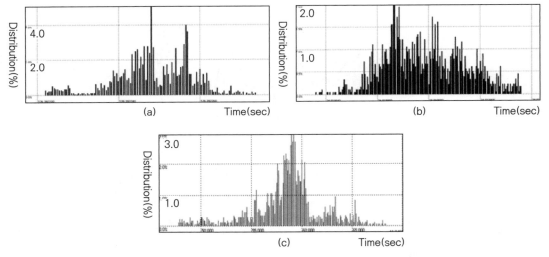

〈그림 12.7〉 측정 위치 분포도 (a) 위도, (b) 경도, (c) 고도[8]

있다. 〈그림 12.7〉에서 보는 바와 같이 신호사용이 가능한 기간 동안의 실시간 측정위치 분포가 정규분포에 근사한 것으로 나타나 향후 항법위성의 증가와 함

8　K.S. Ko, C.M. Choi(2015), 위의 논문.

께 BeiDou 위성항법시스템이 더욱 안정적인 항법정보를 제공하게 될 것으로 보인다.

7) Beidou 시스템 요약

중국의 BeiDou 위성항법시스템의 항법서비스가 이미 시작되었고, 국제해사기구에서 공식적인 항법시스템으로 승인한 바 있는 BeiDou 항법위성에 대한 특성에 대하여 요약하면 아래와 같다. 앞에서 설명한 바와 같이 여기서 설명한 내용들은 한반도 남해안에서 직접 실측을 하여 분석한 내용임을 밝힌다.

첫째, 정상 운영 중인 12개의 BeiDou 항법위성 중 실측구역인 한반도 서남지역에서 사용 가능한 위성 수는 정지위성 3개, 궤도위성 3~4개 등 대략 6~7개 정도였으며, 3차원 위치정보를 얻기 위한 최소 위성 수인 4개 이상임을 확인했다. 그럼에도 불구하고 가용위성이 일부 구역으로 편중되고 있고, 신호강도는 아직 안정적이지 못한 것으로 나타났다. 이러한 현상은 수년 내 극복이 가능할 것으로 예상된다.

둘째, 항법신호가 안정적인 경우, 실험 및 실측 기간에 확인된 시스템의 항법정밀도는 5m 수준으로 매우 양호하게 나타났다.

셋째, 실시간 측정 위치분포가 정규분포에 근사한 것으로 나타나 향후 항법위성의 증가와 함께 시스템이 더욱 안정적인 항법정보를 제공하게 될 것으로 전망된다.

넷째, 이미 중국과 아시아 일부 국가를 중심으로 BeiDou 위성항법 사용이 늘어나고 있는 가운데 정지위성 5개를 포함한 35개의 항법위성 배치가 완료되는 2020년 이후에는 GPS 중심의 현재의 글로벌위성항법 사용 개념이 크게 달라질 것으로 예상되는바, 보다 체계적이고 집중적인 기술적, 정책적인 연구가 요구된다.

〈표 12.1〉 BeiDou 항법시스템 위성운용 현황[9]

발사기간	발사위성			2022년 7월 기준 30기 이상의 항법위성 작동 중
	성공	실패	향후계획	
2000~2007	4	0		
2007~2012	16	0		
2015~	7	0	18	
계	27	0	18	

2. 러시아의 GLONASS

러시아의 위성항법시스템 GLONASS는 Global Navigation Satellite System 의 약어로 러시아 국방성에 의해 전 세계를 운용범위로 하는 측위시스템이다. GLONASS 개발은 1976년 소련연방 때 시작되어, 1996년 전면 운용이 선언되었음에도 불구하고 수년전 까지만 해도 세계 위성항법 사용자는 물론, 자국 내의 사용자에게까지도 외면당해왔다. 수년전 까지 GLONASS의 완전한 기능발휘를 위해 필요한 24개 위성보다도 훨씬 못 미치는 10여 개만이 정상적으로 작동되었기 때문이다. 이러한 GLONASS가 다시 주목을 받게 된 이유는 최근의 일로 러시아 정부가 강력한 위성항법 현대화 정책을 기반으로 부진했던 항법위성 배치를 서둘렀기 때문이다. 현재는 24기의 위성이 복원되어 운용 중에 있으며 3개의 궤도면에 8기의 위성이 각각 배치되어 있다. GPS와 비슷한 정확도를 갖으며, 삼각측량법으로 4기 위성의 신호로 위치를 계산한다는 원리는 같으나, 궤도면수, 위성신

9　Beidou 홈페이지 참고, 재구성.

호 구별 방법, 반송파 주파수, 표준시간계, 좌표계, 궤도 표현방식이 다르다.

GLONASS는 GPS와 같이 지구중심 고정좌표계를 사용하여 위성 자신과 사용자의 위치를 파악하며, GLONASS가 사용하는 좌표계는 PZ-90으로서 GPS의 WGS-84 좌표계와는 차이가 있다. GPS에서 사용하는 좌표계는 미국을 중심으로 정확도가 높으며, GLONASS의 PZ-90 좌표계는 러시아를 중심으로 구소련연방과 동유럽 그리고 아시아 지역에서 비교적 정확도가 높다. 지구상의 임의의 한 점이 두 좌표계의 차이로 인해 생기는 약간의 오차가 있으나 두 좌표계 사이의 좌표변환을 통해 해결할 수 있다.

3. 유럽연합의 GALILEO[10]

1) 개요 및 현황

GALILEO는 EU와 ESA가 공동으로 추진하여 개발하는 민간용 세계 항법위성 시스템으로서 유럽이 미국 혹은 러시아의 위성시스템 의존으로부터 벗어나 '정보독립'을 확보하기 위하여 추진하고 있는 시스템으로서 수년 내에 전면 운용이 예상된다.

GALILEO 시스템이 갖는 의의는 여러 가지가 있지만, 국제 정치적 측면으로는 미국으로부터의 위성항법 신호 종속 탈피, 기술적으로는 위성항법 기술이 선진국을 주축으로 평준화되어 가고 있다는 데 큰 의미가 있다. GALILEO 탄생과정 중에 나타난 미국과 유럽 국가들의 요구와 상호 견제에서 잘 나타난 바 있다.

---

10 GALILEO Website. Available: http://www.ec.europa.eu/galileo; EU 차세대 갈릴레오 프로젝트 참여방안 연구/ 국회도서관; 최창묵·고광섭(2017), 2017 한국정보통신학회 추계 학술대회, 21권 1호, 동의대학교.

2000년 5월 중에 GALILEO 주파수를 할당받기로 되어 있던 WRC-2000회의 개최 며칠 전이던 5월 1일 자정을 기해 클린턴 대통령의 지시로 미 국방성이 전격적으로 SA 해제를 한 것은 대표적인 예이다.

GALILEO 시스템의 기술적 특징 중 하나는 E5A-E5B(1,164~1,215MHz), E6(1,260~1,300MHz), E2-L1-E1(1,550~1,591MHz) 등 사용 주파수가 많아 다양한 서비스를 제공할 수 있다는 점과 통신기법으로 CDMA 방식을 채택하여 다른 위성항법 방식과의 상호 운용성을 높일 수 있는 점이다. 이러한 특성을 살려 시스템이 완성되고 FOC(Full Operation Capability)가 선언되면 GALILEO 시스템이 제공하는 실시간 위치정밀도는 5~10m 수준으로 예상하고 있다.

GALILEO 시스템은 2009년 가을 유럽연합의 GIOVE-A 발사 이래 2013년까지 16기의 위성 발사계획 및 2013~2015년쯤 30기의 위성을 모두 궤도에 올리는 계획이 정상적으로 진행되지 못했다. 2022년 7월 기준 20여 기의 항법위성이 작동 중이다.

2) 서비스 계획

유럽 GALILEO 위성항법 시스템은 민간용 서비스를 제공하여 누구나 신호수신기만 있으면 서비스를 무료로 이용 가능하나 보다 높은 정밀도의 정보를 제공받기 위해서는 유료 서비스를 사용해야 한다. GALILEO 서비스는 크게 총 5가지로 분류되며 〈표 12.2〉와 같다.

〈표 12.2〉 GALILEO 서비스의 분류

OS(Open Service)	
SoL(Safety of Life)	[Canceled]
CS(Commercial Service)	
PRS(Public Regulated Service)	
SAR(Support to search and Rescue service)	

OAS(개방접근서비스)와 CAS(통제접근서비스)는 둘 다 좋은 정밀도와 함께 세계적 적용범위를 갖는다. OAS는 매우 낮은 비용의 수신기 사용을 통한 대중 시장용 서비스이며, GPS와 직접적 경쟁에 있다. 공개신호는 GPS처럼 누구나 무료로 수신할 수 있고,[11] 두 종류의 서로 다른 주파수를 수신해 4m 이내의 오차범위까지 위치 확인이 가능하다. 반면 CAS는 통제된 접근과 유료이용자를 위한 상업적 서비스이다. 상용 신호는 신호가 암호화된 상태로 제공되고 1m 이내의 정확도를 자랑하며, 개방된 두 종류의 주파수에 덧붙여서 1,260~1,300MHz 대역의 전용 주파수 신호를 하나 더 수신할 수 있다. 추가로 긴급 구조신호는 암호화되어 있고 방해 전파에 잘 견디며 정확도는 공개신호와 비슷한 수준이지만 안정성과 신뢰도가 높다.

3) 한반도에서의 GALILEO 실측실험 결과

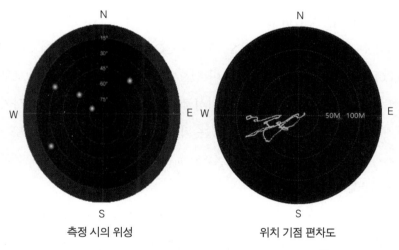

측정 시의 위성   위치 기점 편차도

〈그림 12.8〉 한반도 남해안에서의 GALILEO 실측 결과[12]

---

11   GALILEO Website. Available: http://www.ec.europa.eu/ galileo.

12   고광섭(2017), GALILEO 측정실험, 연구노트, 9월.

1~2년 내에 정상적인 운용이 예상되는 가운데 한반도에서의 GALILEO 시스템에 대한 실측 실험은 흥미로운 일이다. 〈그림 12.8〉은 한반도 남해안 지역에서의 GALILEO 수신기로 실측한 결과의 일부다. 아직은 GPS나 다른 정상운용 GNSS시스템 보다는 가시위성이 적고 정밀도도 아직은 미흡함을 알 수 있다.

4. 일본의 QZSS와 GPS 통합위성항법

1) 개요

앞에서 서술하는 바와 같이 전 세계적 위성항법시스템인 GNSS는 항법위성으로부터 발사되는 항법정보로부터 독자적으로 위치정보를 산출하는 방식으로 미국의 GPS, 러시아의 GLONASS, 중국의 COMPASS, 개발 중에 있는 EU의 GALILEO 등의 독립위성항법시스템이 있으며, 독립위성항법시스템으로부터 수신된 항법정보와 별도의 지상국 또는 위성국에서 계산된 항법위성의 의사거리 보정치를 이용하여 위치정밀도를 개선하는 위성항법보정시스템인 DGNSS (Differential GNSS), 지역위성합법시스템인 QZSS(Quasi-Zenith Satellite System)와 같은 종속위성항법시스템이 있다.

현재 운용 중인 독립위성항법시스템은 GPS, GLONASS 및 Beidou/COMPASS로 항법위성 100여 개에서 항법정보 신호를 발사하고 있다. 또한 위성을 이용한 DGNSS 계열로 SBAS(Space Based Argumentation System) 위성을 포함하면 이보다도 많은 항법위성이 지구 상공에 배치되어 항법서비스를 하고 있다.

이와 같은 최근의 전 세계 위성항법의 발전 가운데 눈에 띄는 변화는 무엇보다도 앞에서 설명한 중국의 독자적인 위성항법시스템 Beidou/COMPASS의 운용과 일본의 지역위성항법시스템 QZSS의 서비스 시작이라 할 수 있다.

QZSS는 2010년 9월 최초의 QZSS 위성 Michibiki 1호가 발사되어 2011년부터 정상적으로 운용되고 있고, 수년 내로 최종 7개의 위성이 운용될 것으로 알려져 있다. QZSS의 서비스 범위는 일본을 중심으로 아시아-태평양 지역까지 이른다. 따라서 기존의 GPS 사용자는 GPS와 QZSS 위성 상호 간에 상호운용성과 호환성이 가능하여 GPS와 QZSS 통합위성항법 사용이 가능하게 되었다.

우리나라는 아직 독자적으로 항법위성을 이용한 GNSS 시스템이 없고, SBAS 위성이나 지역항법위성이 없는 입장에서 특별한 제한 없이 주변국 위성항법시스템을 사용할 수 있음을 주목할 필요가 있다.

이 장에서는 현재 정상 작동 중인 QZSS 위성과 기존의 GPS 위성을 통합 사용함으로써 한반도에서의 GPS와 QZSS 통합사용에 대한 성능에 중점을 두고 설명하기로 한다.

2) QZSS 시스템 구성 및 신호 특성

시스템 구성과 운용 특성

QZSS는 일본의 국가우주발전프로그램의 일환으로 추진되는 지역위성항법시스템으로서 일본 정부에 의해 2002년 시작되었다. 초기의 계획은 Mitsubishi Electric Corp., Hitachi Ltd. 및 GNSS Technologies Inc. 등이 포함된 ASBC(the Advanced Space Business Corporation)에 의해 추진되었으나, 2007년에 창설된 새로운 조직인 JAXA(Japan Aerospace Exploration Agency)로 그 업무가 이관되어 추진되고 있다.

QZSS는 〈그림 12.9〉와 같이 우주 부문, 지상국 부문, 사용자 부문으로 구성된다.

QZSS의 우주 부문을 구성하고 있는 준천정위성(QZS: Quasi-Zenith Satellite)은 준천정궤도(QZO: Quasi-Zenith Orbit)와 정지궤도(GEO: Geostationary Orbit)에 배치된 위성 모두를 포함하고 있다. 기본적으로 QZSS 위성은 3개의 준천정위성과 1개의

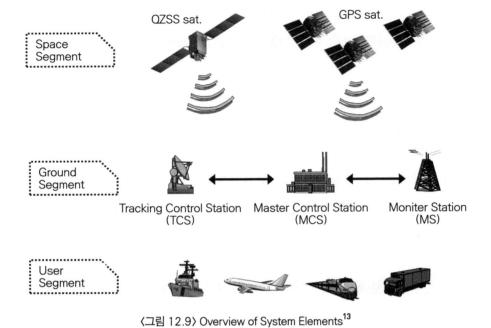

〈그림 12.9〉 Overview of System Elements[13]

정지궤도 위성, 총 4개의 위성으로 구성될 예정이며, 이후 3개의 정지궤도 위성이 추가되어 총 7개의 위성으로 운용 예정이다.

준천정궤도의 3개 위성은 〈그림 12.10〉 (a)와 같이 일정주기를 갖는 초고도의 타원궤도로서 장반경 42,164km, 궤도경사각 39~47도, 이심율 0.06~ 0.09이며 최소한 3개의 위성 중 1개는 일본 열도 부근 천정에서 항상 서비스를 할 수 있도록 배치되어 있다.[14]

QZSS는 원지점에서는 위성의 궤도속도가 느려지게 되며, 일본 열도 상공에서의 위성 체공시간이 길어서 동경 인근 및 일본의 주요 도심에서 한 개의 위성이

---

13 JAXA. QZSS Project Team.,(2009) "Current Status of Quasi-Zenith Satellite System," #4 International Committee on GNSS, Saint-Petersburg, Russian Federation, 2009. Available: http://www.unoosa.org/pdf/icg/2009/icg-4/05-1.pdf; Koji Terada(JAXA)(2011), "Current Status of Quasi-Zenith Satellite System(QZSS)," the Munich Navigation Congress.

14 K.S. Ko, C.M. Choi(2016), "Performance Analysis of Integrated GNSS with and QZSS," Journal of the Korea Institute of Information and Communication Engineering, Vol. 20, No. 5, pp. 1031-1039.

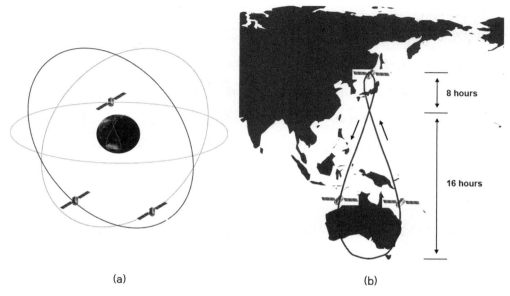

(a)

(b)

〈그림 12.10〉 (a) Orbits, (b) Ground Track of QZSS[15]

고각 70도에서 약 8시간, 50도에서 12시간, 20도에서 16시간 준천정위성을 관측할 수 있도록 설계되어 있다. 따라서 〈그림 12.10〉 (b)에서 보는 바와 같이 3개의 위성이 정상적으로 운용될 경우 최소 한 개의 위성이 고각 70도 이상에서 24시간 관측 가능하게 되어 하루 24시간 관측이 가능함을 의미한다.

지상국 부문은 주 제어국(MCS: Master Control Station), 추적제어국(TCS: Tracking Control Station), 감시국(MS: Monitor Station) 및 레이저거리 측정국(SLR site: Satellite Laser Ranging site)으로 구성되었다. 감시국망은 동아시아와 동아시아권 해양을 영역권으로 하고 있으며, 일본 내의 감시국은 Okinawa, Sarobetsu, Koganei, Ogasawara, 해외 감시국은 Bangalore(India), Guam, Canberra(Australia), Bangkok(Thailand) and Hawaii(USA) 등에 두고 있다. 또 주 제어국에서는 오키나와에 있는 추적제어국을 통해 항법메시지를 QZSS 위성으로 송신한다.

QZSS의 서비스 운용특성 중 독립적인 전 세계 위성항법시스템 GNSS와 근

---

15 JAXA. QZSS Project Team.,(2009), Koji Terada(JAXA)(2011), 앞의 자료.

본적으로 다른 점 중 하나는 독자적으로 위치결정을 할 수 없다는 점이다. QZSS 위성을 이용하면 GDOP(Geometric Dilution Of Precision)가 향상되어 항법해의 정확도 및 가시성을 향상시킬 수는 있으나, 신호서비스 범위가 아시아 태평양지역으로 서비스가 제한되고, 미래에 일본의 정지궤도 위성 등과 연계하면 지역항법시스템으로 독자적인 항법시스템으로 운용할 수 있을 것으로 예상은 되지만, 현재로서는 독자적으로 3차원 위치정보를 얻을 수 없는 GPS와 상호보완적인 위성항법시스템이다.

QZSS 시스템의 신호와 서비스 특성

QZSS 시스템의 신호는 〈표 12.3〉과 같이 L1-C/A, L1C, L2C, L5, L1-SAIF, LEX로 구분[16]할 수 있는데 대부분 기존의 GPS 신호와의 상호운용성을 목적으로 하고 있다. 반면에 L1-SAIF의 경우는 단일 GPS 측위 시스템에 대한 보강체계인 GPS-SBAS와의 상호운용성을 고려하고, LEX의 경우는 cm 수준의 초정밀 서비스 제공을 목적으로 하고 있으며, 향후 Galileo E6 신호와의 상호운용성 및 호환성을 고려하고 있다. 위의 신호들 중 L1-C/A, L2C, L5와 L1C는 무료제공을, L1-SAIF and LEX의 경우는 사용자의 부담을 기본으로 할 예정이다. 또 수신기의 최소 수신강도는 L1C의 경우 -158.25~-163.0 dBw, L1-C/A의 경우 -158.5dBw 수준이다.

앞에서 언급한 위성궤도와 서비스 신호강도 등을 고려한 서비스 영역의 경우 일본의 우주개발공식기구인 JAXA의 QZSS 연구팀이 공지한 바와 같이 아시아의 넓은 지역을 포함하고 있다. 고각 40도 이상으로 제한하여도 동아시아, 중국 및 호주까지 포함되며, 특히 고각 60도 이상의 경우도 남중국해를 포함한 아태지역 주요해역을 포함하고 있다. 70도 이상의 준 천정 수준의 위성 서비스의 경우 일본

---

16 China Daily, China to invest big to support BeiDou System, 2013.5.18. Available: http://usa.chinadaily.com.

열도는 물론 한반도 영역까지 미치고 있어 향후 우리나라에서 QZSS에 주목할 필요가 있다.

〈표 12.3〉 General Specifications of QZSS Signals

Signal	Frequency	Spreading Freq
L1-C/A		$0.1 \times f_0$
L1C	1,575.42MHz	$0.1 \times f_0$
L1-SAIF		
L2C	1,227.60MHz	$0.1 \times f_0$
L5	1,176.45MHz	$1 \times f_0$
LEX	1,278.75MHz	$0.5 \times f_0$

3) GPS와 QZSS 상호운용 및 3차원 위치결정 이론

GPS와 QZSS 상호운용

서로 다른 GNSS를 통합 사용하기 위해서는 우선적으로 상호운용성 및 호환성이 전제되어야 한다. 특히 항법위성에서 발사하는 신호구조, 주파수, 코드확산 방식 및 항법데이터(메시지) 포맷은 물론 좌표체계 등 다양한 분야에서 기술적 연구가 필요하다.

QZSS와 GPS의 경우도 2002년 GPS와 QZSS 간 신호의 상호운용 및 호환에 대한 기술실무위원회 발족 이래 2006년 1월 미국-일본 간 상호협정에 따라 GPS 위성과 QZSS 위성의 완전한 상호 운용 및 호환이 가능하도록 시스템이 설계되었다.

QZSS-Galileo(일본의 JAXA-EU 간 지속적인 협의)의 경우도 L5-E5a, LEX-E6, L1C-E1의 스펙트럼이 같거나 거의 같아서 RF신호 호환 가능성이 매우 높다. 또 중국의 COMPASS와의 호환성은 물론 인도의 IRNSS(Indian Regional Navigation Satellite System), 러시아의 GLONASS와의 호환성 가능성도 충분히 예견된다.

QZSS는 일본 위성항법 측지계인 JGS(Japan satellite navigation Geodetic System)를 채택하고 있으며, 이는 GPS의 WGS-84와는 약 0.02m 정도의 차이가 있다. 또 QZSS 신호 사용을 위해 수신기를 제작하거나 응용을 위한 시스템구성, 신호구조 및 사양, 서비스 성능 특성 등이 포함된 인터페이스 자료는 누구에게나 무료로 JAXA의 웹사이트를 통해 얻을 수 있도록 공개하고 있다.

GPS와 QZSS의 3차원 위치결정 이론

QZSS 시스템의 핵심 이점은 첫째로 GPS와 연계한 사용위성의 가용성, 호환성 및 상호운용성을 향상시켜 도심지나 산악지역 등지에서 GPS를 비롯한 독자적인 GNSS 시스템을 보완하고, 둘째로 항법위성의 보정 데이터를 QZSS 위성을 통해 사용자에게 전송함으로써 DGNSS 기능을 수행토록 하는 것이다. 그럼에도 불구하고 현재까지 계획되거나 보고된 QZSS의 위성궤도와 운용위성 수 등을 고려할 때 독자적인 QZSS 위성만으로는 3차원 위치측정이 어렵다. 따라서 QZSS 항법위성의 신호인 L1, L2 등의 신호체계가 기존의 GPS 신호와 호환되도록 설계되었기 때문에 QZSS 위성을 이용한 위치결정은 위치결정 지점에서 수신이 가능한 GPS 위성과 더불어 3차원 위치결정이 가능하다.

〈그림 12.11〉과 같은 도심지 또는 장애물이 있는 곳에서는 그 위치의 상공에서 여러 개의 GNSS 위성에서 정상적으로 위성신호가 발사된다 하더라도 수신기 위치 주변의 장애물로 인하여 실제 추적 가능하고 위치결정에 사용할 수 있는 가용위성은 현저히 줄어든다. 특히 가용 GPS 위성이 3개 이하인 경우 3차원 위치측정은 불가능하다. 이 경우 높은 고각에서 신호서비스가 가능한 QZSS 위성이 1개 존재한다고 할 때 GPS와 QZSS 위성조합으로 최소한 4개의 위성관측이 가능하여 3차원 위치결정이 가능하다.

앞에서 설명한 바와 같이 QZSS 위성 단독으로는 위치결정이 되지 않아 GPS 위성과의 조합으로 확보된 4개 이상의 위성으로부터 위치결정을 해야만 한다.

이 경우 QZSS 위성신호는 반송파, PN코드 신호 및 항법메시지 신호 등이

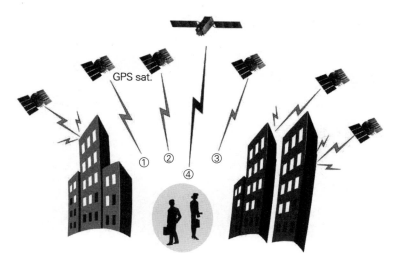

〈그림 12.11〉 Positioning Model of GPS & QZSS

GPS 위성과 호환이 가능하도록 설계되어 있기 때문에 범용의 GPS/GNSS 위치
결정원리를 적용할 수 있다. 따라서 식 (12.1) 및 (12.2)와 같이 GPS 위성항법 시
스템의 항법신호를 이용한 3차원 위치결정 원리(앞장 GPS 위치결정 원리식)를 준용할
수 있다. 여기서는 구체적인 식 전개는 생략한다. 항법위성 i의 위성좌표 (x_i, y_i, z_i)
중 GPS 위성은 WGS-84를, QZSS 위성은 JGS를 채택하고 있어서 각 좌표체계
간 약 0.02m 정도의 차이가 있으나 변환이 가능하여 실제로는 위치결정과정에서
문제는 없다.

$$\rho_i = \sqrt{(x_i - x_u)^2 + (y_i - y_u)^2 + (z_i - z_u)^2} + c\,t \quad \text{.................................} \ (12.1)$$

$$\hat{\rho_i} = \sqrt{(x_i - \hat{x_u})^2 + (y_i - \hat{y_u})^2 + (z_i - \hat{z_u})^2} + c\,t \quad \text{.......................................} \ (12.2)$$

단, ρ_i : 수신기 실제 위치에 대한 의사거리

$\hat{\rho_i}$: 추정근사위치에 대한 의사거리

(x_i, y_i, z_i) : i번 항법위성의 ECEF 좌표

(x_u, y_u, z_u) : 수신기의 ECEF 좌표

$(\hat{x_u}, \hat{y_u}, \hat{z_u})$: 수신기의 추정근사위치

$(\varDelta x, \varDelta y, \varDelta z)$: 위치 보정치

$x_u = \hat{x_u} + \varDelta x$

$y_u = \hat{y_u} + \varDelta y$

$z_u = \hat{z_u} + \varDelta z$

c: 전파의 속도

t: 수신기 시계오차

4) 실험 및 결과 분석

실험환경 및 방법

이상적인 QZSS 시스템은 동아시아, 호주 및 인근 지역을 서비스 범위로 하고, 일본 열도 및 한반도 지역에서의 위성고각이 높을 뿐 아니라 24시간 서비스가 가능하도록 설계되었지만, 현재는 QZS-1 한 개만 운용되고 있는 관계로 일본지역은 물론 한반도 지역에서의 1일 QZSS 신호는 8시간 정도로 제한적으로 사용할 수밖에 없다. 따라서 신호수신이 가능한 시간을 선택하여 한반도 서남해역에서 실험한 결과를 토대로 서술하기로 한다.

실험결과 및 분석

GPS 단독 실험에 이어 실시한 GPS & QZSS 실험결과에 대한 주요 내용은 다음과 같다. 우선 실험 장치에서 QZSS 신호를 통제하고 GPS 위성신호 수신만 가능토록 하여 GPS 단독실험을 했다. 실시간 데이터 수집 시 사용 가능한 위성은 G5, G13, G6, G7, G9, G25, G29 등 총 7개였으며, QZSS 위성신호 수신 통제를 해제하고 GPS와 QZSS 통합위성항법 실험 시 사용된 위성은 G5, G13, G6, G7, G9, G29 등의 GPS 위성과 QZSS 위성 QZS-1이 사용되었다.

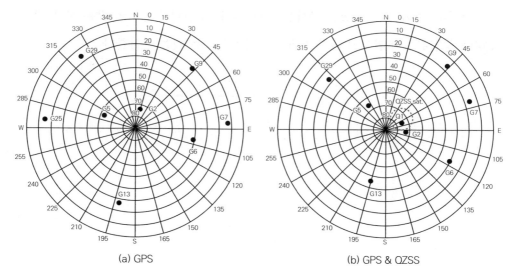

(a) GPS   (b) GPS & QZSS

〈그림 12.12〉 Sky View of used Satellites for Experimental Test[17]

〈그림 12.12〉에 GPS 단독 실험과 GPS와 QZSS 통합항법 실험 시 사용된 위성 위치를 나타냈다. 〈그림 12.12〉 (a)에서 보는 바와 같이 위성신호 수신 상태가 정상적으로 이루어지는 경우 사용 가능한 위성이 충분하여 정상적으로 3차원 위치결정이 가능하다.

그럼에도 불구하고 GPS와 QZSS 조합의 경우 〈그림 12.12〉 (b)에서 보는 바와 같이 위치결정에 사용 가능한 GPS 위성은 G5, G13, G6, G7, G9, G29이지만 고각 45도 이상으로 제한할 경우 사용 가능한 GPS 위성은 오직 G2, G5 및 G13 위성 3개로 최소한 4개의 위성이 필요한 3차원 위치결정을 할 수 없음을 알 수 있다.

〈그림 12.13〉에 GPS 위성 G2, G5 및 G13 위성에 대한 시간에 따른 고각 변동의 결과를 도시했다. 한편, QZS-1(Q1)은 수신지역 기준 고각 77도, 방위 60도 부근에서 정상적으로 항법정보를 송신하고 있기 때문에 가시성이 제한되는 상황에서도 GPS 정보와 더불어 정상적으로 수신기에서의 위치결정을 가능하게 함을

17   K.S. Ko, C.M. Choi(2016), 앞의 논문.

알 수 있다. 이와 같은 사실은 가시성이 제한되는 도심이나 산악이 많은 지역에서 QZSS 항법위성의 활용에 대한 기대치가 매우 높다는 것을 시사한다.

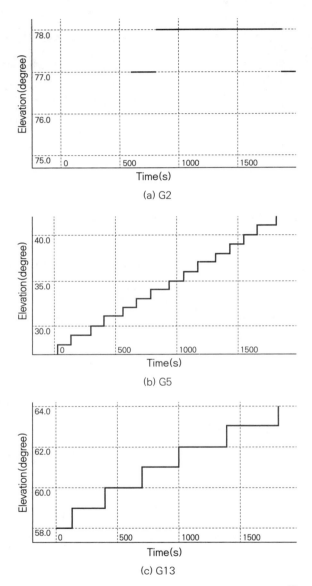

(a) G2

(b) G5

(c) G13

〈그림 12.13〉 Time Variation of Elevation by (a), (b), (c)[18]

---

18   K.S. Ko, C.M. Choi(2016), 앞의 논문.

〈그림 12.14, 15〉에는 GPS 단독 수신 실험결과 및 GPS와 QZSS 통합신호 수신 결과를 도시했으며, 〈표 12.16〉에 실험으로 얻은 통계 값을 기록했다. GPS의 경우 DOP의 평균치는 1.0~1.5, GPS와 QZSS 통합 시 0.9~1.4로 나타나 단독 경우보다 개선되었음을 알 수 있다. DOP 크기에 영향을 받는 위치정밀도는 2차원 평면위치 및 고도의 정확도도 모두 개선되었음을 알 수 있다. 실험결과에서 보듯이 GPS와 QZSS 통합 시 전반적으로 모든 위치정확도 파라미터가 개선되었음을 확인할 수 있다.

위성항법시스템의 위치정확도는 위성의 궤도오차, 전리층 및 대류권의 전파오차, 다중경로 오차, 위성과 수신기 시계오차, 위성의 기하학적 배치 등에 영향을 받을 뿐 아니라 데이터 측정 시간차로 인한 항법위성들의 위성궤도 변화에 따른 GDOP 영향 등에 영향을 받을 수 있다는 것을 상기할 필요가 있다.

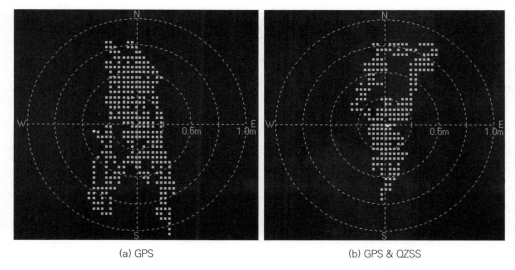

(a) GPS   (b) GPS & QZSS

〈그림 12.14〉 Result of Positioning Deviation by (a), (b)[19]

---

19 위의 논문.

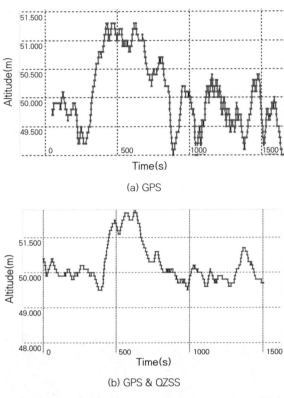

(a) GPS

(b) GPS & QZSS

〈그림 12.15〉 Time Variation of Altitude by (a), (b)[20]

〈표 12.4〉 Statistic Result of DOP and Positioning Accuracy[21]

Title	DOP average			Position deviation	
	HDOP	VDOP	PDOP	2-D(m)	Hight(m)
GPS	1.0	1.2	1.5	0.55	0.63
GPS &QZSS	0.9	1.1	1.4	0.49	0.58

---

20 위의 논문.

21 위의 논문.

5) QZSS 시스템 요약

현재 운용 중인 QZSS 항법위성과 기존의 GPS 위성을 통합하여 사용함으로써 한반도에서의 GPS와 QZSS 통합사용 성능에 대해 주요사항을 요약하면 아래와 같다.

첫째, 가시성이 제한된 지역에서의 GPS단독 항법정보로는 3차원 위치결정에 필수적인 4개의 위성 확보가 어려운 경우, 이를 극복하기 위한 방법으로 QZSS 항법위성을 사용함으로써 해결이 가능하다(이 경우에 수신위치가 QZSS 위성 가시권에 있어야 함).

둘째, GPS 단독 항법정보 이용과 GPS와 QZSS 통합정보 이용 시의 2차원 및 3차원 위치정확도는 개선되었으나 시간적으로 변하는 항법위성들의 위성궤도 변화에 따른 GDOP 영향 등에 영향을 받을 수 있기 때문에 다소 유동적일 수 있다.

셋째, 향후 QZSS 항법위성들의 완전 궤도 배치 시를 대비하여 한반도 지역에서의 통합적 위성항법 정보사용 극대화를 위한 노력이 필요하다.

제13장

DGPS와 DGNSS 시스템

1. DGPS와 DGNSS란 무엇인가?

GPS를 포함하여 GPS, GLONASS, GALILEO 및 Beidou/COMPASS 등의 GNSS 단독수신기를 이용한 위치측정은 각각의 항법시스템 항법위성과 사용자 수신기간의 의사거리로부터 측정된다. 반면에 DGPS/DGNSS란 GPS/GNSS 위성의 의사거리 보정치를 이용하여 정밀도를 향상하는 방식이다.

의사거리에는 위성시계 오차, 위성궤도 오차, 전리층 지연, 대류권 지연 등의 오차가 포함된다. 특히 이러한 거리오차는 임의의 위치에서 동일한 위성을 사용하는 경우(임의의 위치에 있는 사용자 간의 이격 거리에 따라 약간의 차이가 있다) 공통의 오차로 간주할 수 있다. 이러한 공통의 오차를 DGPS/DGNSS 기준국에서 계산하여 사용자에게 보내고, 사용자는 기준국에서 보낸 GPS/GNSS 위성들의 의사거리 보정치를 수신하여 사용자 수신기의 위치정밀도를 향상시키는 것을 말한다. 이때 사용자의 수신기에서는 반드시 기준국에서 사용된 항법위성과 동일한 위성을 사용해야 한다.

즉, DGPS는 이미 정확히 알고 있는 기준국 위치 정보와 위성으로부터 전달되어온 정보를 상호 비교하여 그 결과(오차 보정치)를 동일 위성으로부터 정보를 받는 사용자에게 통신망을 통해 전달함으로써 사용자가 기준국에서 파악된 오차만큼 보정할 수 있도록 하여 사용자가 정확한 위치정보를 제공받도록 하는 시스템이라 할 수 있다. 오차 보정치는 MSK(Minimum Shifting Keying) 기술에 의해 변조되고 RTCM(Radio Technical Commission for Maritime) 표준형으로 방송, 전파된다.

한편, 사용자의 GPS 수신기에서 받아들여지는 각종 정보는 특정한 형식을 가지고 있다. 여기에는 통상 두 가지 분류의 형태가 있다. GPS 수신기의 실시간 데이터 입력을 하는 경우와 이미 위치정보를 내장하고 있는 수신기의 경우, 즉 후처리(post-processing correction) 데이터를 가지고 운영되는 수신기의 경우가 있다. 전자의 경우 실시간 데이터(Real-time Differential data)를 이용하는 경우는 RTCM SC-

104SC-104 포맷을, 후자의 경우에는 RINEX(Receiver Independent Exchange)형이 적용된다. 또 보정정보를 어디서 보내느냐에 따라 GBAS와 SBAS로 구분할 수 있는데, 지상에 설치한 기준국에서 보정신호를 사용자에게 보내는 DGPS 시스템을 GBAS(Ground Based Augmentation System)라 하는데, GBAS에는 항법위성과 유사한 기능을 하는 의사위성(Pseudolite)으로부터 신호를 발사하는 시스템도 포함한다. 사용자에게 DGNSS 보정정보를 위성(정지위성)을 통해 보내주는 DGPS 방식을 SBAS(Satellite Based Augmentation System)라 부른다.

〈그림 13.1〉은 GBAS 형태의 DGPS 시스템을, 〈그림 13.2〉는 SBAS 형태의 시스템도를 나타낸다.

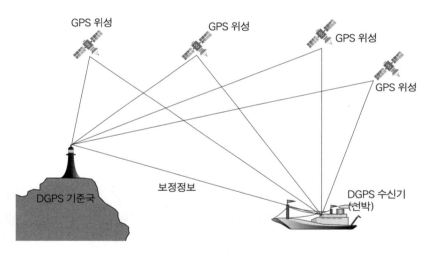

〈그림 13.1〉 GBAS형 DGPS 시스템

전자항법과 GPS: 전자 · 위성항법의 이론과 실무

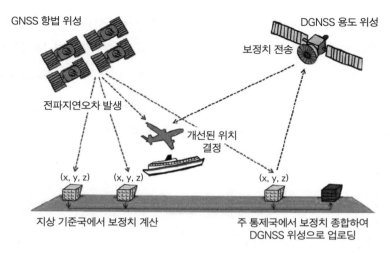

전파지연오차 발생

GNSS 항법 위성

DGNSS 용도 위성

보정치 전송

개선된 위치
결정

(x, y, z)　　(x, y, z)　　　　　(x, y, z)

지상 기준국에서 보정치 계산

주 통제국에서 보정치 종합하여
DGNSS 위성으로 업로딩

〈그림 13.2〉 SBAS형 DGNSS 시스템

2. DGNSS의 오차보정치 전송방법

DGNSS 오차보정치 데이터를 사용자에 전송하는 통신회선은 사용목적에 따라 다양한 방법이 채택된다. DGNSS 개발 이래 전화(휴대전화선 포함), 무선전용회선, 해양 및 항공용 비콘 방식을 비롯하여 FM방송, 통신위성이나 항해위성 등 다양한 방식이 사용되고 있으나 가장 광범위하게 사용되고 있는 방식은 과거의 해양 및 항공용 비콘방식, FM방송 및 위성(정지위성) 방식이다.

특히 불특정 다수를 위한 광범위한 서비스를 위해서는 공통규격이 필요한바, 미 해사무선기술협회의 RTCM SC-104(Radio Technical Commission for Marine Service Special Commission-104)의 표준안이 널리 이용되고 있다. RTK(Real Time Kinematic) 메시지를 포함한 표준버전이 완성되었으며, 해상뿐만 아니라 육상의 FM 다중 및 위성을 이용한 DGNSS 형태인 RTCA-WAAS(Radio Technical Commission for Avaition-Wide Area Augmentation System)및 RTCA-LADGPS(RTCA-Local Area Differential GPS) 등에도 폭넓게 이용되고 있다. 우리나라 및 주변국의 해상용 DGNSS(DGPS) 체계 역시 RTCM 데이터 포맷을 사용하고 있다. NTRIP(Network Transport of RTCM vis Internet Protocol)는 DGNSS 데이터를 RTCM 방식으로 인터넷 네트워크를 이용하여 사용자에게 실시간으로 전송할 수 있도록 한 것이다.

3. DGNSS의 기선거리

　정확한 정보를 전송해 주는 기준국과 사용자 간의 거리를 기선거리(Baseline Distance)라 한다. 기선거리는 동시에 동일 위성에서 동일한 데이터를 얻기 위해서 매우 중요한 요소가 된다. 거리가 멀어지면, 두 수신기가 서로 다른 위성정보를 받거나 두 지점 간에 전리층과 대기권 영향 등의 차이로 보정치의 정확도가 감소하게 된다. 따라서 거리측정 및 코드 디퍼렌셜의 경우 기선거리를 100~ 150해리 정도로 하는 것이 보통이다. 우리나라와 같이 해안 및 육상에 기준국을 둔 경우 대략 이 정도의 기선거리를 유효거리로 보면 무리가 없다. 하지만 SBAS의 경우 실제 기선거리가 더 길 수 있다.

　측량과 같은 반송파 측정방식의 경우에서는 절대위치 측정보다는 두 점 간의 상대 위치 정보가 필요하기 때문에 기선거리가 길 필요가 없다. 이 경우에는 근거리에 두 수신기를 두고 DGNSS와 유사한 방법으로 하여 정밀한 상대위치를 구할 수 있다. 이 경우도 기준 위치에 한 수신기를 놓아 기준국으로 하고, 두 수신기와 위성 사이의 공통적인 오차를 제거함으로써 두 수신기간의 상대적 위치를 매우 정확히 측정할 수 있다. 해양시추선 지질학 연구 등에 응용된다.

4. DGPS 보정 데이터 전송 RTCM 메시지 포맷

RTCM 메시지는 기준국에서 관측되고 있는 각 위성의 의사거리와 의사거리 변화율, 위성의 상태, 측정된 정확도, 기준국에서 사용된 자료의 "age"를 포함하며, 보조 자료를 함께 유지한다. 모든 RTCM 메시지는 30비트 워드로 이루어져 있고, 30비트 워드에는 24 데이터 비트와 6 오류 검출 비트로 이루어져 있다.

5. DGPS 시스템의 구성 방식

기본적으로 DGPS 시스템은 기준국, 인테그리티 모니터 장치, 데이터 전송 장치, 컨트롤 장치 및 통신 회선 등으로 구성되나, 사용목적이나 사용 환경 등에 따라 몇 가지 기능을 통합하여 구축하는 경우가 있다. 또 시스템 구성방법에 따라 몇몇 장치를 동일 장소 또는 분리시키는 경우도 있다.

1) 독립형

독립형 방식은 보정송신국 내에 기준국 장치 및 인테그리티 모니터 장치를 설치하고 보정기능 장치를 연결하여 완전한 단일 시스템으로 구성하는 방식이다. 인테그리티 모니터는 생성된 보정 데이터 및 송신 파라미터 등이 허용치 내에 있는지를 감시하는 기능이나 인테그리티 모니터 장치용의 GPS 수신기는 RAIM(Receiver Autonomous Integrity Monitor: 단독 GPS 수신기의 항법해로부터 인테그리티를 추정하는 방식) 기능을 갖춘 장치도 이용할 수 있다. 자립형은 통신회선이 없는 경우가 많다.

2) RTCM형

RTCM에서 제안하고 있는 해상용 DGPS 시스템 구성의 표준 모델이다. 이 표준 구성에서는 기준 장치와 인테그리티 모니터 장치를 즉, RSIM(기준 장치와 인테 그리티 모니터 장치: Reference Station Integrity Monitor)를 보정 송신국에 두고, RSIM과 보정 송신국이 밀접하게 결합하여 하나의 DGPS 서비스를 제공한다. USCG의 DGPS 항법 서비스의 표준 모델도 이와 비슷한 구성으로 되어있다. USCG의 표준 모델에서는 기준 장치, 인테그리티 모니터 장치 및 데이터 전송 장치의 각 기능 유니트는 동일 장치에 설치되어 있으나 어느 정도 독립적이다. 안전성을 증가시키기 위하여 기준국장치(GPS 수신기, 중파 비콘용 MSK 변조기)는 2대(현용, 예비)의 구성으로서 인테그리티 모니터 장치(GPS 수신기, 중파비콘용 MSK 수신기)도 기준장치에 대응하여 2대(현용, 예비)의 구성이다. 또한 데이터 송신 장치인 중파 비콘 송신기도 2대(현용, 예비)를 갖고 있다. 보정 데이터의 생성은 기준국 장치에서 행하고 인테그리티는 자국의 인테그리티 모니터 장치로부터 기준국 장치에 직접 피드백 되도록 되어있어 자율성이 높다.

6. DGNSS 위치결정 절차

DGPS/DGNSS 체계에서도 GPS/GNSS와 마찬가지로 기본적으로 의사거리를 이용하여 위치결정을 한다. 또, 관측 가능한 위성들 중 DOP(HDOP, PDOP, VDOP 및 GDOP 등)를 계산하여 최적의 위성조합을 선택하여 위치결정을 하는 점도 GNSS와 같다. 위치결정 기본원리는 앞에서 설명한 바 있는 GNSS 위치결정 원리와 유사하다. 다만, DGNSS 수신기에서 사용되는 의사거리는 공통오차를 제

전자항법과 GPS: 전자·위성항법의 이론과 실무

거한 개선된 의사거리를 사용해야 한다. 즉, 기준국으로부터 기선거리만큼 떨어진 사용자의 수신기에서는 반드시 위성과 사용자 간의 의사거리를 새롭게 계산해야 한다. 이를 위해서는 사용자의 수신기에서 측정한 의사거리와 기준국에서 보낸 위성 각각의 오차보정치(의사거리 보정치)를 이용하여 새롭게 개선된 의사거리를 계산해야 한다. 이렇게 구해진 개선된 의사거리를 이용하여 앞에서 서술한 GPS/GNSS 위치결정 원리의 식을 적용하여 위치결정을 한다.

이때 사용자 측에서는 기준국에서 보내온 위성들의 오차 보정치 중 사용자 위치에서 수신 가능한 동일 위성에만 적용해야 한다. 통상적으로 DGNSS의 유효거리는 시스템 설계 시 기선거리에 따라 다소 달라질 수 있으며, 기선거리가 멀어지면 동시에 관측 가능한 위성이 줄어들 수 있고, 정밀도 개선도 다소 차이가 날 수 있음을 사용자는 숙지하고 있어야 한다. 아래 표는 대표적인 DGNSS 위치결정 단계를 보여주고 있다. 위치결정 원리에 대해서는 뒤에서 MSAS 설명 시 서술

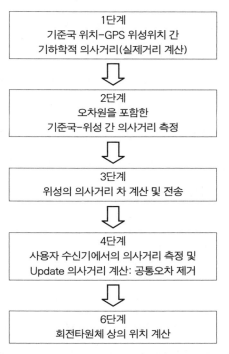

〈그림 13.3〉 DGPS/ DGNSS 위치결정 단계

하기로 한다.

7. 전 세계 주요 DGPS/DGNSS 시스템

1) DGPS/DGNSS 현황

SBAS형 DGPS는 우주공간의 정지위성을 이용하는 반면 GBAS형 DGPS는 지상의 고정송신국을 이용한다. SBAS형 DGPS는 미국의 WAAS, 유럽의 EG-NOS(European Geostationary Navigation Overlay Service), 일본의 MSAS(Multifunctional Sallite Augmentation System), 인도의 GAGAN 등이 있다. 대부분의 SBAS는 항공용을 주 목적으로 개발되었으나 수신장치만 육·해·공 어느 곳에서나 사용이 가능하다. GBAS형 DGPS는 공항이나 항만 또는 특정 작업구역에 의사위성을 이용하여 시스템을 구축하여 사용한다. 서비스 범위가 좁고 사용자가 기준국 일정거리 이내로 접근하면 우주공간으로부터 수신되는 GPS 위성신호의 수신에 장애가 발생될 위험도 있음을 주지할 필요가 있다. 대표적인 GBAS형 DGPS인 LAAS는 LDG-PS(Local DGPS) 특성을 갖는 시스템으로서 DGPS 기본원리와 시스템 구성이 유사하여 공항 단위로 설치 가능하다.

미국의 경우 WASS 시스템으로 지원할 수 없는 CAT II와 CAT III 서비스 지원 및 서비스 범위에 포함되지 않는 미국 관할 공항 등지에 정밀 항공기 이착륙 시스템을 지원하기 위하여 추진되었다. LAAS는 악천후에서 CAT I~II 정밀도 지원뿐 아니라 항공기 충돌방지, 공항에서의 항법 및 감시와 같은 지상운용도 지원한다. 미국의 경우 140여 개 공항에서 LAAS 시설을 운용한다.

대표적인 해상용 SBAS형 DGPS라 할 수 있는 USCG-DGPS는 RTCM SC-

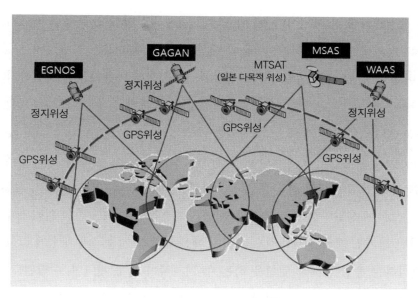

〈그림 13.4〉 전 세계의 SBAS형 DGPS

104에 의해 개발된 283.5~325kHz의 중파 비콘 DGPS로서 해상은 물론 육상 NDGPS용으로 사용된다. 우리나라의 DGPS 국가망은 해양수산부에서 관리하고 있으며, 전형적인 USCG형으로 해상 및 육상에서 사용이 가능하다.

아래 그림은 전 세계 SBAS형 DGPS의 서비스 영역과 시스템 구성을 나타내고 있다. SBAS용으로 사용되는 정지위성은 Inmarsat 위성이 많지만, 유럽에서는 Inmarsat는 물론 Artemis 위성을 함께 사용하고, MSAS는 기상위성 히마와리 6, 7호(MTSAT: Multi-functional Transport Satellite, 운수다목적위성)가 이용되고 있다. SBSA 및 GBAS DGNSS의 위치정확도는 수십~수 m로서 측량용으로는 적합하지 않으나 GIS 용도로는 충분하다.

2) WAAS

WASS는 미국, 캐나다 및 멕시코를 포함한 북미 전역에서 항공기의 정밀 이착륙 성능을 강화하기 위해 개발된 WADGPS(Wide Area DGPS) 특성을 갖고 있는

GPS 시스템의 확장 체계이다. 이 시스템은 GPS 위성발사 및 운영을 책임지고 있는 국방성과 함께 GPS의 민간이용에 대한 책임을 지고 있는 운수성에서 항공의 항로비행 및 CAT-I급 정밀접근 비행과 육상 및 해상 이용자들을 지원하기 위하여 1990년 초부터 개발했다. WASS는 사용 범위를 북미 전역으로 하고 있다.

WASS는 보정치 계산 등의 역할을 육상 기준국 WRS(WASS Ground Reference Station), 이들을 감시하고 통제하는 주 기지국 WMS(WAAS Master Station), 보정정보를 INMARSAT 통신위성에 송신하기 위한 지상 송신국 SGS(Signal Generator System) 등으로 구성된다. WASS의 운용 개념은 기본적인 DGPS 작동 원리와 유사하다. 다만 서비스 범위가 상대적으로 넓기 때문에 육상 기준국의 개수가 많고 이들을 관리하는 중앙 통제국 역할을 하는 주 기지국이 복수 개이며, 수집된 각 기준국의 보정치 정보 등을 위성에 송신하기 위한 송신국과 이들을 사용자에게 전송하는 정지 위성이 추가된다.

3) GAGAN

GAGAN(GPS And GEO Augmentation Navigation)은 인도가 추진 중인 WADGPS 계열로서 미국의 WAAS와 유사한 체계이며, GPS 통합시스템이다.

4) EGNOS

EGNOS는 유럽의 GNSS 시스템 1단계 계획에 의해 추진된 광역 DGNSS 시스템이다.

이 시스템은 미국의 WAAS, 일본의 MSAS처럼 SBAS형으로 정지 위성에서 의사거리 보정치등의 정보를 전송한다. EGNOS 시스템은 유럽 전역의 항공, 해양 및 육상 수송 분야에 정밀 위치 정보를 보장하기 위하여 ESA와 EC 등에서 합동으로 관리하고 있다. 정밀도는 1~3m 정도 수준이다.

EGNOS의 기본 시스템은 기본적으로 우주 부문, 지상국 부문, 사용자 부문 및 지원 시설 등으로 구성되어 있다. 우주 부문의 정지위성은 L1주파수로 정보를 방송하며, INMARSAT-3 AOR-E, INMARSAT-3 IOR, ESA ARTEMIS등 3개의 항법 트랜스폰더를 사용하여, 민간 항공 활동지역이지만 점차 확대되어 아프리카, 동구 유럽 및 러시아를 포함할 계획이다. EGNOS 지상국 부문은 모니터링국 RIMS(Ranging and Integrity Monitoring Station), 중앙 통제국 MCC(Mission Control Center), NLES(Navigation Land Earth Station), EWAN(EGNOS Wide Area Communications Network)으로 구성된다. EGNOS의 주요 서비스 대상은 항공분야는 물론 육상 및 해양 사용자도 해당된다.

EGNOS 서비스 및 성능

EGNOS의 성능 목표는 항공기 이착륙에 필요한 성능에 맞추어 설계되었기 때문에 해양이나 육상에서 필요한 항법요구 성능을 충분히 충족시킬 수 있다. EGNOS에서 제공되는 서비스는 크게 3개의 정지 위성으로부터 의사거리 보정치 방송을 통하여 항공기 정밀 이착륙에 요구되는 수준의 위치정밀도를 제공하고, GPS와 같은 신호를 전송함으로써 항법용 위성의 수를 증가시키는 역할을 하며, 인테그리티 정보를 방송하기 때문에 안정성을 확보할 수 있다.

8. MSAS-DGPS

1) 개요

일본의 우주개발 프로그램의 일환으로 추진된 SBAS형 DGNSS 시스템인 MSAS(Multifunctional Satellite Augmentation System)는 그 항법 서비스 범위가 한반도까지 미치는 것으로 알려지고 있으나, 아직까지 한반도 영역권에서의 MSAS 항법신호에 대한 국내에서의 체계적인 보고는 미흡하다. 본 장에서는 저자의 기초연구를 바탕으로 MSAS의 신호특성과 항법 파라미터 평가를 중심으로 설명하기로 한다.[1]

2) MSAS 시스템 구성

MSAS는 일본의 다목적 위성을 이용한 SBAS형의 DGNSS로서 2007년부터 서비스를 시작했다. MSAS 체계의 경우 기존의 GPS시스템과 MTSAT-1R 및 MTSAT-2 2개 정지위성과 MSAS 전용 지상국으로 시스템이 구성된다. 지상국의 시스템 구성으로는 삿포로, 도쿄, 나하, 후쿠오카 4곳의 지상 감시국 GMS(Ground Monitor Station), 미국의 하와이, 호주의 캔버라 2곳에 MRS(Monitor and Range Station), 고베와 히다치오타 2곳에 MCS(Master Control Station) 등이며, 이들은 정지위성과 네트워킹한 시스템으로 구성된다. 〈그림 13.5〉는 MSAS 시스템 구성도이다. MSAS의 기능은 거리정보 제공이나 보정정보를 제공하며, GPS 위성의 상태를 모니터링하는 무결성 기능뿐만 아니라 MSAS 위성에서 GPS L1 신호를 송출

---

1 K.S. Ko, C.M. Choi(2017), "An Analysis of the Navigation Parameters of Japanese DGNSS-MSAS," Journal of the Korea Institute of Information and Communication Engineering, Vol. 21, No .8.

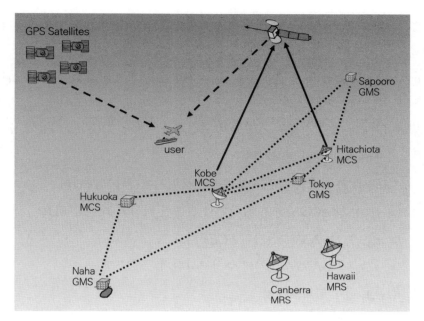

〈그림 13.5〉 SBAS-MSAS(MSAS-DGPS) 시스템[2]

함으로써 또 다른 하나의 GPS 위성 역할을 한다.

3) MSAS-DGPS 위치결정이론 및 절차

GPSS 항법해의 MSAS-DGPS 위치결정 적용

DGNSS 수신기에서의 위치결정은 개선된 의사거리가 위치결정에 사용된다. 따라서 가장 잘 알려진 항법위성과 수신기 사이의 의사거리 측정에 기반을 둔 GNSS 항법방정식을 이용하여 MSAS-DGPS 위치결정식은 다음과 같이 재정립할 수 있다.

---

2   위의 논문.

$$\rho_i = \sqrt{(x_i - x_u)^2 + (y_i - y_u)^2 + (z_i - z_u)^2} + ct \quad \cdots\cdots\cdots\cdots\cdots\cdots\cdots \text{(13.1)}$$

$$\hat{\rho_i} = \sqrt{(x_i - \hat{x_u})^2 + (y_i - \hat{y_u})^2 + (z_i - \hat{z_u})^2} + c\,t \quad \cdots\cdots\cdots\cdots\cdots\cdots \text{(13.2)}$$

단, ρ_i : 기준국에서 전송된 거리오차 보정치를 이용한 *DGNSS* 사용자 수신기
　　에서의 개선된 의사거리

　$\hat{\rho_i}$: *DGNSS* 사용자 수신기의 추정근사위치에서의 의사거리

　(x_i, y_i, z_i): *DGNSS* 사용자 위치에서 관측된 위성 i의 *ECEF* 좌표

　(x_u, y_u, z_u): *DGNSS* 수신기의 *ECEF* 좌표

　$(\hat{x_u}, \hat{y_u}, \hat{z_u})$: *DGNSS* 수신기의 추청근사위치

　$(\varDelta x, \varDelta y, \varDelta z)$: 위치보정치

　$x_u = \hat{x_u} + \varDelta x$

　$y_u = \hat{y_u} + \varDelta y$

　$z_u = \hat{z_u} + \varDelta z$

　c: 전파의 속도

　t: 수신기 시계오차

MSA-DGPS 수신기 위치 (x_u, y_u, z_u)는 위의 비선형 방정식을 선형화하고 최소자승법이나 칼만필터 기법 등을 이용하여 추정근사위치에 보상하는 방법으로 구할 수 있다.

4) MSAS-DGPS의 위치결정 절차

MSAS-DGPS 수신기에서 사용되는 의사거리는 MSAS-DGPS 기준국과 사용자 수신기에서 사용되는 GPS 위성에 포함된 공통오차를 제거한 개선된 의사거리를 사용한다. 일본의 다목적 위성 MTSAT는 정지위성으로서 지상국에서 수집

하여 보내진 GPS 위성 보정정보를 사용자에게 전송하는 역할을 한다. 지상 기준
국부터 DGPS 사용자까지 MSAS-DGPS 위치결정 절차를 요약하면 아래와 같다.

① 1단계(지상기준국): 참조점과 관측 가능 위성간 기하학적 거리 계산
② 2단계(지상기준국): 관측 가능 항법 위성에 포함된 의사거리 보정치 계산
③ 3단계(MTSAT): 관측 가능한 항법 위성의 의사거리 보정치 송신
④ 4단계(사용자 수신기): 관측 가능한 항법위성의 의사거리 보정치 송신 및 위
　　성신호 전송
⑤ 5단계(사용자 수신기): 관측 가능한 위성신호 및 의사거리 보정치 수신
⑥ 6단계(사용자 수신기): 개선된 최종 위치 계산

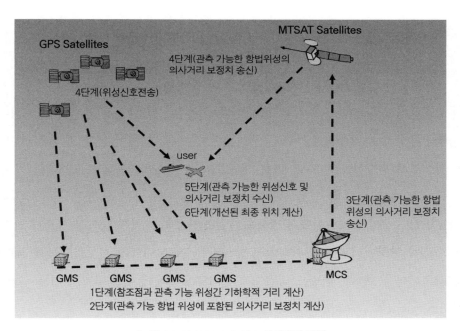

〈그림 13.6〉 MSAS-DGPS 위치결정 절차

기준국에서 관측 가능한 위성까지의 거리와 이 위성에 포함된 오차 보정치를 계산하기 위해서는 반드시 정밀 측정된 3차원 기준국의 참조점 위치를 알고 있어야 한다. 또 기준국에서 관측된 동일 위성이 사용자 위치에서 4개 이상 관측 되어야만 개선된 3차원 위치결정이 가능하다. 또 GPS 위성으로부터 기준국 및 MSAS-DGPS 사용자의 상대위치가 다름으로 인하여 위치정밀도에 영향을 줄 수 있다. 상이한 전파 경로에 따른 전리층 지연 및 대류권 지연의 오차가 다르게 나타날 수 있기 때문이다. 한편 기준국에서 사용자에게 오차 보정치 및 필요한 정보를 송신하기 위해서는 시스템 목적에 맞는 통신방식과 주파수를 사용해야 한다. MSAS-DGPS와 같은 SBAS의 경우 위성에서 DGNSS 보정정보를 송신하기 때문에 USCG형과 같은 중파 대신에 GPS와 동일한 주파수대를 사용해야 한다.

5) 한반도에서의 MSAS-DGPS 항법파라미터 특성 평가요소

앞에서 언급한 바와 같이 DGNSS 사용자가 DGNSS 보정신호를 사용하기 위해서는 사용자의 위치에서 3차원 위치측정이 가능할 수 있도록 충분한 위성이 관측되어야 하고, 보정신호가 적절한 신호크기로 수신되어야 한다. 따라서 MSAS의 지상감시국인 삿포로, 도쿄, 나하, 후쿠오카 등지에서 관측되는 GPS 위성이 한반도 지역에서 충분히 관측 가능한지의 여부, 관측되는 공통위성들에 의한 GDOP 및 2개의 정지위성에서 발사되는 보정신호의 크기를 알아볼 필요가 있다. 또 사용자 위치에서 MSAS 위성에서 발사되는 DGNSS 신호정보를 이용한 위치정밀도 분석을 토대로 한반도 영역에서의 MSAS 사용에 대한 평가가 이루어져야 한다.

6) 한반도에서의 MSAS 신호측정

일본우주항공국에서 공개하고 있는 전 세계 항법위성 관측 자료를 이용하여

MSAS의 모든 지상기준국에서 관측되는 GPS 위성정보를 시뮬레이션을 통해 확인할 수 있다. 한반도 남해안 관측지점을 선정하여 관측 가능한 GPS 위성 신호정보를 실제 수신기를 이용하여 수집하고, 이를 동일 시간대에 MSAS 지상감시국에서 관측되는 위성정보와 비교하여 사용 가능한 동일 위성 수를 확인하여야 한다. 다음으로는 현재 운용되고 있는 2개의 MSAS 정지위성에 대한 사용자 위치에서의 적정 신호강도에 대한 실측분석과 MSAS의 DGNSS 기능을 평가하기 위한 위치정밀도를 분석하여야 한다. 또 실측지점에서의 GDOP를 비교함으로써 DGNSS 사용자 위치에서 위성배치에 따른 예상되는 위치정밀도 개선정도를 분석할 필요가 있다.

7) MSAS 신호측정

MSAS 시스템의 지상감시국 4곳에서 사용 가능한 GPS 위성과 동일 시간에 한반도 남해안 지역에 위치한 목포와 중부지방 서울에서 관측될 수 있는 GPS 위성들에 대한 시뮬레이션 결과를 〈그림 13.7〉에 나타냈다.

시뮬레이션 결과는 2016년 4월 28일 17시 21분 기준 고각 5도 이상의 경우로서 위성 1, 7, 8, 11, 16, 26, 27, 30번 등 8개를 6곳의 지점에서 동시 관측될 수 있음을 보이고 있다. 또, 6곳 모두 HDOP는 0.71부터 0.83으로 1 이하의 결과를 보여, 어느 곳에서나 항법위성의 기하학적 배치가 매우 양호함을 알 수 있다. 그림에서 보는 바와 같이 한반도 중부에서도 동시관측 GPS 위성 수는 3차원 위치결정에 필요한 4개 이상을 충족시킴을 알 수 있다. 그럼에도 불구하고 MSAS-DGPS 기능을 위해서는 MSAS-DGPS 수신점에서 MSAS 위성에서 송신되는 보정정보 신호의 크기, 사용 항법위성의 GDOP 및 수신점과 MSAS 위성 간의 이격거리 등에 따라 DGPS 위치 개선 정밀도는 달라질 수 있다. 따라서 실질적으로 한반도 영역에서의 MSAS-DGNSS 항법정보 사용에 대한 평가를 하기 위해서는 사용하고자 하는 영역을 설정하여 실측 실험을 통한 항법파라미터 분석이 필요하

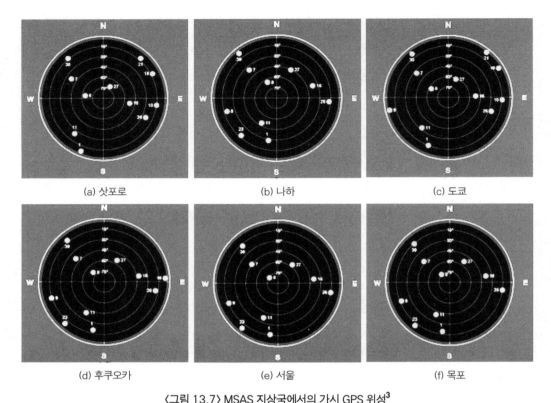

| (a) 삿포로 | (b) 나하 | (c) 도쿄 |
| (d) 후쿠오카 | (e) 서울 | (f) 목포 |

〈그림 13.7〉 MSAS 지상국에서의 가시 GPS 위성[3]

다. 다음은 실측 실험을 통한 신호 및 항법파라미터에 대하여 서술한다.

8) 실측 실험을 통한 신호 및 항법파라미터

아래에서 보인 실측실험 결과는 한반도 남해안 해안지역에서 U-BLO사의 EVK-7/EVK-M8 모델 수신기를 사용하여, 2016년 4월 29일 15시부터 3시간 동안 수행한 것이다. 실측 실험 시 수신지역과 MSAS 시스템의 지상감시국 도쿄지역에서 동시관측이 가능한 가시 GPS 위성 번호는 16, 8, 9, 21, 26, 23, 27, 31 등이며, 이 중 고각이 양호한 40도 이상의 위성은 8, 16, 26, 27로 4개다. 또 위치정

---

3 위의 논문.

확도 척도 중의 하나인 기하학적 요소는 평균값으로 HDOP 0.8, VDOP 1.4, PDOP 1.7로 양호한 상태를 유지하며, 반송파대 잡음비는 C/N 모두 평균 45dB-Hz 이상이다.

MSAS 다용도 위성의 반송파 대 잡음비 크기

한반도에서의 MSAS-DGPS 유용성에 대한 주요 관건은 MSAS의 다용도 위성의 반송파 대 잡음비 크기다. 여기서 사용된 사용된 MSAS 위성은 수신점으로부터 방위 149도 고각 45도에 배치된 위성 137로서 반송파 대 잡음비는 최소치 39dB-Hz, 최대치 41dB-Hz, 평균 40.0dB-Hz, 편차 0.3dB-Hz이며, 이에 대한 통계분포는 〈그림 13.8〉에 보였다. 통계분포에 나타난 바와 같이 매우 안정적으로 신호가 수신되고 있음을 알 수 있고, GPS 항법위성의 반송파 대 잡음비 크기보다 평균 5dB-Hz 낮지만, DGPS 정보를 수신하기에는 무리가 없다. 이와 같은 항법위성과 MSAS 신호의 안정적 수신신호를 수신한 결과는 〈그림 13.9〉의 실시간 2차원 위치편차도 및 〈그림 13.10〉의 위도, 경도 및 고도의 분포도에서 확인할 수 있다.

〈그림 13.9〉 및 〈그림 13.10〉에서 보는 바와 같이 위치정확도는 2drms 1m수준으로 신뢰성이 높고, 위도, 경도, 고도 모두 최저치, 최고치의 범위가 작고 확률분포는 정규분포에 근사함을 알 수 있다.

요약

한반도 남해안 지역과 MSAS 지상감시국 지역에서의 동시관측 위성분석 시뮬레이션 결과를 토대로 실측 실험을 통한 신호 및 항법파라미터 분석 결과를 요약하면 아래와 같다. 첫째, MSAS의 대표적 지상감시국인 도쿄국과 남해안 수신점에서 고각 5도 이상의 경우 8개, 마스크 각도를 고려한 고각 40도 이상의 경우 4개의 항법위성이 동시관측 되고, 위성배치 기하학적 파라미터도 양호하게 유지된다. 둘째, DGNSS 항법정보 전송 역할을 하는 MSAS 위성은 수신점으로부터

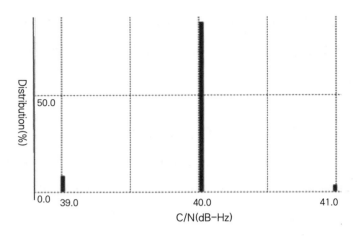

〈그림 13.8〉 The Distribution of Carrier to Noise Ratio of SV 137

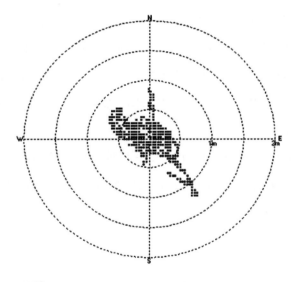

〈그림 13.9〉 The Deviation Map of Real Time Positions

방위 149도, 고각 45도에 배치된 위성번호 137로서 반송파 대 잡음비는 최소치 39, 최대치 41, 평균 40.0, 편차 0.3dB-Hz로 안정적으로 신호가 수신된다. 셋째, MSAS 지상감시국과 한반도 남해안 수신점에서의 동시관측 위성과 MSAS DGNSS 항법정보를 이용한 MSAS -DGNSS의 3차원 위치정밀도의 분포는 모

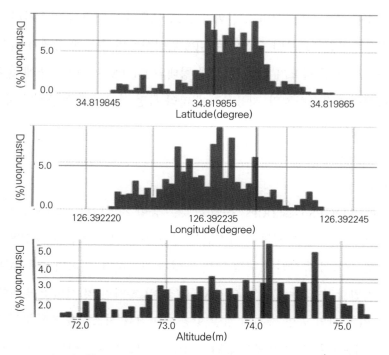

〈그림 13.10〉 The Distribution of Real Time Positions[4]

두 정규분포에 근사한 안정된 상태로 나타나고, 정밀도의 경우 2drms 1미터 수준, 고도 변화폭 5미터 이내이다.

9. GBAS형 DGPS

GBAS(Ground Based Augmentation System)형 DGPS는 위성을 사용하는 대신에 지상에 설치한 기준국에서 항법위성과 유사한 기능을 하는 의사위성(Pseudolite)으

---

4 위의 논문.

로부터 신호를 발사한다. 서비스 범위가 좁고 사용자가 기준국 일정거리 이내로 접근하면 우주공간으로부터 수신되는 GPS 위성신호의 수신에 장애가 발생될 위험도 있음을 주지할 필요가 있다. 이러한 형태의 DGPS는 공항 주변에 설치하여 항공기 이착륙에 유용하지만, 사용목적에 따라 특정 항구나 작업구역에 시스템을 구축하여 사용할 수 있다.

LAAS

LAAS는 LDGPS(Local DGPS) 특성을 갖는 공항 지역단위의 GPS확장 시스템으로 지상에 기준국을 설치하여 시스템을 구성한다. 이 시스템은 DGPS 기본원리와 시스템 구성이 유사하여 공항 단위로 설치 가능하다. 미국의 경우 WASS 시스템으로 지원할 수 없는 CAT II와 CAT III 서비스 지원 및 서비스 범위에 포함되지 않는 미국 관할 공항 등지에 정밀 항공기 이착륙 시스템을 지원하기 위하여 추진되었다. LAAS는 악천후에서 CAT I~III 정밀도 지원뿐 아니라 항공기 충돌 방지, 공항에서의 항법 및 감시와 같은 지상운용도 지원한다. 미국의 경우 140여 개 공항에서 LAAS 시설을 운용한다.

10. USCG형 DGPS와 한국의 DGPS

1) 미국의 DGPS

DGPS는 본래 미국 민간 사용자들의 요구에 부응하기 위해 GPS 개발 이전부터 이 분야에서 독보적 기술을 확보하고 있는 USCG(미국 연안경비대)에 미 정부가 위임하여 선도적으로 연구개발한 체계로서 GPS 개발 당사국인 미국에서 개발된 이래 미국을 비롯하여 유럽, 일본 및 중국 등 30여 개 이상의 나라에서 DGPS 망 구축이 정밀도 10m 이하를 보장하는 해양용 국가망(DGPS Based on Marine Radiobeacon: 이하 RBN/DGPS로 칭함) 위주로 빠르게 진행되어 국가마다 다소 차이는 있으나 거의 완성된 상태이다. USCG형 DGPS는 무선표지 비콘주파수인 300kHz 대의 주파수에 RTCM 표준형으로 보정정보를 전송한다.

현재 미국은 자국의 5대호 주변 및 내륙수로 부근에 70여 개 이상의 기지국에서 위성 측위오차 수정치를 방송하고 있으며, USCG 주도로 RBN/DGPS 국가망에 추가하여 국가 DGPS(Nationwide DGPS: 이하 NDGPS로 칭함)망을 구축했다.

미국의 RBN/DGPS의 NDGPS로 확장 정책결정은 미 연안경비대의 성공적인 DGPS 운영에 따른 미 정부 당국자의 신뢰성과 축적된 기술 및 경제적 효과측면에 기인한다. 즉, 미국 내륙 전체를 서비스할 수 있도록 새로운 DGPS를 구축할 경우 막대한 예산이 소요되는바, 기존 해양 및 내륙수로용 RBN/DGPS망을 연계하여 NDGPS를 구축했다. 여기에는 미 공군 비상망(GWEN: Ground Wave Emergency Network)을 개조하여 보정치를 전송함으로써 예산 절감하는 방안이 포함된다. NDGPS는 국가가 운영하며, 모든 사용자가 무료로 서비스를 받을 수 있도록 하고 있다.

2) 일본의 DGPS

일본의 DGPS는 1999년 내에 총 27개의 기준국으로 일본 전체를 사용 영역으로 하는 완성된 체계로 운용되고 있다. 일본의 DGPS 운영은 일본 해상보안청(JMSA: Japanese Maritime Safety Agency)에 의해 24시간 운영 체제를 갖추고 있으며, 동경에는 주 제어국 DGPS 센터와 13개의 지방 무인 DGPS 기준국으로 구성되어 있다. 주 제어국은 실시간으로 DGPS 보정치와 해상 중파방송에 의해 송출되는 방송 내용을 감시하고, GPS 위성으로부터 수신된 각종 데이터를 저장, 분석한다. 일본의 DGPS는 송신속도 200bps, 메시지 형태(Message type) 3, 5, 6, 7, 9, 16으로 각 기준국의 유효 거리는 200km로 설계되었다. 그러나 DGPS 데이터의 수신은 이보다 훨씬 넓은 범위에서 이루어지고 있음이 학계에 보고되고 있다. 한편 NDGPS의 경우 미국과는 달리 민간 주도로 기존의 FM 방송망을 사용하고 있으며, 도서지방을 제외한 전국을 유효범위로 하고 있다. USCG형 DPS는 대부분의 국가에서 해양관리 부처에서 관리하며, 우리나라도 해양수산부에서 관리하고 있다.

3) 한국의 DGPS

한국은 해양수산부 주관 아래 한국형 DGPS 국가망 설치를 위한 DGPS 신호가 장기곶 기준국에서 1996년 첫 시험 발사된 이래 한반도 전 해역을 사용 범위로 하는 DGPS 국가망이 이미 완성되었다. 국내 DGPS 체계의 기본 구성으로 중앙관리사무소와 지역 DGPS 기준국, 그리고 지역 DGPS 기준국의 작동상태를 점검하기 위한 이용 감시국 등으로 구성된다.

중앙관리 사무소는 무인으로 운영되는 기준국과 감시국을 원격 통제하기 위해 대전에 위치하며, 지역 DGPS 기준국은 팔미도, 어청도, 거문도, 마라도, 영도, 장기곶, 울릉도 도동, 주문진 등에, 이용 감시국은 소청도, 옹도, 소흑산도, 추자도, 소매물도, 죽변, 대진, 독도의 등대 내에 위치하도록 되어 있다.

지역 DGPS 기준국은 외부와의 통신단절에도 기능을 수행할 수 있도록 한 시설에 기준국, 경보 감시국, MSK 변조 송신국 등이 설치되어 독자운영방식의 시설로 운영된다. 또한 안테나를 제외한 많은 시설을 사고에 대비하여 중복 설치함으로써 가동률을 높이도록 되어있으며, 방송메시지는 RTCM 포맷 9를 기준으로 했으며, 전송속도 200bps, 송신기 출력 300W로 되어있다. 유효거리는 출력의 크기에 따라 다소 다르지만 USCG형 무선표지 비콘주파수를 사용하는 DGPS의 서비스 영역인 대략 200km 이내이다. 한편, 2000년 초부터 추진되어 온 DGPS 국가망의 NDGPS로 확장되었다. 〈그림 13.11〉은 대한민국의 DGPS 지상국과 개략적인 이용범위를 나타내고 있다. 〈그림 13.12〉는 한반도 남해안에서 실측에 의해 측정한 SA 존재 시(2000년 5월 1일 이전) 제거 시(2000년 5월 1일 이후)의 GPS 및 DGPS 정확도를 나타내고 있다.

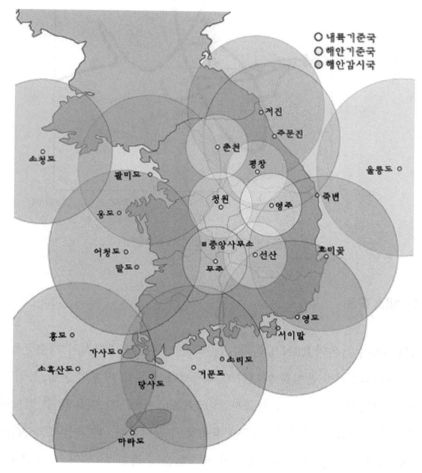

〈그림 13.11〉 한국의 DGPS 국가망[5]

---

5 해수부 홈페이지.

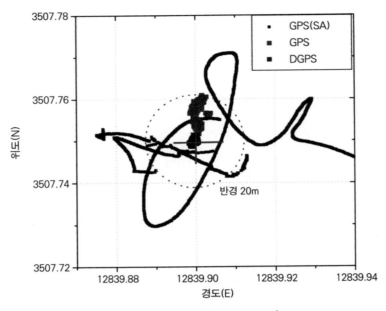

〈그림 13.12〉 DGPS 및 GPS 정확도[6]

4) NDGPS

　　NDGPS는 기존의 RBN/DGPS 기준국을 기본으로 추가적인 기준국을 구축하여 연안에서의 선박 운항뿐 아니라 내륙에서의 자동차, 기차의 운항, 농업 및 화물운송 등 다양한 응용분야의 사용자들이 DGPS 서비스를 이용할 수 있도록 하고자 하는 목적으로 미국에서 1997년 최초로 추진되었다. 우리나라도 기존의 해양용 DGPS국을 이용하여 이와 유사한 시스템을 구축한 바 있다. NDGPS는 주사용서비스구역이 육상임을 감안하여 해양용 DGPS보다 기능을 강화하는 것이 보통이다. NDGPS는 GPS 보정신호를 무료로 서비스하도록 설계되어 있으며, NDGPS 기준국은 효율을 높이기 위해 LORAN-C국에서 DGPS 전파를 중복으로 송출하는 방법도 있다. 일반에게 송출되는 방송 메시지는 RTCM 표준을 따르

6　　고광섭(2002), 통합형 NDGPS 구축을 위한 RBN/DGPS전파특성 및 실측분석, 해양연구논총, 29집.

고 있으며, 데이터 전송은 RSIM 포맷을 사용하고 있다.

5) DARC형 DGPS

DGPS 시스템이 개발된 이래 차량항법에 DGPS 시스템을 가장 활발하게 응용한 나라가 일본이었다. 일본에는 차량 항법용 DGPS 서비스를 제공하는 회사가 설립되어 있으며, 7개의 기준국의 데이터를 이용하여 35개 방송국에서 GPS 보정정보를 방송하고 있다. 보정정보를 DARC 방식의 FM 부반송파 통신을 통하여 송신하고 있기 때문에, 이러한 형태의 DGPS 시스템을 DARC형 또는 FM형이라 부르기도 한다. 그러나 차량항법 분야에서는 각종 ITS 서비스에 대한 DGPS 응용을 전 세계에서 가장 활발하게 전개하고 있다.

11. GPS/GNSS와 DGPS/DGNSS의 특징 요약

DGPS/DGNSS는 기본적으로 독립 GPS/GNSS를 기반으로 시스템이 구성된다. 따라서 단독 GPS/GNSS에 적용되는 시스템 구성요소를 포함할 뿐 아니라 위치결정원리도 매우 유사하다. 독자들의 이해를 돕기 위해 지금까지 서술된 내용들을 토대로 아래와 같이 요약한다.

① 사용자의 DGPS/DGNSS 수신기는 3차원 위치결정을 위하여 최소한 4개의 위성이 필요하다.
② 정밀측정 된 3차원 기준국의 참조점 위치를 알고 있어야 한다. 이 참조점은 위성의 의사거리 보정치를 계산하는 데 필요하다.

③ 사용자 DGPS/DGNSS 수신기에서 위치결정에 사용되는 위성은 기준국에서 관측된 위성과 동일해야 한다.

④ 기준국의 참조점 위치와 사용자 간의 기선거리가 길수록 위치 개선도가 떨어진다.

⑤ 기준국의 참조점 위치와 사용자 위치에서 최소한 4개의 동일위성이 관측되는 범위에서 사용이 가능하다.

⑥ DGPS/DGNSS는 오차보정치를 사용자에게 보내주는 보정치 송신국이 우주공간의 정지위성일 경우의 SBAS와, 지상의 송신국일 경우의 GBAS로 구분된다.

⑦ SBAS의 지상국에서는 GPS/GNSS 위성관측 기능과 오차보정치 계산 및 계산된 오차보정치를 SBAS용 정지위성으로 보내는 역할을 한다.

⑧ SBAS 위성에서 최종적으로 오차보정치를 사용자에게 전용 주파수에 실어 송신한다.

⑨ SBAS의 DGNSS 보정정보를 송신하기 위해서 GPS L1과 동일한 주파수를 사용하며, 이 신호에는 SBAS코드가 사용되어 추가적인 항법위성 역할이 가능하다.

⑩ SBAS는 대부분 항공용으로 개발되었으나 전용 수신기만 있으면 누구나 지상 및 해상에서도 사용이 가능하다.

⑪ 기준국에서 사용자에게 오차보정치 및 필요한 정보를 송신하기 위해서는 시스템 목적에 맞는 통신방식과 주파수를 사용해야 한다.

⑫ DGPS/DGNSS의 오차보정치는 위치보정치 및 의사거리 보정치 등이 있으나 의사거리 보정치를 사용하는 방식이 가장 광범위하게 사용된다. 이 책에서도 여기에 중점을 두고 설명했다.

12. DGPS/DGNSS 전망

　　현재의 민간 상용 응용분야에서 사용되는 대표적인 GNSS 시스템의 수신기는 GPS의 C/A코드 수신기이다. SA가 해제된 이후 범용의 C/A코드 수신기는 20m 안 팎으로 SA 해제 전의 정밀도에 비하면 현저히 향상된 것은 사실이지만, 선박의 협 수로 항해나 항만 내의 운항, 항공기의 이착륙, 도심에서의 차량항법 및 정밀 측위 가 필요한 많은 분야에서 요구되는 정밀도를 충족시킬 수 없다. 이를 해결할 수 있 는 방법은 반송파 위상측정 방식, DGNSS 방식 등이 있지만 반송파 측정방식에는 실시간 사용과 서비스 범위 등의 문제 때문에 활발한 연구에도 불구하고, 아직 항 법분야에서의 사용은 미흡하다. 따라서 DGNSS 시스템은 현존하는 GNSS 시스템 중 높은 정밀도, 실시간 사용 및 서비스범위를 보장할 수 있는 매우 매력적인 위치 측정 시스템으로 평가받고 있다. 특히, 가능한 여러 DGNSS 중에서 GPS 시스템을 모체로 한 DGPS 계열의 디퍼렌셜 시스템(Differential GPS 시스템을 GPS의 확장 개념 또 는 보완의 의미에서 보강/보충 시스템이라고도 부른다)이 주종을 이루고 있으며, 해양분야, 항공분야, 육상분야 등의 실시간 정밀 항법 분야, 지질학 연구, 해양 시추선, 댐의 변형 연구 등 정밀측위분야에 수m~수mm 정도의 정확도로 응용되고 있다. 이와 같은 정밀도 확보는 GPS의 SA 해제, GPS의 현대화 추진, GALILEO 시스템의 사 용 및 기타 QZSS 등 독립위성 시스템의 현실화 후에도 독립위성항법 시스템으로 는 어려운 것이 사실이다. 따라서, 독립위성항법 시스템의 업그레이드에도 불구하 고 DGNSS 시스템은 인공위성항법 및 위치 측정 방식의 활용가치와 질을 높이는 중요한 역할을 할 것이다. 나아가 이와 같이 GPS/GNSS의 확장 시스템인 DGPS/ DGNSS는 위치와 시각이라는 기반 정보를 이전의 어떤 시스템보다 정확하고 안 정적으로 제공할 수 있으므로 사회의 중요한 정보화 인프라 역할을 하고 있다. 따 라서 독립위성항법 시스템의 발전과 더불어 DGNSS/DGPS에 대한 연구와 시스 템 개발도 지속적으로 진행될 것으로 전망된다.

제14장

ECDIS와 ENC

1. 전자해도표시장치(ECDIS)와 전자해도(ENC)

ECDIS(Electronic Chart Display and Information System, 전자해도표시장치)는 선박의 항해와 관련된 정보인 해도정보, 위치정보, 선박 침로, 속력, 수심 자료 등을 디지털화하여 컴퓨터 화면에 도식하는 시스템으로서 선박의 위치확인, 최적항로 선정, 좌초 및 충돌예방조치를 신속하고 안전하게 수행하기 위한 항해 보조 장비이다.

종이해도 기반에 비해 항로계획, 항로감시, 선위확인, 항적기록 등을 편리하고 정확하게 그리고 효율적으로 수행 가능하다. 또한 AIS, Radar, 기상 등 정보의 추가, 중첩을 통하여 e-Navigation 기반 시스템으로 가치 확대가 예상된다.

ECDIS는 IMO 해사안전위원회(MSC) 제86차에서 채택된 Res. MSC. 282(86)에 따라 SOLAS 제5장 제19규칙이 개정되어, ECDIS 강제 탑재 요건이 2011년 1월 1일부로 발효되었다. 총톤수 500톤 이상의 여객선과 총톤수 3,000톤 이상의 화물선은 ECDIS를 탑재하고 있다.

STCW 협약 Part-A 강제기준(A-Ⅱ/1, A-Ⅱ/2, A-Ⅱ/3), Part-B 권고지침(B-Ⅰ/12, B-Ⅱ/1), IMO Model Course 1.27에 따라 항해사는 소정의 ECDIS 교육(40시간 이상)을 이수해야 한다.

최근 상선용 ECDIS뿐만 아니라 군용 ECDIS(ECDIS-N, Naval ECDIS 또는 WECDIS, Warship ECDIS)도 개발 및 운용되고 있다.

(a) S사 ECDIS(모델: SCD-2300)   (b) J사 ECDIS(모델: JAN-9201)

〈그림 14.1〉 전자해도표시장치(ECDIS) 모습

2. 주요 용어 정의

IHO(International Hydrographic Organization, 국제수로기구)

수로업무에 관한 각국 의견 조정, 기술정보 수집교환, 국제수로정책의 수립, 국제기준재정 등의 업무를 수행하는 기구이다.

S-52(Special Publication No.52)

IHO가 전자해도 표시시스템(ECDIS) 제작을 위해 국제표준 사양서로 정하여 간행한 특수서지를 말한다.

S-57(Special Publication No.57)

IHO가 전자해도(ENC) 제작에 관한 국제기준을 정하여 간행한 서지로서

Transfer Standard for Digital Hydrographic Data라는 이름이 붙어있는 특수서지를 말한다.

S-63(Special Publication No.63)

IHO가 전자해도의 불법 복사와 사용을 방지하기 위해 정한 전자해도 보안 표준을 말한다.

S-100(IHO Universal Hydrographic Data Model)

S-100은 IHO 범용 수로정보 표준으로서, 차세대 전자해도 표준 S-101, 해저지형 그리도 데이터 표준 S-102, 전자서지 표준 및 제반 해사 안전 분야 세부 표준 S-10x을 정하기 위한 메타 표준을 말한다.

ENC(Electronic Navigational Chart, 전자해도)

선박의 항해와 관련된 모든 해도 정보를 IHO에서 정한 국제 표준 규격 S-57에 따라 제작한 디지털 해도이다.

ECS(Electronic Chart Systems, 전자해도 간이시스템)

민간 업체에서 상업용으로 개발된 디지털 해도를 총칭하여 일컫는 말로, ENC와 유사하나 국제기준과는 상관없이 업체 임의로 개발한 디지털 해도를 말한다.

ECDIS(Electronic Chart Display & Information System, 전자해도표시장치)

IHO에 의해 정해진 표준사양서(S-52)에 따라 제작된 전자해도표시장치(ECDIS)로, 선박의 항해와 관련된 정보, 즉 해도정보, 위치정보, 선박의 침로, 속력 등을 종합하여 컴퓨터 스크린에 도식하는 시스템을 말하며, 선박의 위치확인, 최적 항로 선정, 좌초 및 충돌 예방조치를 신속하고 안전하게 수행하기 위한 항해 장비를 말한다.

래스터 해도(Raster chart)

종이해도를 스캐너 등으로 읽어 이미지 형태 그대로 컴퓨터 화면에 표시할 수 있게 만든 해도를 말한다. 항해용으로 사용하려면 좌표계와 이미지 데이터를 연결하는 처리과정이 필요하다.

RNC(Raster Navigational Chart)

래스터 해도를 ENC처럼 항해용으로 사용할 수 있게 만든 것을 말한다.

벡터 해도(Vector chart)

종이해도 상에 표시되는 모든 대상물(점, 선, 다각형)의 위치 정보(위도, 경도)를 좌표로 수치화하여 작성한 디지털 데이터베이스를 의미한다.

DNC(Digital Nautical Chart)

미국 국방성이 전략적 차원에서 독자적 포맷으로 제작한 벡터형 전자해도로, IHO의 S-57 ENC와는 전혀 호환되지 않는다.

3. ECDIS 및 ENC 개발현황

1) 국외

국제해사기구(IMO)와 국제수로기구(IHO)는 1980년 말부터 해도, 항해장비, 컴퓨터, GIS(Geographic Information System), DB(Data Base) 분야의 각국 전문가들로 구성된 실무그룹을 구성하여 전자해도 연구개발에 착수했고, 각국이 참여한 다양한 해상시험을 거쳐 1995년과 1996년에 ECDIS 성능기준(S-52)과 전자해도 제작 기준(S-57)을 각각 공표하고 각국에 전자해도의 조속한 개발을 독려했다. 그 결과 영국, 미국, 일본, 싱가폴, 캐나다, 독일, 한국 등 25개국이 전자해도 개발에 참여 했으며, 현재 17,000개 이상의 S-57형 전자해도(벡터형 전자해도)가 개발되었다. 영 국은 래스터형 전자해도(ARCS: Admiralty Raster Chart Service)와 벡터형 전자해도 (AVCS: Admiralty Vector Chart Service)를 전 세계에 보급하고 있으며, 미국은 C-map 전자해도를 보급하고 있다.

2) 국내

국립해양조사원은 1995년부터 1999년까지 우리나라 전 연안의 전자해도 개 발을 완료하여 2000년 7월부터 공급하고 있으며 최신의 항해안전정보 유지를 위 해 매년 신·개정판 전자해도를 제작하여 유지·관리하고 있다.

〈표 14.1〉 우리나라 전자해도 개발 현황[1]

개발기간	추진 내용
1995~1996	전자해도 제작 표준 제정 및 시험 제작
1996~1997	전자해도 60종 개발 및 해도기초자료 150종 DB 구축
1997~1998	전하해도 105종 개발 및 해도기초자료 70종 DB 구축
1998~1999	전자해도 40종 개발 및 해도기초자료, 전자해도 공급, 관리 시스템 개발
1999~2000	해도기초자료 60종 DB, 해양정보체계 연계 기술개발
2006~2008	격자형 전자해도 개발
현재	전자해도 업데이트 및 관리

---

[1] 국립해양조사원, 2022년.

4. ECDIS 탑재기준 및 요건

1) 탑재기준

SOLAS(International Convention for the Safety of Life at Sea)협약 제5장 제2규칙(정의), 제19규칙(선박용 항해장치 및 설비의 탑재요건), 제27규칙(해도 및 해사간행물)과 국내 선박 안전법 시행규칙 제75조(항해용 간행물의 비치), 선박설비기준 제93조(항해용 해도 등)에 따라 총톤수 500톤 이상의 모든 여객선과 총톤수 3,000톤 이상의 화물선(탱커선, 일반화물선)은 ECDIS를 탑재해야 한다. ECDIS 탑재 선박은 전자해도에 대한 적절한 백업장치를 갖추어야 한다. 백업장치는 2대의 ECDIS를 설치하거나, ECDIS 1대와 종이해도(paper chart)로 할 수 있다.

2) ECDIS 요건

ECDIS는 IMO의 ECDIS 성능기준에 관한 결의서 MSC 232(82)와 선박설비기준 제93조에 따라 아래와 같은 요건을 갖추어야 한다.

---

(1) 표시된 정보 또는 오작동에 대하여 적절히 경보를 발하거나 표시할 수 있을 것
(2) 항해계획 및 항로감시를 하는 동안 화면 상에 표시되는 시스템전자해도(SENC:System Electronic Navigational Chart)는 기본화면, 표준화면 및 기타 필요한 정보를 표시하는 화면으로 구성될 것
(3) 사용자가 한 번의 조작을 통하여 표준화면을 표시할 수 있을 것
(4) 화면에서 쉽게 정보를 추가하거나 수정할 수 있어야 하며, 기본화면 내에 포함된 정보는 변경할 수 없는 것일 것
(5) 사용자가 시스템전자해도가 제공하는 등심선을 이용하여 안전항해를 위한 수심을 선택할 수 있을 것
(6) 최신화된 해도자료를 입력할 수 있는 장치가 구비되어 있을 것
(7) 사용되는 전자해도(ENC: Electronic Navigational Chart)는 변조가 불가능하여야 하며, 시스템전자해도는 선박의 예정항로에 적합한 것일 것
(8) 최신화된 해도자료는 기존의 입력된 전자해도와 별개로 저장될 수 있을 것
(9) 사용자가 화면을 통하여 최신화된 내용을 검토하고 최신화된 내용이 시스템전자해도에 포함되었는지를 확인할 수 있는 것일 것

---

(10) 전자해도에 포함된 정보 또는 기타 항해정보를 화면 상에 추가할 수 있을 것

(11) 필요할 경우 레이더정보 또는 기타 항해정보를 화면 상에 추가할 수 있는 것일 것

(12) 화면표시는 항상 노스업(North-up) 방향의 시스템전자해도에 표시할 수 있을 것

(13) 화면표시모드는 실제 이동모드를 사용하는 것일 것

(14) 시스템전자해도는 적절한 색상 및 기호를 사용하는 것일 것

(15) 전자해도에서 지정한 축적으로 화면표시를 하는 경우 시스템전자해도의 정보는 지정된 크기의 기호, 숫자 및 문자를 사용하는 것일 것

(16) 다음의 정보를 화면에 표시할 수 있어야 하며, 이 경우 항로감시를 위한 해도의 화면표시는 최소한 가로 270mm, 세로 270mm 이상일 것

　　(가) 항로계획 및 추가 항해업무

　　(나) 항로감시

(17) 화면은 해양수산부장관이 적당하다고 인정하는 색상 및 해상도로 표시하는 것일 것

(18) 화면에 표시되는 정보는 주간 또는 야간에 선교에서 통상적으로 사용하는 조명 및 일광 하에서 1명 이상이 명확히 식별할 수 있을 것

(19) 간단하고 신뢰성 있는 방법으로 항로계획 및 항로감시를 할 수 있을 것

(20) 모든 경보 또는 선박이 안전한 수심범위를 지나치거나 금지구역에 진입할 경우의 표시를 위하여 지역에 대한 가장 큰 축척의 자료가 시스템전자해도에 사용될 것

(21) 직선과 곡선의 항로계획을 할 수 있어야 하며, 항로상에서 변침점을 추가 또는 삭제, 변침점의 변경 또는 순서를 변경할 수 있을 것

(22) 선박의 계획된 항로가 예정항로를 벗어나거나 금지구역의 경계 또는 특별한 항해조건이 부여된 지역에 진입할 경우 이를 표시할 수 있을 것

(23) 선박이 금지구역의 경계 또는 특별한 항해조건이 부여된 지역에 진입할 경우 설정된 시간 내에 경보 및 표시를 할 수 있을 것

(24) 설정된 항로 이탈범위를 초과하는 경우에는 경보를 발하는 것일 것

(25) 설정된 시간 또는 거리범위 내에서 선박의 예정항로상에 지정한 특정지점에 도달할 것임을 알리는 경보를 발할 것

(26) 1분과 120분 사이에 설정된 간격으로 수동 및 자동으로 선박의 항적을 따라 시간을 화면에 표시할 수 있을 것

(27) 적절한 수의 지점, 자유이동 가능한 전자방위선(FMEBL: Free Movable Electronic Bearing Line), 가변 및 고정영역표시(VRM: Variable and Fixed-range Markers) 등 기타 항해에 필요한 다른 기호를 화면에 표시할 수 있을 것

(28) 모든 위치의 지리적인 좌표입력 및 선택이 가능하여야 하며, 사용자의 필요에 따라 이를 화면에 표시할 수 있을 것

(29) 전체 항해의 항적을 4시간 이하의 간격으로 표시하여 기록할 수 있어야 하며, 12시간 동안의 항적을 저장할 수 있는 용량을 가져야 하며, 기록된 자료는 조작하거나 변경할 수 없을 것

(30) 다음의 자료를 1분 간격으로 기록할 수 있을 것

　　(가) 시간, 위치, 방향 및 속도 등의 선박의 항적 기록

　　(나) 전자해도 제공처, 버전, 최신화 이력 등 공식자료의 기록

(31) 다른 장비와 연결할 경우 성능이 저하되지 아니할 것

(32) 선박 내에서 주요기능을 자동 또는 수동으로 시험할 수 있어야 하며, 시험을 할 경우에는 고장부위에 대한 정보를 화면 상에 표시할 수 있을 것

(33) 비상전원으로 정상적인 기능을 유지할 수 있을 것

(34) 기타 해양수산부장관이 필요하다고 인정하는 요건

5. ECDIS 구조 및 제원

1) ECDIS 구조

ECDIS는 다음 그림과 같이 Display unit, Keyboard & Trackball, Central control unit, Power supply unit, Junction box, Cradle standalone unit의 총 6개 장치(unit)로 이루어져 있다.

2) ECDIS 주요 제원

ECDIS의 주요 제원은 제조사 및 모델에 따라 다소 차이가 있으나, ECDIS는 S-52 국제표준에 따라 제작되기 때문에 거의 유사한 제원을 가지고 있다. 아래 표는 J사의 JAN-9201 ECDIS의 제원을 보이고 있다.

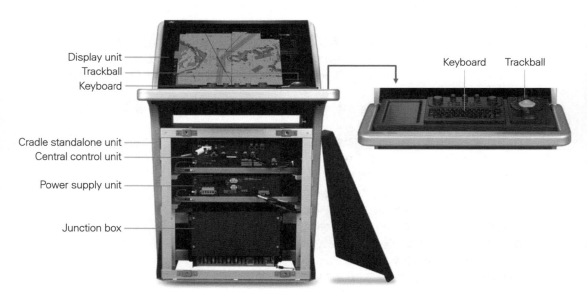

〈그림 14.2〉 ECDIS 구조(모델: JAN-9201, J사)

구분	주요 제원
Display unit	26 inch LCD, 1920×1200 dots (또는 19 inch LCD)
Central control unit	2 GB main memory, SSD×2, DVD drive ×1
Power supply	100~115 VAC 또는 220~240 VAC, 50/60Hz,
Chart database	ENC(S-57), NAVTOR ENC, AVCS, ARCS, C-map ENC etc.
Operation mode	True Motion(TM), Relative Motion(RM)
Azimuth display mode	North up, Course up, Head up, Waypoint up
Scale	1:1,000 to 1:20,000,000
Range	0.125, 0.25, 0.5, 0.75, 1.5, 3, 6, 12, 24, 48, 96NM
Route planning function	Table and Graphic editing
Play back	Navigation data: max. 3 months Logbook: max. 3 months
Radar overlay	Optional
TCS(Track Control System)	Optional

6. ECDIS의 기능

자선 위치, 침로/속력 정보 표시

GPS/DGPS, 자이로 컴퍼스 등의 위치 및 방위 확인 장비를 이용하여 선박의 위치와 이동상황을 실시간으로 표시함으로써 위치측정을 위한 수작업을 감소시켜 준다.

항로계획(Route Planning)

ECDIS 표시화면 상에 직선 또는 곡선을 그어 항로계획이 가능하다. 이때 안전한 수심이 확보되어 있지 않은 항로를 계획한 경우는 경고를 발한다.

항행 감시

계획된 항로와 자선의 위치는 그들이 존재하는 해역에 반드시 표시된다. 이 위치와 항적에서 자선이 계획항로에서 어느 정도 편위되어 있는가를 볼 수 있다. 자선의 위치는 안전 항해의 요건에 적합한 정도의 측위시스템에 의한 것이다. 그리고 위치측정장치로부터의 입력이 되지 않는 경우 경보를 발한다.

레이더 오버레이(Radar Overlay) 및 AIS 정보 표시

레이더 데이터와 그 밖의 항해 데이터를 ECDIS의 표시화면 상에 중첩시킬 수 있다. 레이더를 활용하여 주변 선박의 이동상황과 해상 장애물을 확인하고, 필요한 경우 경고해 줌으로써 기상이 악화되거나 안개지역에서도 충돌이나 좌초 등의 해양사고를 방지할 수 있다.

자동항해(TCS: Track Control System) 기능

선박 내에 장착된 자동항법장치(Auto Pilot)와 연동하여 자동운항 및 각종 항해 장비 상황의 관제가 가능해진다.

〈표 14.3〉 ECDIS 기능

기본 기능		부가 기능
자선 위치 정보 표시		타깃 추적정보 표시
침로/속력 표시		AIS 정보 표시
항로계획	+	레이더 오버레이
항로감시		기상 정보 표시
알람/경보 표시		자동항해(TCS) 기능
해도 표시		Navtex 정보 표시
항해기록		기타

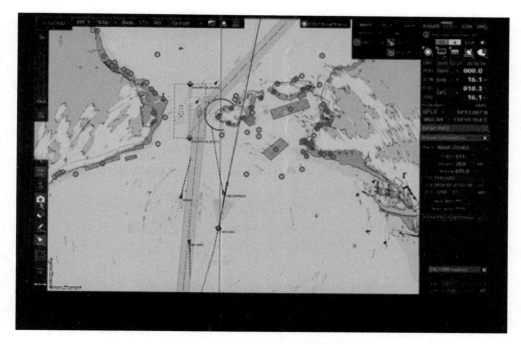

〈그림 14.3〉 ECDIS의 레이더 오버레이 기능

기타

출항 이후 목적지까지 항로설계 및 기상이나 해상 상황변화에 따라 항로를 변경하여 최적항로로 운항함으로써 연료비를 줄이고, 운항기간을 단축할 수 있다.

7. ECDIS 정보와 연결 장비

ECDIS는 선박에 설치된 각종 항해 장비로부터 필요한 정보를 입력받아 표시하는데, 입력 데이터로는 선박의 위치정보, 선박의 방위 및 속도, 수심, 풍향, 온도, Auto pilot, AIS, RADAR 정보 등이 있다. 이들 정보는 IEC 61162 규정에 맞는 형식인 NMEA 0183 규약에 의해 각각의 정보를 담고 있는 신호 포맷에 맞춰

출력하도록 되어 있다. 이렇게 전송되고 입력되는 정보를 처리하여 ECDIS 화면에 항해사가 사용할 수 있도록 항해 관련 정보를 표시한다.

> **[참고] NMEA 0183이란?**
> NMEA(The National Marine Electronics Association) 0183은 시간, 위치, 방위 등의 정보를 전송하기 위한 규약이다. NMEA 0183의 데이터는 Gyro compass, GPS, Speed log 등의 여러 항해 장비를 연동할 수 있는 종합항법시스템(INS)에서 사용된다. NMEA 0183은 ASCII코드로 직렬(serial) 방식의 통신을 사용한다.
> **[예시]** \$GPGGA,114455.532,3735.0079,N,12701.6446,E,1,03,7.9,48.8,M,19.6,M,0.0,0000*48

〈표 14.4〉 각종 항해장비에서 ECDIS로 제공되는 정보

항해장비	정보 내용
GNSS 시스템	일자, 시간, 위도/경도, 대지속력(SOG), 대지침로(COG)
Gyro compass	진방위, ROT(Rate of Turn)
Speed log	대수속력(STW), 항해거리
ARPA	추적된 타깃의 정보
RADAR	레이더 이미지
AIS	타선 AIS 정보
Echo Sounder	수심
Anemometer	진풍향, 진풍속
Water Thermometer	해수온도
Auto pilot	타각, 선회각속도
NAVTEX	기상 등 해상안전정보

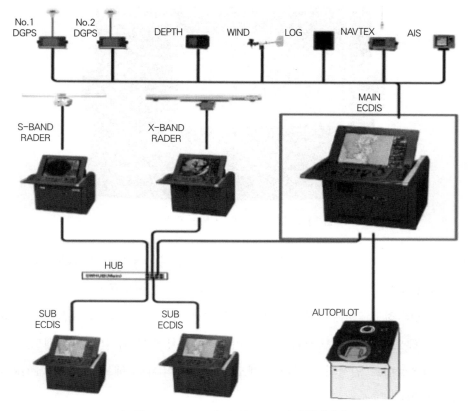

〈그림 14.4〉 ECDIS와 연결(Interface)된 항해장비

8. 전자해도(ENC)

1) 공식 해도와 비공식 해도

SOLAS협약 제5장 제2규칙(정의)에 의하면 "해도 또는 항해도서란 특수목적의 지도나 책, 또는 이러한 지도나 책에서 뽑아낸 특별히 편집된 데이터베이스를

〈그림 14.5〉 AIS수신기에 표시되는 전자해도(ECS)

말하며, 이는 주관청, 위임받은 수로국 또는 기타 관련 정부기관에 의하여 또는 이들을 대신하여 공식적으로 발행된 것으로 항해의 요건을 만족하도록 고안된 것"이라고 정의하고 있다. 이렇게 SOLAS협약에서 정의하는 항해의 요건을 만족하는 모든 해도를 공식 해도(Official Chart)라 하며, 공식 해도 이외의 모든 해도는 항해의 기본설비로 인정되지 못하는 해도로서 비공식(사적) 해도(Unofficial or Private Chart)라 한다.

공식해도는 우리나라 국립해양조사원과 같이 각 국가의 수로국에서 발행한 종이해도와 전자해도를 말하며, 전자해도 중에서 S-57 국제표준 포맷으로 만든 각 국가의 ENC와 영국의 AVCS, ARCS, 미국의 C-map ENC가 공식 해도로서 인정된다. 이와 같은 해도를 ENC(Electronic Navigational Chart)라 하며, GPS플로터나 AIS수신기 등에서 표시되는 전자해도는 공식 해도가 아닌 비공식 해도로서 이를 ECS(Electronic Chart System)라 한다.

ENC와 ECS 전자해도의 차이를 정리하면 다음과 같다.

2) 벡터 해도와 래스터 해도

전자해도는 데이터 포맷 형태에 따라 벡터(Vector) 해도와 래스터(Raster) 해도가 있으며, 다음과 같은 차이가 있다.

벡터 해도(Vector Chart)

종이해도 상에 표시되는 모든 대상물(점, 선, 다각형)의 위치 정보(위도, 경도)를 좌표로 수치화하여 작성한 디지털 데이터 베이스로서, 벡터 해도 상의 오브젝트는 지리 정보와 연동되어 움직인다. 벡터 해도는 특정 위도선과 경도선으로 둘러싼 셀(Cell)이라 불리는 사각형을 최소단위로 하여 구성된다. 이러한 하나하나의 셀이 종이해도 한 장 한 장에 해당된다. 축척은 종이해도와 다른 6가지 항해목적 구분에 따라 구분된다. 벡터 해도는 각 국가의 수로국에서 발행하는 S-57 ENC 와 영국의 AVCS(the Admiralty Vector Chart Service), 미국 Jeppensen사 C-map ENC 가 대표적이다. 벡터 해도는 래스터 해도보다 더 복잡하나, 종이 해도의 각 지점(Point)을 맵핑(Mapping 혹은 Digitizing)하여 해도의 데이터를 보다 다양하게 조작할 수 있는 장점이 있다. 벡터 해도와 래스터 해도의 장단점을 다음 표에 보였다.

ENC(Electronic Navigation Chart)
수로국에서 ECDIS를 지원하도록 내용, 구조 포맷을 표준화한 전자해도로서, 항해에 필요한 해도 상의 모든 해도 정보를 포함한다.

ECS(Electronic Chart System)
해도 데이터를 표시하지만, IMO의 ECDIS 성능 기준을 만족하지 아니하는 장비들을 지칭하는 일반적 명칭이다. 다시 말하면, ECS에는 국내적 또는 국제적인 규칙 등에 성능 기준이 마련되어 있지 않고, 따라서 공인된 종이 해도를 대체하여 사용하는 것은 인정되지 않는다.

래스터 해도(Raster Chart)

래스터 해도는 종이해도(Paper Chart)를 스캔하여 읽은 디지털 Copy 데이터이다. 화상 데이터이기 때문에 Pixel 단위로 구성되어 있다. 벡터 해도와 같이 지리 정보와의 연동이 이루어지지 않는다. 예를 들어, 래스터 해도를 사용하다가 저수심

해역으로 선박이 이동한다고 할 때, ECDIS는 수심 데이터를 전자해도 상에서 읽을 수 없기 때문에 사용자에게 경보를 울릴 수 없게 된다. 영국의 ARCS(the Admiralty Raster Chart Service)와 미국 NOAA(National Oceanic and Atmospheric Administration)의 BSB가 래스터 해도로 대표적이다. 공식적인 래스터 해도를 RNC(Raster Navigational Chart)라 하며, IHO 국제표준사양 S-61에 따라 제작된다. RNC를 이용하는 전자해도 시스템을 래스터 전자해도시스템(RCDS: Raster Chart Display System)이라 한다.

RCDS의 성능기준은 따로 정하지 않고 ECDIS의 성능기준의 부속서 7에 RCDS 모드로 정하며, 다음의 조건을 만족할 때 종이해도와의 동등성을 인정한다.

① ENC가 개발되지 않은 지역에서만 사용할 것
② 적절한 최신의 종이해도집(an appropriate folio of up-to-date paper charts)을 같이 사용할 것

[참고] 각국의 수로 당국에 의해 거의 모든 해역의 벡터 해도가 작성되어 있다. 다만, 아직 전 세계를 커버하고 있는 상태는 아니며 일부 벡터 해도가 없는 해역도 존재한다. 벡터 해도가 없는 지역은 래스터 해도를 설치하여 사용해야 한다.

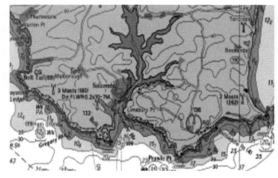
래스터 해도

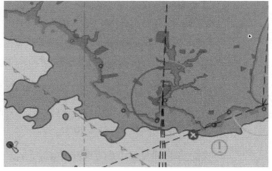
벡터 해도

〈그림 14.6〉 래스터 해도와 벡터 해도의 비교

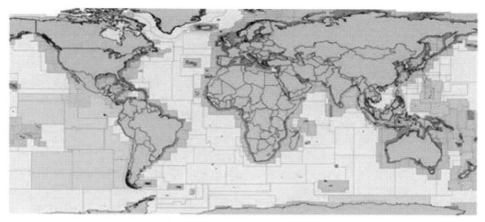

(a) AVCS chart coverage(2013년)

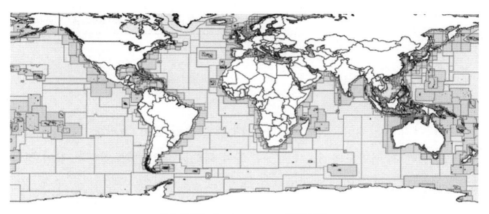

(b) AVCS chart coverage(2021년)

〈그림 14.7〉 AVCS coverage

〈표 14.5〉 벡터 해도와 래스터 해도의 장단점 비교

구분	벡터 해도	래스터 해도
특징	• 데이터의 선택 가능 • 위상(Topology) 개념 도입 • 사용자에 대한 훈련 필요 • 종이해도보다 많은 정보 제공 • SOLAS V/20 만족	• 현재 사용 가능 • 벡터 방식보다 저렴 • 조작의 염려가 적음 • 사용자에 대한 훈련 불필요
장점	• 선택적 도시가 가능하도록 계층으로 구성 • Zoom In/Out 기능이 가능	• 종이해도의 직접인쇄방식 • 해도 상의 색상 및 기호에 대한 사용자의 친숙도가 높음

구분	벡터 해도	래스터 해도
장점	• 자선의 안전 수심 설정 및 비상경보 기능 활용이 가능 • 해도 상 물체에 대한 속성 파악이 가능 • 표시 속도가 래스터 방식에 비하여 훨씬 빠름 • 해도의 자유로운 회전이 가능 • 해도정보를 ARPA/Radar와 공유가 가능	• 종이해도와 동등한 정확도 유지 • 벡터 해도보다 저렴 • 생산 및 최신화 요건 충족이 용이 • 각 수로국에서 이미 상당량 생산 • 종이해도를 사용한 항해방식 그대로 적용 가능 • ECDIS의 기능 에뮬레이션 가능
단점	• 미숙련 사용자에게 어려워, 사용자는 별도의 교육 및 훈련이 필요함 • 생산비가 고가이고, 제작 기간이 김 • 짧은 기간 내(수년)에 전 세계 주요 해역을 커버할 수 있는 데이터 베이스의 확보가 어려움	• 추가 정보로 인한 중첩이 발생할 수 있음 • 위험 해역 경보기능의 활용이 쉽지 않음 • 해도 데이터에 대한 속성 파악이 어려움 • 레이더와 맞춰 Head up, North up, Course up 등 해도의 회전이 불가능 • 벡터 방식에 비하여 큰 기억용량이 요구됨

3) 전자해도의 분류

우리나라 국립해양조사원에서는 아래 표와 같이 총도, 일반도, 연안도, 항만접근도, 항만도, 정박도의 6종류로 구분하여 해도를 발행한다. 일본과 같이 정박도를 제외한 5종류로 발행하는 곳도 있다.

〈표 14.6〉 전자해도 항해목적별 분류

Code No.	항해목적	축척 범위
1	총도(Overview Chart)	〈 2,000,000
2	일반도(General Chart)	500,000 ~ 1,999,999
3	연안도(Coastal Chart)	250,000 ~ 499,999
4	항만접근도(Approach Chart)	75,000 ~ 249,999
5	항만도(Harbour Chart)	25,000 ~ 74,999
6	정박도(Berthing Chart)	〉24,999

4) 전자해도 번호 부여 방법

전자해도 번호는 즉 전자해도 파일명을 부여하는 것은 국제적으로 기준이 정해져 있어 이에 따라 전자해도 번호를 부여해야 한다. 첫 번째 문자(AA)는 전자해도 생산국가 코드이며 한국은 KR, 일본은 JP로 시작한다. 두 번째 문자(B)는 항해목적별 분류 코드 번호이다. 세 번째 문자(CCCC)는 각 국가가 정한 셀 번호이며, 마지막 숫자(000)는 전자해도 업데이트 번호를 의미한다.

AA B CCCC.000

AA: 생산국가 코드(KR: 대한민국, JP: 일본, CA: 캐나다 등)
B: 전자해도의 항해목적별 코드 번호(1: 총도, 2: 일반도, 3: 연안도 등)
CCCC: 각 국가가 정한 CELL CODE
000: 전자해도 업데이트 번호(초판: 000, 제1판: 001)

---

5) 전자해도의 제작

전자해도를 구축하기 위한 기초 데이터에는 종이해도, 측량 원도, 측량선에 의한 자동 수심측량을 통해 획득한 자료와 항로 변경, 시설물 추가, 간척, 준설과 토사 제거 등의 공사에 의한 변경 및 수로도지, 항행통보와 등대표 등이 있다.

전자해도를 구축하기 위한 과정은 디지타이징과 스캐닝을 통한 다양한 자료 원들의 입력으로부터 출발한다. 스캐닝(Scanning)은 종이해도, 측량원도와 같은 종이에 표현된 정보를 TIFF, PCX 등과 같은 그래픽 데이터 형태로 읽어 들이는 스캐너(Scanner)를 통해 컴퓨터에 저장하는 방식이다. 스캐닝을 통해 입력된 데이터는 이미지 형태이기 때문에 수치화하기 위해 벡터라이징(Vectorizing) 과정을 필요로 한다. 디지타이징(Digitizing) 과정은 스캐닝을 통하지 않고 곧바로 수치 데이터를 컴퓨터에 입력할 수 있지만, 시간이 오래 걸린다.

컴퓨터에 입력된 데이터는 해도를 입력하기 위한 전용 소프트웨어(Tool)나 지리정보시스템(GIS) 툴을 통해서 표준화된 포맷으로 그래픽과 속성정보를 갖추게 된다. 이런 과정을 통해서 구축된 전자해도는 출력되어 종이해도로 보급될 수도 있고 전자해도시스템이나 선박통항관제서비스(VTS), 해상구조구난시스템등에 활용될 수 있다.

전자해도를 구축하기 위해서는 일반적으로 해도 자동화 시스템을 이용하는데 해도 자동화 시스템은 측량자료 처리, 데이터베이스 관리, 해도 및 전자해도 편집, 도면자료의 자동입력, 도면 출력, 수로서지 편집과 항행통보 처리의 기능을 가져야 한다. 이 기능들은 크게 모선과 모선이 접근하기 어려운 곳을 탐사하기 위하여 자선에서 이루어지는 측량 자료를 해도편집 시스템에 이용하게 하는 자료처리 기능으로 나눌 수 있다. 측량자료처리를 위해서는 주로 PC환경에 전문화된 S/W를 탑재시켜 다중빔 측심(Multibeam Sounding)과 소나 이미지(Sonar Image) 자료 등을 처리한다. 해도 편집 시스템에는 기존의 GIS S/W를 사용할 수도 있고, 해도의 특성에 특화된 캐나다 USL사의 CARIS(Computer Aided Resource Information System) 등을 사용하기도 한다. 이렇게 특화된 S/W는 표준화된 S57포맷에 대한 수용성이 뛰어나다.

6) 전자해도의 표시화면 및 색상, 해도도식 등

전자해도 표시화면의 종류

ECDIS는 해도표시 구역 내에서 다음과 같이 4가지 화면으로 표시할 수 있다. 일반적으로 표준 표시화면을 주로 사용한다.

- 기본 표시화면(Base Display): 전자해도 상에서 가장 기본적인 정보만을 표시해 주는 화면이다. 해안선과 자선의 안전등심선, 안전수심보다 낮은 수중의 고립 장애물, 축척과 방위, 수심 및 높이의 단위 정보만이 표시된다.

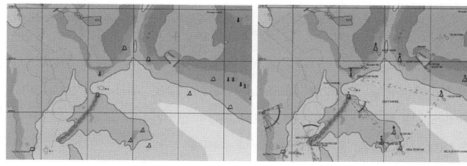

(a) 기본 표시화면　　　　　　　　(b) 표준 표시화면

(c) 상세 표시화면

〈그림 14.8〉 전자해도 표시화면의 종류

- 표준 표시화면(Standard Display): 기본 표시화면에 부가하여 부표나 비콘(Bea-con)과 같은 항로표지나 그 명칭, 묘박지나 항로의 경계선 등 항로계획 및 항로모니터링에 있어 최저요건으로 사용되는 정보가 표시된다.
- 상세 표시화면(All Display): 전자해도가 가지고 있는 모든 정보를 포함하여 표시해주는 화면이다. 수심이나 해저케이블, 항로표지의 등질 및 기타 지명 등 상세한 정보가 표시된다.
- 사용자 표시화면(Customizing Display): 전자해도 상에서 사용자가 선택한 정보만을 표시해 주는 화면이다.

전자해도의 색상과 해도도식

공인된 전자해도(ENC)는 S-52 국제표준사양에 따라 제작되기 때문에 통일된 색상을 가지고 있다. 사용자가 2~4가지 색상으로 표시될 수 있도록 설정할 수 있다. 해도 도식(Chart Symbol)은 Admiralty Guide to ENC Symbols used in ECDIS(NP5012)에 따라 기재되며, 종이해도와 동일한 도식(Traditional Symbol)과 간단한 도식(Simplified Symbol)을 선택하여 사용할 수 있다.

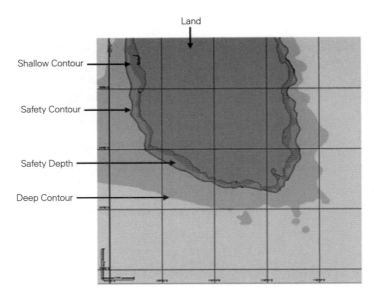

〈그림 14.9〉 전자해도의 색상(4색)

수심 정확도

각 국가는 자국 영해는 물론 배타적 경제수역(EEZ: Exclusive Economic Zone)에 대해 수로 측량을 수행할 책임을 가지고 있다(UN 해양법). 하지만 호주, 인도네시아와 같이 넓은 수역을 가진 국가의 경우 정확하고 최신의 측량 정보를 유지하는 것은 현실적으로 불가능하기 때문에 선박 통항의 중요한 해역에 대해서만 수로 측량이 시행된다. 항해사는 해도의 수심정보가 실제 수심과 다를 수 있다는 것을 감안해야 한다.

영국 수로국(UKHO)에서는 1993년까지 Lead Line(수용측연)에 의한 측심을 주로 실시했다. 이것은 소위 '점(Dot)' 측량으로 각 지점의 수심 밖에 모르고 주변 숨겨진 암초 등의 발견은 대단히 어렵다. 그 후 음향측심기의 발달로 Single beam에 의한 측심이 실시되어, '선(Line)'의 측량이 가능해졌다. 이후 Side scan sonar가 추가되어 복수의 '선'에 의한 측량이 실현되었고, 2000년 이후 Multi beam에 의한 측심으로 '면(plane)' 측량이 가능해졌다.

어느 해역의 측심 정확도가 아무리 높더라도 모든 해역이 측량되어 있지 않으면, 정확도가 높은 데이터라 말할 수 없다. 따라서, IHO에서는 측심 정확도, 측위 정확도, 측량 범위에 따라 수심 데이터의 신뢰도를 평가하고 있다. 이를 CATZOC(Category on Zone Confidence)이라 한다. CATZOC은 다음 표와 같이 6종류로 구분한다.

〈표 14.7〉 CATZOC 구분

ZOC	측위 정확도	측심 정확도	측심 범위
A1	±5m + 수심의 5%	0.5m ± 수심의 1%	전 해역 탐사 해저 지형의 탐사 및 측심
A2	±20m	1.0m ± 수심의 2%	전 해역 탐사 해저 지형의 탐사 및 측심
B	±50m	A2와 동일	전 해역 탐사 미실시 해도 미기재 물체, 항해상 위험물로 인한 위험은 없을 것으로 판단되지만, 존재할 수도 있음
C	±500m	2.0m ± 수심의 5%	전 해역 탐사 미실시 수심 오차가 예상
D	C보다 불량	C보다 불량	전 해역 탐사 미실시 큰 폭의 수심 오차가 예상
U	측심 데이터 품질 관련 평가 미실시		

A1이 수심 데이터의 신뢰도가 가장 높고, U가 가장 낮다. 전자해도 상에서 CATZOC의 심볼은 아래 그림과 같다.

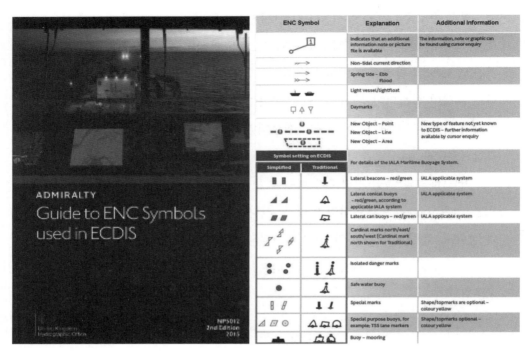

〈그림 14.10〉 Admiralty Guide to ENC Symbols used in ECDIS(NP5012)

〈표 14.8〉 전자해도 CATZOC 심볼

ZOC	측위 정확도	측심 정확도	측심 범위
A1	✳ ✳ ✳ ✳ ✳ ✳ ✳	C	✳ ✳ ✳
A2	✳ ✳ ✳ ✳ ✳	D	✳ ✳
B	✳ ✳ ✳ ✳	U	U

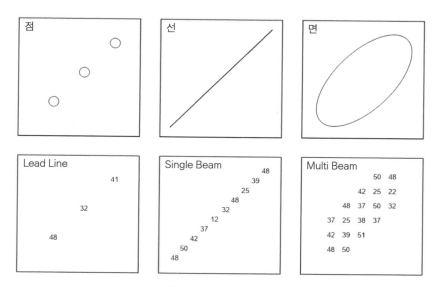

〈그림 14.11〉 수심 측량 방법

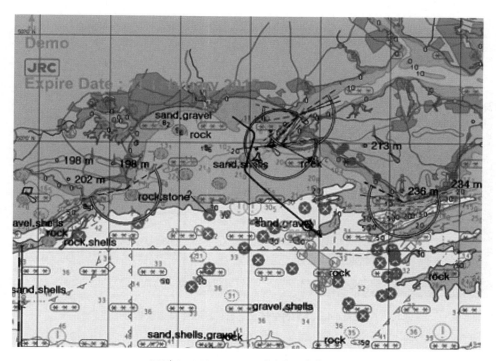

〈그림 14.12〉 CATZOC 심볼이 표시된 ENC

7) 안전수역의 설정

　수역의 설정과 표현은 Safety contour, Safety depth, 저수심 등심선(Shallow contour), 깊은수심 등심선(Deep contour)의 4가지로 구분하며, 각 구역별로 색조변화에 의한 색 구분 표시로 정보를 표시한다. Shallow contour의 설정은 최소한 선박 최대 흘수보다 큰 값으로 설정해야 한다. 안전수심(safety depth)과 안전등심선(Safety contour)은 일반적으로 선박 최대 흘수의 1.5배 이상을 설정하는 것이 바람직하며, 흘수가 깊은 선박의 경우 최대 흘수의 1.25배 이상은 확보해야 한다. 선박이 고속으로 주행할 경우 선체 침하(squatting)가 발생하며, 파도에 의해 롤링(rolling)과 피칭(pitching), 히빙(heaving) 현상이 일어나므로 선박 최대 흘수에 선체 침하량을 추가하여 안전수심과 안전등심선을 설정하는 것이 안전하다.

　G. Rutkowski(2018)는 안전수심과 안전등심선 설정 방법에 대해 다음과 같이 권고하고 있다.

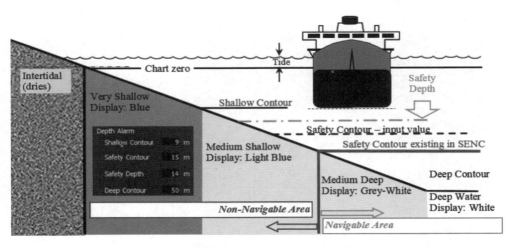

〈그림 14.13〉 안전수심, 안전등심선 개념 및 설정 방법

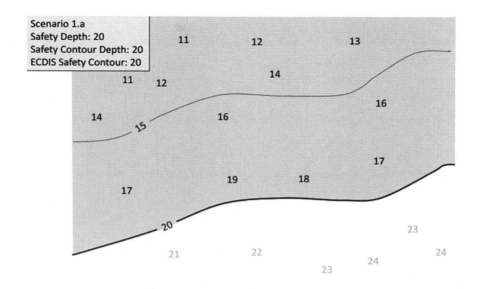

Scenario 1: **Same Value** set for both Safety Depth and Safety Contour Depth
Condition: 1.a – ECDIS finds a depth contour equal to the safety contour depth
Display: Soundings on either side of the safety contour will either be all gray or all black.
Impact: The shade used for the soundings provides information that is redundant with the safety contour.

〈상황 1〉 안전수심: 20m, 안전등심선: 20m

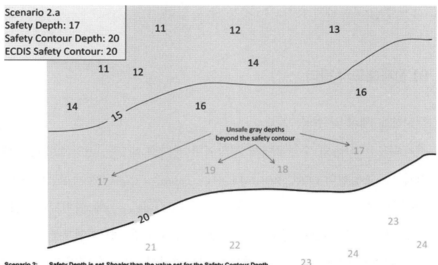

Scenario 2: **Safety Depth is set *Shoaler* than the value set for the Safety Contour Depth**
Condition: 2.a - ECDIS selects a depth contour equal to the safety contour depth set by the mariner.
Display: All soundings on the "safe-water" side of the safety contour will be gray. These gray soundings are deeper than both the safety depth and the safety contour). No real additional information is provided by these.
Some additional soundings on the shoaler side of the safety contour (mostly adjacent to the safety contour, but also in other areas) will be gray. These additional soundings are deeper than the safety depth, *but shoaler than the safety contour depth*.
Impact: Unlike scenario 1.b, these gray soundings may *not be safe to pass over*. They are outside the safety contour, not because the ECDIS has selected a shoaler contour than the safety contour depth, but because the mariner set ECDIS to portray soundings shoaler than the safety contour as safe when in fact they may not be.

〈상황 2〉 안전수심: 17m, 안전등심선: 20m

〈그림 14.14〉 안전수심, 안전등심선 설정 상황별 전자해도 화면의 변화

- Shallow Contour: Indicates the depth below a vessel could run aground and it is equal to vessel's maximum static draft
- Safety Depth = Maximum Draft(static) + UKC (Company's Policy) + Squat(Maximum) – Height of Tide
- Safety Contour: Is calculated same as per Safety depth AND activates ALARM when depth is less
- Deep Contour: Indicates the limit of sea area where shallow water effects occur that can affect a vessel. It should be estimated twice or four times the draught of vessel (depending on the depth of water available)

앞의 그림은 안전수심과 안전등심선 설정 치에 따른 전자해도의 표시화면 변화를 보이고 있다. 〈상황 1〉 안전수심 20m, 안전등심선 20m로 설정한 경우, 전자해도 화면에서 20m 등심선과 수심 20m 미만 숫자가 진하게 표시되는 것을 볼 수 있다. 〈상황 2〉 안전수심 17m, 안전등심선 20m로 설정한 경우, 20m 등심선과 17m 미만 수심이 진하게 표시되는 것을 알 수 있다.

8) 전자해도의 관리

전자해도 제작 및 수급

전자해도는 각국의 수로국에서 제작되며 제작된 해도는 비암호화된 상태로 지역전자해도조정센터(RENC: Regional ENC Co-ordination Center)에 제공된다. RENC는 현재 영국과 호주(www.ic-enc.org), 노르웨이(www.primar.org)에 설치되어 있으며, 각국으로부터 제공된 ENC 등을 배급처(Distributor)에 제공하는 업무를 수행한다. 배급처는 RENC로부터 받은 전자해도를 암호화하여 각 지역 대리점(Local Agent)에 공급한다. 사용자는 각 지역 대리점을 통해 전자해도를 구매할 수 있다.

사용자는 필요한 전자해도를 각 지역 대리점 홈페이지나 영국에서 발행하는 Charts and publications catalogue(NP131)나 Admiralty Digital Catalogue(ADC)에

서 찾아 셀(Cell) 또는 구역(Zone) 단위로 구매할 수 있다.

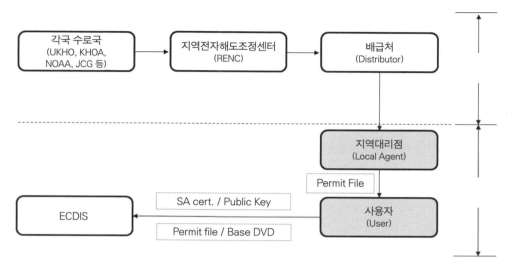

〈그림 14.15〉 전자해도 제작 및 수급 절차

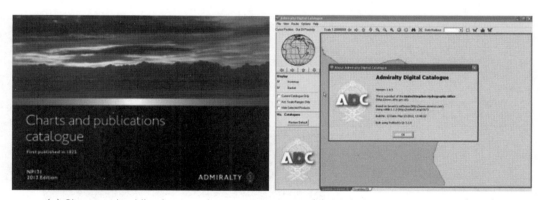

(a) Charts and publications catalogue   (b) Admiralty Digital Catalogue(ADC)

〈그림 14.16〉 필요한 전자해도 청구 방법

〈그림 14.17〉 ENC 설치에 필요한 파일

ENC 설치

ENC 설치는 다양한 방법이 있지만, 여기서는 UKHO가 발행하는 AVCS를 예시로 설명한다. ENC를 설치하기 위해서는 Base, Update, Cell Permit 3개 파일이 필요하다. Base 파일은 CD나 DVD로 공급되며, Update 파일과 Cell permit 파일은 e-mail을 통해 공급되는 경우가 일반적이다.

- Base 파일: 현재 발행되어 있는 모든 해도 데이터
- Update 파일: 매주 간행되며, 그 주 이전의 모든 해도 갱신 데이터 수록
- Cell Permit 파일: ENC를 설치하기 위한 텍스트 데이터

Base 파일 설치 순서는 다음 표와 같다. Update 파일 설치도 이와 동일하다. 이 장에서는 Update 파일 설치는 생략한다. Update 파일은 매주 금요일을 기준으로 간행된다. 따라서 파일 설치하는 날을 기준으로 가장 최근 Update 파일만 설치하면 된다.

〈표 14.9〉 Base 파일 설치 순서

Base 파일 설치 순서	과정
Base CD 또는 DVD를 삽입한다. 초기 화면에서 ENC & ARCS Cha-rt Portfolio를 선택한다.	

Base 파일 설치 순서	과정
화면 상단 메뉴에서 'Sort → S-57'을 순서대로 누른다. ※ Chart list가 보이지 않을 경우에는 왼쪽 상단의 Auto detect 버튼을 누른다.	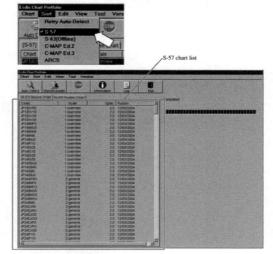
Import/Update 버튼을 누른다. ※ 해도 데이터량에 따라 설치 시간이 달라진다.	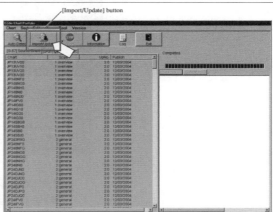
Import condition 창이 나오면 'OK' 버튼을 누르고 설치 화면에서 나온다 (설치 완료).	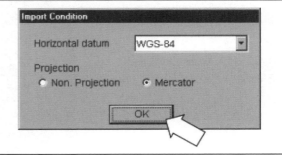

Cell Permit 파일 설치

Cell Permit 파일 설치 과정은 다음과 같다.

〈표 14.10〉 Cell Permit 파일 설치 순서

Cell Permit 파일 설치 순서	과정
Base CD 또는 DVD를 삽입한다. 초기 화면에서 ENC & ARCS Chart Portfolio를 선택한다.	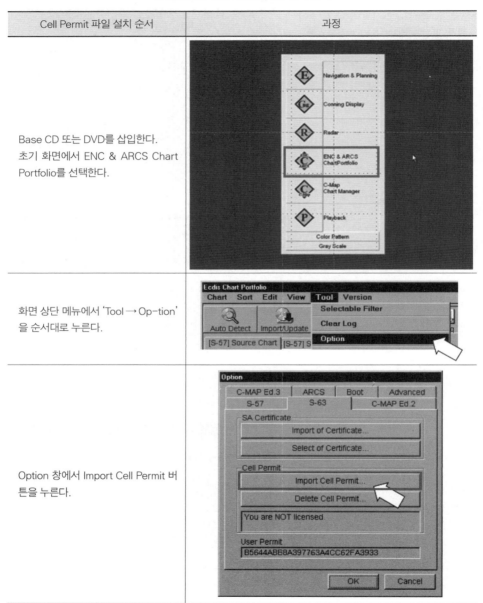
화면 상단 메뉴에서 'Tool → Op-tion'을 순서대로 누른다.	
Option 창에서 Import Cell Permit 버튼을 누른다.	

Cell Permit 파일 설치 순서	과정
Cell Permit 파일이 있는 드라이브를 선택한다.	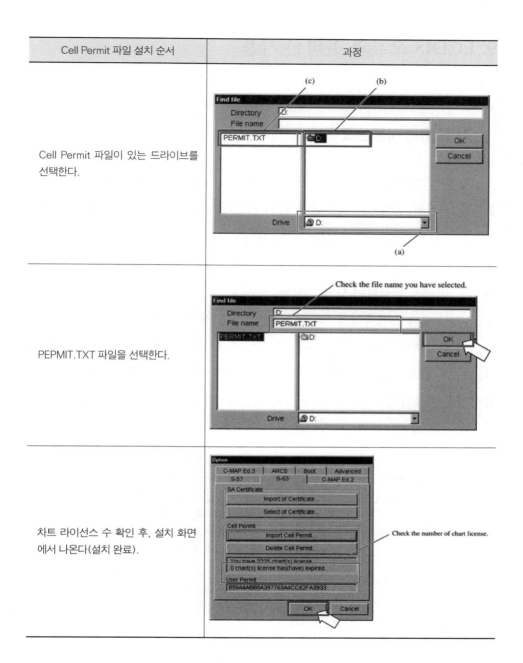
PEPMIT.TXT 파일을 선택한다.	
차트 라이선스 수 확인 후, 설치 화면에서 나온다(설치 완료).	

9. ECDIS 오류와 올바른 사용

1) ECDIS 사용상 오류

컴퓨터 기반의 ECDIS는 하드웨어, 소프트웨어 및 데이터 등이 통합되어 작동되는 복잡한 장비이기 때문에 수많은 ECDIS 오류가 식별되고 있다. IMO는 2012년 7월 회람문서를 작성하여 작동오류의 위험성을 회원국에 알린 바 있다. 특히 2009년 이전의 Resolution A.817(19) ECDIS 성능기준에 의해 제작된 제품에 많은 오류가 발생하여 MSC 232(82)로 성능기준을 개정했다. 그럼에도 불구하고 ECDIS 오류는 계속해서 보고되고 있다. ECDIS 성능상의 문제뿐만 아니라 사용자 잘못에 의한 사고도 다수 보고되고 있다. ECDIS 사용과 관련한 주요 해양사고는 아래 표와 같다. 따라서 항해사는 ECDIS 작동오류의 성질, 위험성, 그 해결방법을 충분하게 이해하고 있어야 하며, ECDIS 정보를 과신해서도 안 된다.

〈표 14.11〉 ECDIS와 관련한 주요 해양사고

사고명	발생연월	사고 주원인
CFL Performer 좌초사고	2008년 5월	• 잘못된 항해계획 수립 • ECDIS 축척(scale), 해도 상의 수심에 대한 이해 부족 • 저수심 지역 항해 중 측심기 미사용
Beluga Revolution 좌초사고	2010년 4월	• 전자해도 최신화 소홀 • 위험요소에 대한 확인 소홀
CSL Thames 좌초사고	2011년 8월	• 장비에 대한 과도한 의존 • ECDIS에 대한 이해 부족
Ovit 좌초사고	2013년 9월	• 잘못된 항해계획 수립 • 위험요소에 대한 확인 소홀

이 외에도 COSCO Busan(2007), LT Cortesia(2008), Pride of Canterbury (2008), USS Guardian(2013) 등 ECDIS와 관련한 많은 해양사고가 보고되고 있다.

2) ECDIS 올바른 사용 방법

정상 작동 여부의 주기적 확인

ECDIS는 소프트웨어 중심의 복잡하고, 다양한 기능을 디스플레이 및 통합해 주는 시스템이기 때문에 완전한 상태로 시스템이 작동되고 있는지 항상 확인하는 것은 ECDIS 사용을 위한 가장 중요한 일이다. 항해 중 작동되는 알람 및 표시에 대해 주기적으로 확인해야 한다.

유효한 데이터 이용

ECDIS는 항해 보조수단으로서 사용하는 것이 바람직하다. 항해 위험요소 식별을 위해 가용할 수 있는 모든 수단을 이용해야 한다. 국제해상충돌예방규칙(COLREG) 제5규칙(견시)에 의하면 "모든 선박은 시각 및 청각은 물론 그 당시 사정과 상태에 적절한 모든 유효한 수단을 동원하여, 처하여 있는 상황 및 충돌의 위험을 충분히 평가할 수 있도록 항상 적절한 견시를 유지하여야 한다"고 규정하고 있다.

ECDIS 사용 친숙화

STCW 협약에 의하면 ECDIS를 탑재한 선박의 선장과 항해사는 STCW Code의 Table A-II/1에 규정된 지식과 능력을 갖추어야 한다. ECDIS 교육은 기본교육(Basic Course)과 장비교육(Type Specific Training)으로 구분되며, ECDIS 사용자는 반드시 기본교육을 이수해야 한다. 우리나라는 IMO Model Course 1.27에 따라 기본교육을 시행하고 있다.

제15장

동적위치결정(DP)
시스템의
원리와 응용

1. 개요

가스 및 석유산업 등 해양자원 개발 현장에서는 선박이나 해양플랜트에 활용
될 수 있는 새로운 기술이 요구되었다. 석유 및 가스 개발 등에 부응할 수 있는 안
전한 작업환경을 확보해 줄 수 있는 Dynamic Positioning 시스템 기술이 대표적
이라 할 수 있다.

DP기술은 초창기 주로 사용되던 가스 및 석유산업과 관련이 없는 선박으로
사용이 확대되어 왔다. 현재는 DP시스템을 탑재한 가스 및 석유시추선, 파이프
설치 및 준설선, 케이블 준설 및 보수, 수상 부유 호텔, 해양조사, 침선 조사, 해난
구조, 로켓 플랫폼 설치, 군함 수리/보조, 선박 간의 운송은 물론 컴퓨터 기술과
제어기술, 위치측정 기술 등의 발전으로 전통적인 선박의 조선에까지 확장되어

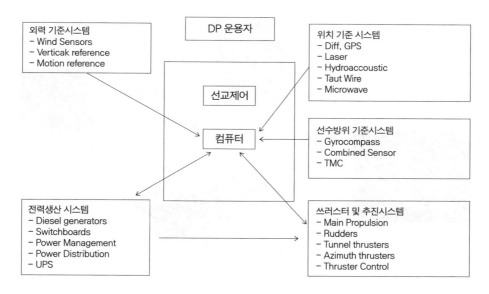

〈그림 15.1〉 DP시스템의 구성요소[1]

---

1   Kongsberg, Principle of Dynamic Position.

가고 있다. DP기술이란 선박이나 해양플랜트시스템의 정확한 조종능력을 얻기 위한 여러 기술을 통합한 위치결정 및 제어기술이라 할 수 있다. 즉, DP기술은 이용 가능한 스러스터(thruster)에 의해서 선박의 위치 및 선수방위를 자동으로 유지시키는 것은 물론, 위치고정, 정확한 조선 및 다양한 위치정보 매체를 이용한 위치결정 능력을 포함한다. 따라서 이와 같은 기능을 하기 위해 DP시스템 〈그림 15.1〉은 PRS(Position Reference System), 스러스터, HRS(Heading Reference System), Power System, Environment Reference System 및 Control System 등으로 구성되어 상호 유기적인 작용을 통하여 선박이나 해양플랜트시스템의 위치결정 및 선수방위 제어를 한다. 이 책은 항법 및 위치결정에 중심을 두고 있는바, DP시스템의 주요 PRS에 대하여 서술하기로 한다.

〈그림 15.2〉에 DP시스템 기능을 할 수 있는 선박의 대표적인 PRS 시스템을 보였다.

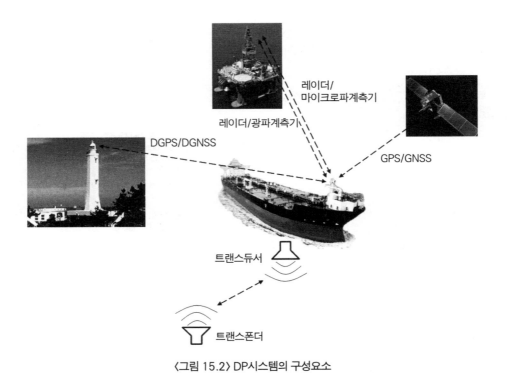

레이더/
마이크로파계측기

레이더/광파계측기

DGPS/DGNSS

GPS/GNSS

트랜스듀서

트랜스폰더

〈그림 15.2〉 DP시스템의 구성요소

〈그림 15.2〉에서 보는 바와 같이 DP시스템에서의 위치기준시스템(Position Reference System)은 위성항법시스템, 전파항법시스템 및 수중음향시스템, 토트와이어 등 다양한 위치결정 시스템을 사용한다. 이들을 이용하여 신뢰성과 정확성이 보장되는 위치정보를 선박 등에 제공함으로써 해양에서의 각종 작업을 가능토록 한다. DP선박에서 보통의 수상함과는 다르게 수중음향센서를 포함하여 다양한 위치측정시스템을 사용하는 가장 큰 이유는 고도로 안전한 해양작업환경을 유지하기 위함이다.

2. 수중음파와 DP시스템의 위치측정

1) 수중음파를 이용한 위치측정 개요

최근 들어 해양구조물이나 특수선 등에서 DP시스템을 탑재하는 선박이 늘어남에 따라 수상선박에서도 자연스럽게 수중음향을 이용한 위치결정 방식에 대한 관심이 높아지고 있다. 전파매체를 이용한 전자항법 또는 전파항법에 익숙한 경우, 수중음향을 이용한 위치결정이론이나 수중항법시스템 이해에 다소 어려움을 겪는 학생들이나 독자들이 있다. 사실 위치측정원리나 항법원리는 위치정보 전달매체의 특성이 다르고 장치 사용 장소가 다를 뿐 기본적으로 전파나 광파(빛)를 매체로 한 항법방식이나 위치결정원리와 유사한 부분이 많다. 전파에 대한 음파의 특징으로서 장점은 첫째, 육지가 없는 곳에서 사용할 수 있고 둘째, 해저 탐사가 가능하고, 셋째, 파장이 짧아 높은 지향성을 얻을 수 있다. 반면에, 단점으로는 첫째, 감쇠가 심하여 원거리 송신이 불가능하고, 다중경로 전파를 하므로 수중음파의 전달속도가 불안정한 점이다. 사용주파수대는 10~600kHz이며, 주로

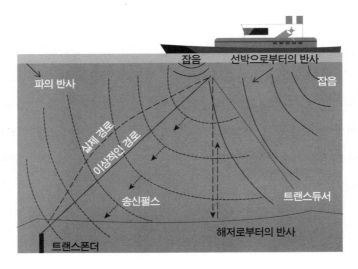

〈그림 15.3〉 수중음파를 이용한 DP선의 위치결정 개념도

30~100kHz가 많이 쓰인다. 수중음파를 이용한 위치결정은 기본원리 측면에는 전파를 이용한 위치결정 방식과 매우 유사한 부분이 많다. 수중음파라는 정보전달 매체를 통하여 목표물까지의 거리와 방위를 측정 또는 이동체의 속도를 구하는 것 등을 두고 하는 말이다.

소나(SONAR: Sound Navigation and Ranging)는 음파를 이용하여 어선이나 군함에서 광범위하게 사용되는 거리 및 방위 측정 방식으로서 수중에서 사용하는 항법방식의 대표적인 방식이다. 여기서 다루고자 하는 것은 수중음파 매체를 이용하여 어떻게 선박의 위치결정을 하는가에 중점을 두고 설명하고자 한다. 따라서 이 책에서 다루지 못하는 수중항법 전반에 대한 보다 세부적인 원리나 응용개념은 별도 참고문헌을 보기를 권장한다.

2) 수중음파(Acoustic Wave)

빛은 뛰어난 물체 구별능력과 빠른 전파 속도를 가졌지만, 물속에서의 진행거리는 매우 제한적이다. 전파 또한 매질을 통해 매우 빠르고 멀리 전파될 수 있지만, 물속에서는 본질적으로 대부분이 통하지 않는다. 초저주파 신호의 경우 10여 미터 정도, 고주파는 불과 몇 밀리미터밖에 물속을 통과하지 못한다.

음파는 수중 및 공기 중에서 진행하는 소리를 말하며 기본적으로 파장의 진동이 전달방향과 같은 종파(Longitudinal Wave)이다. 수중에서 음파의 에너지는 상당한 거리까지 전달될 수 있다. 따라서, 수중항해, 수중통신 및 대잠수함전에서는 수중음파 에너지가 중요하게 사용된다. 그러나 수중에서의 음파 에너지의 사용에도 제한점이 있어서 모든 곳에서 효율적으로 사용될 수는 없다. 수중에서의 음파 사용은 수중음파 장치를 통해서 해석되며, 음파의 최적 사용을 위해서는 수중의 환경을 충분히 이해해야 한다. 해수의 압력, 온도 및 염도 등이 바다를 통한 음파의 전달에 중대한 영향을 끼치기 때문이다.

실제 해양에서의 음파전달은 매우 복잡하다. 굴절, 산란 그리고 해수면과 해저면과 같은 해양의 경계면은 근거리를 제외하고는 자유음장(Free Field)이 존재하지 않기 때문이다. 수심에 따라 변화하는 음속은 모든 음파전달모델의 기본 입력값이 되며, 수중음속의 수직구조를 아는 것은 수중센서를 설계할 때나 장비를 운용하는 측면에서 매우 중요한 일이다. 음속구조를 알고 있다면 음영구역을 피해서 수중센서를 운용할 수 있을 것이다.

바닷속에서의 음속(Speed)

수중에서의 거리측정 시스템의 정밀도는 수중음파의 전파속도에 크게 좌우된다. 일반적으로 음파의 수중 평균속도는 공기 중 음속인 340m/s에 비해 상당히 빠른 약 1,500m/s로 간주되지만, 빛의 속도(전자파) 3×10^6m/s보다는 매우 느리다. 바닷속에서 속도는 적게는 1,420m/s, 많게는 1,560m/s 까지 환경에 따라 다양하다. 해양에서의 음속은 수온, 압력(수심) 그리고 염분에 따라 달라진다. 실험을 통해 얻어진 음속을 구하는 공식은 다양하다. 여기서는 Horton 및 Mackenzie 계

산식을 소개한다.[2]

Horton은 음파의 속도를 다음 식으로 표현했다.

$$C = 1459 + 0.37T - 0.001485T^2 + 0.0182D + 0.142(S - 34)$$

여기서, T는 수온(F)으로 표준온도는 55.4도(F)이며, D는 수심(m), S는 염도 (%, 천분율)로 표준염도는 35%이다. 아래 식은 1981년 Mackenzie에 의해 개발된 수중음속의 계산공식이다.

$$\begin{aligned} C = {}& 1,448.96 + 4.59T - 5.304 \times 10^{-2}T^2 \\ & + 2.374 \times 10^{-4}T^3 + 1.340(S - 35) \\ & + 1.630 \times 10^{-2}D + 1.675 \times 10^{-7}D^{-2} \\ & + 1.025 \times 10^{-2}T(S - 35) - 7.139 \times 10^{-13}TD^3 \end{aligned}$$

단, 상기식에서의 수온 T는 섭씨(C)를 사용한다.

음속은 매질 내에서 파면의 횡적인 움직임에 비례하고 파장과 주파수에 비례 한다. 따라서 음속 c(m/s)는 f(Hz)를 주파수, λ(m)를 파장이라 하면 아래와 같은 식 으로 표현될 수 있다.

$$c = f\lambda$$

파장은 한 주기 동안 파면이 전파한 거리를 말한다. 즉, 어떤 수중음향장의

---

2   Principle of Naval Weapon System(2006), 앞의 책, pp. 154-170(Chapter 9, Principle of Underwater Sound).

운용주파수가 1,000Hz라 하면, 파장은 1.5m이고 운용주파수가 10kHz이면 파장은 0.15m이다. 반면에 어떤 전파시스템 장치의 운용주파수가 1,000Hz라 하면 파장은 3×10^5m로서 음파를 사용하는 수중음향장치의 파장보다 훨씬 길다. 이는 공기나 바닷속을 진행하는 데 있어서 매질이 달라 감쇄정도가 다르기 때문이다.

음속의 수직구조

음속의 수직구조는 수심에 따른 온도의 변화를 그린 그림이다. 음속의 수직구조는 위치, 계절, 시간 그리고 기상에 따라 변화한다. 대부분의 지역에서 염분은 거의 일정한 35‰로 간주되지만 몇몇 지역에서는 다른 값을 보이기도 한다. 연안 가까이에서는 염분의 변화가 매우 심하며, 북극 지방에서는 빙하가 녹는 표면의 염분이 매우 낮고, 발틱해에서는 거의 모든 수심에서 염분이 매우 낮다. 염분이 낮다는 것은 감쇄계수가 낮다는 것을 의미하며, 이로 인해 전달손실이 적어진다는 것을 의미한다.

해양에서 수심 및 거리에 따라 가장 변화가 심하여 측정하기가 쉽지 않은 것이 수온이다. 수온이 높을수록 그리고 수심이 깊을수록 음속은 증가한다. 해수면 부근의 해수 온도가 수심이 깊은 곳에 있는 것보다 수온이 높을 때, 수심이 깊어짐에 따라 다른 두 가지 경향이 나타나게 된다.

① 수온이 감소하면 음속이 감소한다.
② 압력 즉, 수심이 증가하면 음속이 증가한다.

이 두 가지 다른 경향은 처음의 몇백 미터 안에서의 폭넓게 변화하는 음속의 수직구조를 구하기 위한 것이다. 이러한 음속의 수직구조는 바람과 파도에 의해 해수 표면층(Surface Later)이 혼합되는 것뿐만 아니라 태양에 의한 수온변화에 의해서 보다 복잡해질 수 있다. 〈그림 15.4〉는 전형적인 해양에서의 음속 수직구조를 보여주고 있다.

- 해수 표면층(Surface Layer Duct): 해수면이 바람에 의해 혼합이 잘되기 때문에 온도가 균일한 층으로 혼합층(Mixed Layer)이라고도 한다. 음파는 이곳에서 해수면 반사와 상향굴절로 인해 도파관 안에서 멀리 전파하게 된다.
- 계절 수온약층(Seasonal Thermocline): 수심에 따라 수온이 감소하는 층. 여름과 가을에 수온약층은 강하게 나타난다. 겨울과 봄에는 약해져서 혼합층과 합쳐지게 된다.
- 주 수온약층(Main Thermocline): 계절의 영향에 무관한 층. 바다에서 수심이 증가함에도 불구하고 온도가 상승한다. 수심에 따라 압력이 증가하지만 이 층에서는 온도와 압력의 변화가 구간 내에서 음속을 감소시킨다.

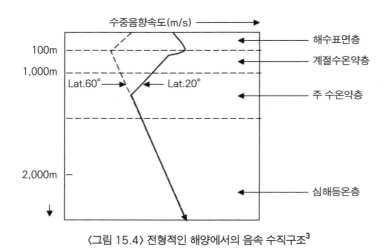

〈그림 15.4〉 전형적인 해양에서의 음속 수직구조[3]

해저에서의 음향 도파관현상

주 수온약층의 음의 기울기와 해저층의 양의 기울기 사이에는 음파가 한쪽으로 집중되는 음속 최소 구간이 있다. 이와 같이 집중이 일어나는 수심을 심해 도

---

3 Principle of Naval Weapon System(2006), 앞의 책; 해군본부(2007), 소나의 원리와 실무응용, pp. 64-72, pp. 254.

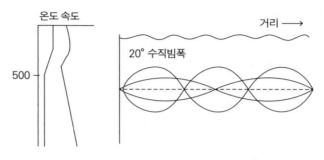

〈그림 15.5〉 해저에서의 음향 도파관현상[4]

파관(DSC: Deep Sound Channel)이라 부른다. 이런 심해 도파관을 이용하기 위해서는 음원이 음속 최소지점에 있어야 한다. 그렇게 해야 원거리 전달이 가능한 원통형 산란을 하기 때문이다.

신뢰음파경로

음원을 최소 1,000m 정도에 위치시킨 음파경로는 변화가 심한 해수면이나 해저면 반사손실(Bottom Loss)이 거의 일어나지 않기 때문에 "신뢰할 만한(Reliable)" 음파경로로 알려져 있다. 신뢰 음파경로(RAP: Reliable Acoustic Path)는 음원이 해수면의 수온과 같은 수온의 수심 즉, 임계수심(Critical Depth)에 위치하고 있을 때 존재하게 된다. 고위도에서는 심해 도파관이 임계수심인 신뢰 음파경로에 가깝다.

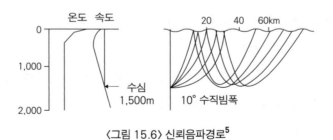

〈그림 15.6〉 신뢰음파경로[5]

---

4   Principle of Naval Weapon System(2006), 앞의 책; 해군본부(2007), 앞의 책.

5   Principle of Naval Weapon System(2006), 앞의 책; 해군본부(2007), 앞의 책.

표층 도파관의 음파전달

해수면에 바람과 파도로 인해 물이 섞여 등온층을 형성하게 되면, 압력 효과가 강하게 나타나 수심이 깊어질수록 음속이 상승하게 된다. 이 층은 최소 심해 도파관 상층부까지는 온도가 떨어지고 음속이 감소하는 구간에 도달하게 된다. 이 등온층을 표층 도파관이라고 하는데 5m에서 200m까지 분포한다. 일반적으로 50~100m의 도파관은 세계적으로 차가운 물이 있는 곳에서 나타난다.

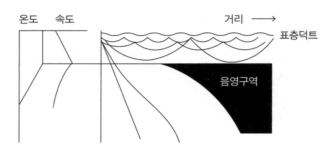

〈그림 15.7〉 표층 도파관의 음파전달[6]

〈그림 15.7〉은 표층 도파관 안에 있는 음원에서 방사된 음파가 전파되고 있는 것을 보여주고 있다. 해수면에 가까이 있는 음선들은 상향굴절을 하고 계속해서 해수면 반사를 하고 있다는 것을 보여주고 있다. 반면, 표층 도파관을 통과한 음속들은 처음에 하향굴절 하다가 음파가 거의 도달하지 않는 음영구역을 형성한다. 표층 도파관 아래 음영구역에는 음파가 도달하지 않기 때문에 음파센서 운용하는데 주의를 기울여야 한다.

해양에서 모든 음의 전달을 완벽하게 묘사할 수 있는 단순화된 음선모델은 없고 음영구역은 음의 강도가 급격히 줄어드는 곳으로 표층 도파관으로부터 음의 전달이 끊긴 곳이다.

〈그림 15.8〉은 표층 도파관 아래 음원에서 방사된 음파전달 형태를 보여주고

---

6   Principle of Naval Weapon System(2006), 앞의 책; 해군본부(2007), 앞의 책.

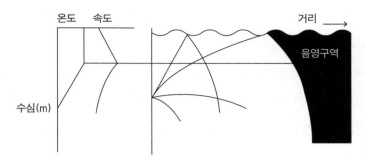

〈그림 15.8〉 표층 도파관 아래 음원에서 방사된 음파전달[7]

있다. 이 경우 음원의 수심이 깊어지면 표층 도파관 아래 음영구역이 나타나는 거리가 길어지지만 표층 도파관 내까지 음영구역이 생기는 단점이 있음을 알 수 있다.

3. 음파를 이용한 거리와 방위각 측정

수중음파 거리측정 장치에서 압력파는 미리 선택된 전송 주파수에서 동작하는 진동면에 의해 발생한다. 이러한 진동면은 해수 매질과 접촉해서 전기적인 에너지가 음향에너지로 변환하는 기능을 가진 일종의 변환기로서, 이것을 트랜스듀서(Transducer)라 한다. 트랜스듀서는 또한 음파 압력파에 의해 진동하도록 했을 때 음향에너지를 전기적인 에너지로 변환시키는 기능도 가진다. 트랜스듀서에는 자의식(Magneto Strictive Type)과 전의식(Piezo-Electric Type)이 있다. 자의식은 효율이 좋고 고출력을 얻을 수 있는 10~100kHz용이다. 전의식은 자의식에 비하여 효율이

---

7   Principle of Naval Weapon System (2006), 앞의 책; 해군본부(2007), 앞의 책.

떨어지고, 저출력용으로서 주로 사용된다. 수신기로서 동작할 때 수중청음기(hydrophone)이라 한다.

해저에 설치된 트랜스폰더는 선저에 부착된 음향장치에서 보낸 질문 음향신호를 수신하여 응답신호를 방사하는 장치로서 해상에서 작업하는 선박 등에서 정확한 위치의 결정이나 유지를 위하여 사용된다. 즉, 작업구역 해저에 미리 여러 개의 음향 트랜스폰더를 설치하여, 이들이 보낸 신호를 수신하여 DP선의 위치를 산출하고 있다. 또, 트랜스폰더의 사용범위는 종류에 따라 다르나 근래에는 트랜스듀서는 수천 미터 깊이에서 음향신호를 생산하는 것이 가능하고 확실하게 수면에서 감지될 수 있는 기술이 발달되어있다.

제한된 위치권에서 선박과 해저 고정지점까지의 거리측정을 위해서는 적어도 2개의 트랜스폰더가 필요하며, 3 또는 그 이상의 트랜스폰더를 쓰면 여분의 관측이 가능하여 보다 정밀한 측정이 가능하다. 〈그림 15.9〉는 수중음향을 이용한 거리측정을 보여주고 있다.

트랜스폰더의 서로에 대한 정확한 위치는 어떤 유용한 장거리 전자측량 시스템이 가장 좋은 상대적 정도를 제공하는 중간에 위치시킨다.

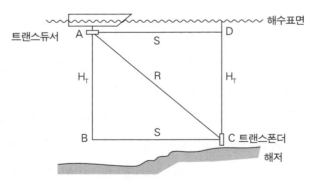

〈그림 15.9〉 수중음파를 이용한 거리측정[8]

8　Principle of Naval Weapon System(2006), 앞의 책; 해군본부(2007), 앞의 책.

선저의 트랜스듀서에서 보낸 음향신호를 해저 고정지점에 설치된 트랜스폰더에서 수신하여 재전송함으로써 송수신 음향신호의 지연 시간차 및 음파의 평균속도를 취하여 거리 R을 측정한다. 트랜스폰더의 깊이 H_T는 사전에 알고 있어야 하며, 수평거리 S는 삼각형 ABC로 직접 구해진다. 이러한 국부적인 독립적 위치권 모드로서의 동작 또는 어떤 모드의 해안에 기초를 둔 위치측정 시스템과의 통합에 의하여 지속적으로 필요한 해양작업을 할 수 있다. 또, 트랜스폰더가 DP(동적위치)결정을 위해 재배치되는 음향표지로 사용된다면, 거리측정에 부가하여 방향 탐지 장치가 확립된다.

두 개의 수중청음기(Hydrophone)가 DP선의 서로 반대쪽에 설치되어 있다 하자. 〈그림 15.10〉의 수중음향을 이용한 방위각 측정의 원리와 같이 2개의 청음기 사이의 거리 d가 해저의 트랜스폰더까지의 경사거리에 비하여 훨씬 짧으므로, 송수신 음향신호의 방향은 평행한 것으로 볼 수 있다. 트랜스폰더로부터 두개의 청음기에 도달한 신호의 시간차를 측정하면 거리차 AC를 알 수 있다. d를 알고 있으므로 선박의 선수방향과 트랜스폰더 사이의 각 θ가 계산될 수 있으며, θ가 0이면 선박은 음향표지 있는 것이 된다. 또한, 이와 같은 방법으로 선박의 변화위치를 감지할 수 있기 때문에 해상의 작업환경에 필요한 위치제어를 할 수 있다.

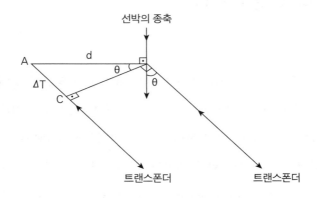

〈그림 15.10〉 수중음파를 이용한 방위각 측정의 원리

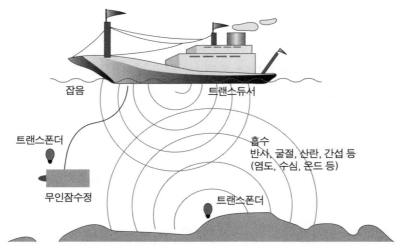

〈그림 15.11〉 해상에서 DP선과 무인잠수정 간의 위치제어

〈그림 15.11〉은 해상에서 DP선과 무인잠수정 간의 위치제어를 위해 트랜스
듀서와 트랜스폰더가 사용되고 있음을 보여주고 있다.

4. 수동소나와 능동소나

바다에서 수중표적을 탐지하거나 탐지된 표적을 이용하여 상대위치를 구하
는 방법은 꾸준히 발전되어 왔다. 수중음파를 이용한 표적의 탐지나 위치결정은
음파가 전달되는 매질의 시·공간적인 다양한 변화특성과 바다에서의 배경소음
과 잔향음 때문에 여전히 복잡한 문제이다. 레이더가 공기 중에서 전파를 이용하
는 것처럼 소나(SONAR: Sound Navigation and Ranging)는 수중표적의 탐지, 식별, 위치
추적을 위하여 음파를 이용한다. 이 중 수동소나(Passive SONAR)는 수중청음기를
이용해서 표적에 의해서 방사된 음파를 수신한다. 수동소나를 이용한 방위측정과

거리측정은 아래와 같은 방법들이 있다.

- 삼각측정법(Triangulation): 충분히 떨어진 두 배열을 이용하여 표적의 방위 각을 측정하는 방법
- 수평방위 거리측정법(Horizontal Dirrect Passive Ranging): 충분히 떨어진 세 배 열을 이용해서 파면(임의의 시간에 동일한 파형위상을 갖는 면을 의미)의 굴곡을 측 정하는 방법
- 수직방위 거리측정법(Vertical Direct Passive Ranging): 신호 간의 시간차뿐 아니 라 다중경로를 통하여 같은 배열에서 신호의 수신 도착각을 측정하는 방법

상기의 방법들은 기본적으로 방위측정의 정확성에 달려 있으므로 정확한 거 리측정은 충분한 간격을 가진 길이가 긴 배열이 필요하다. 능동소나(Active SONAR) 는 해수 중에서 표적까지 전파되는 음파의 펄스를 만들어 내기 위하여 트랜스듀 서를 사용한다. 송신된 펄스는 수중청음기(Hydrophone)나 트랜스듀서에 수신된다. 해수 중에서 음속을 알고 있다면 트랜스듀서에서 신호가 방사된 시간과 반향음이 수신된 시간을 알고 있기 때문에 표적까지의 거리는 간단히 계산된다. 따라서 능 동소나를 반향음 거리시스템(Echo Ranging System)이라고도 부른다.

5. 음향측심장치

음향측심장치(Echo Sounder)는 청음기의 축방향이 수직이 되도록 설치된다. 수 심은 송신음향신호가 해저에서 반사하여 수신된 음향신호 사이의 지연 시간차로 부터 구해진다. 운용 주파수는 측정하고자 하는 수심과 해저 표적의 크기에 따라

다르지만 20kHz에서 500kHz 범위를 사용한다.

전형적인 음향측심기는 초당 4회의 펄스를 방사하고, 약 200m 수심에서 주파수 100kHz를 이용한다. 〈그림 15.12〉의 음향측심도표는 30회의 반향음을 나타낸 것인데, 반향음이 형성된 거리, 즉 해저 표적군은 수심 40m에서 평면적으로 약 5m의 층을 형성하고 있다는 것을 나타내고 있다.

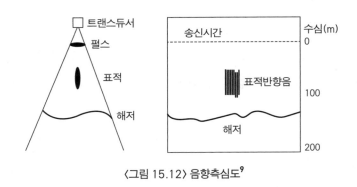

〈그림 15.12〉 음향측심도[9]

군사용 목적의 소나와 민간용 음향측심기(어선, 상선 및 DP선 등 특수선 용도)에 있어서의 설계상의 기본적인 차이는 없으나, 차이가 있다면 해저 표적의 크기와 표적까지의 거리 그리고 주파수 범위가 달라진다는 것이다.

한 예로서 수심이 500m 이내인 대륙붕에서 사용하기 위한 음향측심기의 전형적인 운용주파수는 40kHz이다. 심해에서는 최대 수심을 한정할 수 있는 흡수손실을 피하기 위해서 이보다는 낮은 주파수가 사용되는데, 실제 20kHz 정도가 많이 사용되는 주파수이다. 담수호에서는 해수에 비해 흡수손실이 매우 작기 때문에 일반적으로 100kHz에서 500kHz 정도의 주파수가 사용된다.

---

9 Principle of Naval Weapon System(2006), 앞의 책.

6. DP선의 위치결정 방식

DP선에서 일반적으로 사용되고 있는 수중음향을 이용한 동적 위치결정 방법에는 장거리기선 방식(Long Base Line), 단거리기선 방식(Short Base Line), 초단거리기선 방식(Ultra Short Base Line)의 유형 등이 있다.

1) 장거리기선 방식(LBL: Long Base Line)

장거리기선 방식은 선박에 있는 트랜스듀서와 500m 이상 간격을 둔 적어도 3개의 트랜스폰더의 배열로 구성된다. 이것은 거리-거리 측정방법으로서 방위각을 측정하지 않는다. 트랜스폰더는 해저의 정확한 지점에 위치되어야 하고 알려져야 한다. 또, 선박의 트랜스듀서에서 트랜스폰더까지의 거리는 트랜스듀서로부터 트랜스폰더까지 신호가 도달하는 시간과 다시 돌아오는 시간으로 측정된다. 하나의 트랜스듀서 신호가 보내지고 각각의 트랜스폰더는 다른 주파수 신호로 응답한다. 사용되는 주파수는 10kHz이다. 장거리기선 방식에서 트랜스폰더의 기선은 수심의 100%를 초과할 수 있으며, 트랜스폰더 배열의 위치와 그 배열 위의 선박의 위치는 언제 호출이 이루어질 수 있는지에 영향을 미친다. 또, 다수의 음향 펄스의 수신의 효과가 데이터율에 영향을 미치며, 호출은 모든 돌아오는 펄스의 수신이 완료된 후에 이루어진다. 이 음향 시스템의 정확성은 수심에 의존적이지만 단거리기선 방식이나 초장거리기선 방식보다 더 정확하다. 대신에 해저의 트랜스폰더의 배열을 배치하고 보정하는게 비싼 단점이 있다. 〈그림 15.13〉은 DP선의 트랜스듀서를 이용한 장거리기선 방식을 보이고 있다.

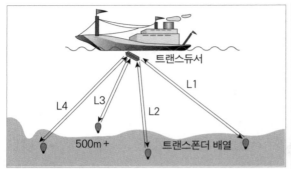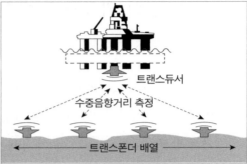

<그림 15.13> 장거리기선 방식[10]

2) 단거리기선 방식(Short Base Line)

단거리기선 방식은 해저에 있는 하나의 트랜스폰더와 선체하부에 고정된 다수의 트랜스듀서를 사용한다. 해저의 음향 비콘은 받는 것에 응답하기보다 다수의 펄스를 송신하며, 선저의 트랜스듀서는 수신 역할을 하는 청음기(Hydrophones)로 불린다. 이 방식의 핵심기술은 기술의 기선은 선체 바닥에 있는 트랜스듀서들

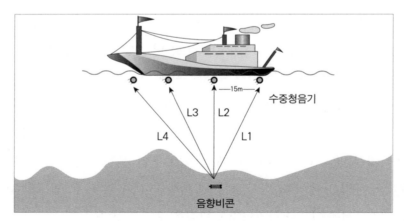

<그림 15.14> 단거리기선 방식[11]

---

10   Kongsberg, Principle of Dynamic Position.

11   Kongsberg, Principle of Dynamic Position.

의 간격이며, VRU에 의해 제공되는 선체운동에 대한 보상이 필요하다. 해저에 있는 비콘은 알려진 주기와 주파수로 짧은 음향에너지를 방출하며, 선저에 붙어있는 세 개 이상의 트랜스듀서에서는 수중의 트랜스폰더에서 보내지는 펄스 진행시간을 측정한다. 특히, 이 방식은 주위 잡음으로부터의 소리를 감지할 때 잡음효과를 줄여주는 청음기가 요구된다. 청음기간의 최소거리는 15m이며, 1,000m까지 사용될 수 있다.

3) 초단거리기선 방식(Ultra Short Base Line)

초단거리기선 방식의 기본은 트랜스듀서 조합 주위에 위치한 많은 수신장치들을 사용한 위상비교방식에 있다. 위치는 거리와 각의 측정을 통해 계산되며, 펄스의 진행시간으로 거리를 계산한다. 또, 도착시간의 작은 차이는 경사각도를 계산하기 위한 두 축에 의해 시간-위상차로 측정된 방향으로 전환된다. 이 방식은 DP선에서 가장 많이 사용되고 있는 음향위치 측정방식이다. 특히 이 방식은 고정위치와 추적적용에 모두 사용되며, 트랜스듀서 배열은 열 개의 고정 또는 이동 트

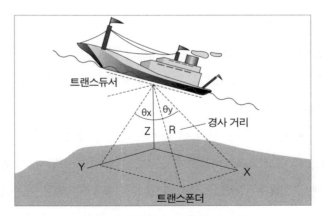

〈그림 15.15〉 초단거리기선 방식[12]

---

12 Kongsberg, Principle of Dynamic Position.

랜스폰더를 사용할 수 있고, 주파수는 19kHz와 36kHz 사이의 대역을 사용한다. 이 방식을 사용하는 선박의 좌표는 트랜스폰더에 대한 트랜스듀서와 트랜스폰더 간의 거리와 경사각으로부터 계산된다.

7. 전파를 이용한 위치결정 시스템

전파를 이용한 시스템으로는 대표적인 위성항법 시스템 GNSS/DGNSS, 능동레이더 방식, 반송파 위상비교방식 등이 있다. 여기서는 앞에서 설명한 GNSS/DGNSS를 제외하고, 능동레이더 방식 및 반송파 위상비교방식을 이용한 위치측정시스템에 대하여 설명한다.

1) 능동레이더 방식(Active Radar Systems)

능동레이더 방식의 대표적인 시스템으로는 Trisponder, Micro-Fix, Artemis 등이 있다. 능동레이더 방식(Active Radar System)이란 선박용 레이더와 같은 수동레이더 방식과는 달리, 이동국(Mobile Station)에서 발사한 전파를 육상국(Remote Station)에서 수신하여 이동국에 재발사하는 방식을 말한다. 펄스변조를 사용하며, 여기에 수반되는 몇 가지의 문제점과 해결책은 다음과 같다. 첫째, 이동국의 신호를 수신한 후 육상국의 신호가 발사될 때까지의 응답지연이며, 초기에는 이 지연시간을 측정치에 수정하는 방법을 사용했으나, 대부분의 경우 이동국과 육상국이 일정한 반복주기로 능동적으로 전파를 발사하고, 육상국의 전파발사시간을 이동국 전파를 수신한 시간에 맞추어가는 방식을 취하고 있다.

둘째, 위치결정을 위해서는 하나의 이동국이 복수 개의 육상국을 거느려야 하는데 각국 간의 신호를 구별하는 방법이다. 이동국의 하나의 질문 펄스에 대하여 복수 개의 육상국이 서로 응답지연시간을 두어, 복수 국의 응답신호가 동시에 들어오지 못하게 하고, 또한 응답신호의 도착순서에 의해서 응답신호가 어느 육상국으로부터의 신호인지를 식별하는 방법이 있고, 복수 개의 육상국에 보내는 질문신호의 주파수를 달리하여 응답신호의 주파수는 공통으로 할 수도 있으나 이 경우 질문신호와는 다른 주파수를 사용한다. 육상국에 매번 교대할 수 있고 한 육상국에 열 번 정도 묻고, 다른 국에 열 번 정도 묻는 방법을 쓸 수도 있다. 질문하는 방법이며, 이렇게 하여 육상국 간의 신호의 분리뿐만 아니라, 육상국이 아닌 근접물표로부터의 반사파도 제거한다.

최근에는 하나의 펄스를 쓰는 대신에 복수 개의 펄스열(Pulse Train)을 사용하고, 그 펄스열 내의 펄스의 간격과 진폭을 달리하는 펄스코드를 부여하여 각 육상국에 대한(으로부터의) 질문(응답) 신호를 구별하는 방법이 많이 이용된다. 이렇게 하면 여분의 주파수를 사용하지 않고도 많은 코드를 만들어 낼 수 있으며, 한 이동국이 10여 개의 육상국을 동시에 거느릴 수 있을 뿐 아니라, 동일한 육상국이 복수 개의 이동국에 시분할로 서비스할 수 있다. 또 육상국의 무인화를 위하여 이 코드에 육상국의 상태정보(전원의 이상 유무 등)를 실어서 질문 응답할 수도 있다.

2) 아르테미스(Aretemis)

아르테미스의 거리와 방위 측정시스템은 선박의 이동국과 해안에 설치된 고정국으로 구성된다. 이동국(선박)의 위치는 고정국으로부터의 방위와 거리에 의해 결정된다.

아르테미스는 두 개의 육상국을 설치할 수 없는 경우에 하나의 육상국의 방위와 거리를 측정할 수 있기 때문에 지리적 환경이 어려운 해안이나 섬 주위 또는 암초 주변에서 사용이 유리한 위치측정 시스템으로 전파의 특성상 비, 안개 또는 아지랑이에 크게 영향을 받지 않으며, 육상과 해상에서의 측량 및 해양탐사를 위

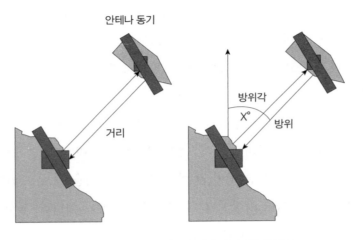

안테나 동기

방위각
X°
방위

거리

〈그림 15.16〉 아르테미스의 거리 및 방위측정 방식

한 위치측정은 물론 셔틀탱커 같은 DP선에서 사용된다.

아르테미스 시스템은 선박 위의 이동국과 육상의 고정국으로 구성된다. 이동국의 위치는 고정국으로부터의 방위와 거리에 의해 결정된다. 이 시스템에서 핵심역할을 하는 것은 추적안테나라 할 수 있다. 이 추적안테나는 도래전파의 파면과 평행하게 유지되고, 상대국의 안테나의 중심점을 계속 지시하게 된다. 이때 안테나 주축(Main Axis)의 이동을 측정하면 그것이 바로 고정국으로부터 이동국의 방위가 된다. 이동국과 고정국 사이의 거리는 두 추적 안테나 간의 상호 자동교신을 통해 측정된다. 즉, 이동국은 부호화된 펄스군을 송신하여 고정국에 질문하면, 고정국은 이를 인식한 후에 마찬가지로 부호화된 펄스군으로 응답한다. 이동국은 이를 수신하고, 그 시간 간격을 측정하여 거리를 구하게 된다. 아르테미스의 사용주파수는 9.2~9.3GHz대이며, 이동국과 고정국 사이에는 중간주파수인 30MHz의 주파수차를 두고 있다. 또 두 국 모두 같은 전력을 필요로 하며, 사용범위는 10m~30km(거리), 0~360°(방위)이며, 정도는 거리 1m, 방위 0.03° 이내이다. 이 방식은 두 개의 육상국을 설치할 수 없는 경우에 하나의 육상국의 방위와 거리를 측정할 수 있어서 매우 유리하다.

3) 마이크로픽스(Micro-Fix)

Micro-Fix는 1m의 정도를 얻을 수 있는 마이크로파 질문기술(Micro-wave in-Terrogation Technique)과 최신기술을 조합한 능동 레이더 형태의 단거리 위치측정방식의 하나이다. 이 방식은 50~80km의 범위의 거리에서 5GHz대에서 동작하는 저전력 반도체송신기(Solid State Transmitter)를 사용한다.

4) 반송파 위상 비교방식

주국과 종국으로부터의 반송파의 위상을 비교하여 주국과 종국까지의 거리차를 계산하는 쌍곡선항법이며, 주국을 선박국에 탑재하면(수신기에서 주국까지의 거리가 0이므로) 육상국(종국)까지의 거리를 측정하는 방식으로 변환된다. 주국신호와 종국신호의 식별을 위하여 보통 다음의 두 방법이 사용된다. 즉, 주파수를 달리하여 위상비교는 그 체배 주파수, 합주파수, 차주파수 등 공통의 주파수로 하는 방법(주파수 분할방식)과 동일주파수를 사용하되 발사시간을 분할 사용하는 방법(시분할방식) 등이 있다. 해양측량시스템으로는 측량용 Decca, Lamda, Lorac, Hi-Fix 및 Argo 등이 사용되었으나 새로운 시스템으로 대체되고 있다.

5) Syledis

Syledis는 프랑스의 Sercel에 의해 개발된 420~450MHz UHF대 전파 위치측정 시스템으로 송·수신자 간에 교신이 가능한 범위 내에서 1미터의 정확도로 100km 범위에서 사용된다. Syledis의 두 가지 유형이 있는데, Range-Range 모드와 Hyperbolic 모드가 있다.

Range-Range 모드는 육상 고정국과 해상 이동국 간에 반응 펄스에 대한 각 응답기로부터 응답을 송수신하는 데 걸리는 시간을 측정하여 거리를 측정하며,

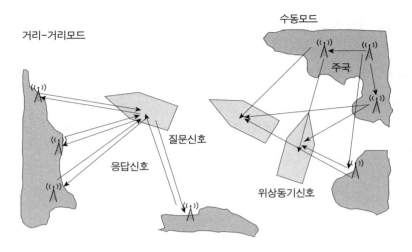

거리-거리모드

수동모드

주국

질문신호

응답신호

위상동기신호

〈그림 15.17〉 Syledis 방식의 개념도

세 개의 상대거리로부터 선박 위치가 완벽하게 결정될 수 있다. 쌍곡선 모드는 선박은 육상 고정국으로부터 보내진 신호로부터 쌍곡선을 위치선으로 하는 선박의 위치를 구할 수 있다. Loran 시스템과 주파수는 다르지만 기본원리는 유사하다.

6) Cyscan 레이저 시스템

Cyscan은 짧은 거리 레이저 기반으로 고도의 정밀한 위치 추적 시스템이다. 이 시스템은 안정된 회전 레이저와 선박 또는 구조물에 고정된 세 개 이상의 고정된 반사물표로 구성된다. 빛을 반사하는 물표는 기선에 정해진 공간에 고정되며, 선박은 반사물표들 사이에 공간을 변환함으로 변화를 감지한다. Cyscan은 250m 이상의 거리에서 20cm의 정확도와, 0.1도의 bearing 정확도를 갖고 있다.

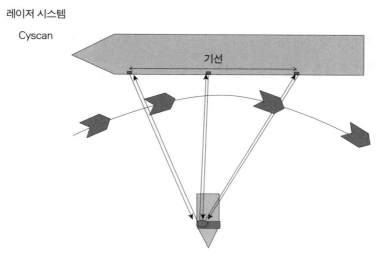

레이저 시스템

Cyscan

기선

〈그림 15.18〉 Cyscan 레이저 시스템 운용 개념도

7) Fanbeam

Fanbeam 시스템은 단거리 레이저 기반 위치 추적 시스템이다. 이 시스템은 레이저 유니트 부분과 반사체로 구성되며, 반사체는 육지 또는 고정된 구조물에 고정된다. 위치측정방식은 $\rho - \rho$ 방식 및 $\rho - \theta$ 모두 가능하고, 실제적으로 유용한 범위는 200~250m 수준이나 거리 20cm 정확도와, 0.02도의 방위 정확도로 2km

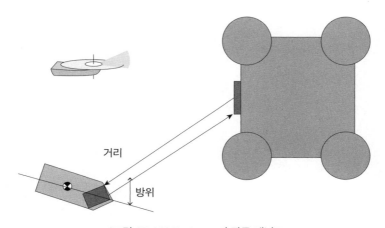

거리

방위

〈그림 15.19〉 Fanbeam의 작동 개념도

범위에서 사용 가능하다. 근래에는 $\rho - \theta$ 방식이 DP선에 자주 사용된다. 이 시스템은 레이저 빔 발사에 방해가 되지 않도록 주의해야 하며, 태양과 렌즈에 영향을 주는 대기의 상태와 반사물을 가리는 상태의 대기에 영향을 받는다.

부록

1. AIS란 무엇인가?

1) 개요

　　AIS(Automatic Identification System)란 선박 및 선박 교통 서비스(VTS)에 사용되는 자동식별시스템으로서 선박 상호간, 선박과 해안의 기지국 간 통신을 위해 2개의 VHF 통신 채널을 사용하여 선박의 항해정보를 송신 및 수신함으로써 안전항해를 도모하고, 선박의 이동을 추적하고 감시하는 데 사용된다. 또한 AIS는 표준화된 GPS/GNSS 수신기와 같은 위치정보 시스템, 자이로컴퍼스 또는 회전속도표시기와 같은 다른 전자항법 센서와 통합하여 사용할 수 있다. IMO의 SO-

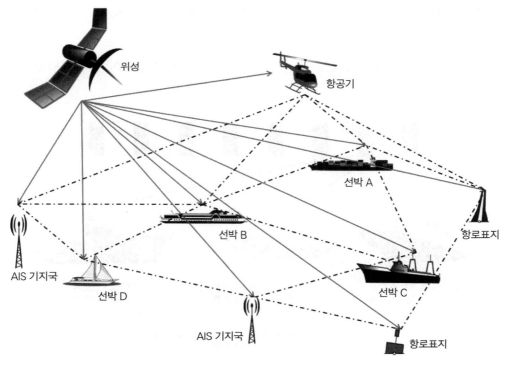

〈그림 1〉 AIS시스템 운용 개념도

LAS-V장 19규칙 의거 300톤 이상의 총 톤수(GT)를 가진 국제 항해 선박에 탑재되고 모든 여객선은 크기에 관계없이 설치되어야 한다. 〈그림 1〉은 광역 AIS시스템 운용 개념을 나타낸 것이다.

2) 작동원리

AIS는 내장된 VHF 송신기를 통해 정기적으로 위치, 속도 및 항해 상태와 같은 정보를 자동으로 방송하며, 이러한 정보는 선박의 항해 센서, 일반적으로 GNSS(Global Navigation Satellite System) 수신기 및 자이로 컴퍼스에서 생성된다. 선박 이름 및 VHF 호출 부호와 같은 기타 정보는 장비 설치 시 프로그래밍되며 정기적으로 전송된다.

선박에서 송신된 신호는 다른 선박이나 VTS 시스템과 같은 육상 시스템에 장착된 AIS 송수신기에 의해 수신되며, 수신된 정보는 스크린 또는 해도 플로터에 표시할 수 있다.

〈그림 2〉는 SOTDMA(자기관리형 시분할 다중 접속) 시간 슬롯의 사용 개념도를

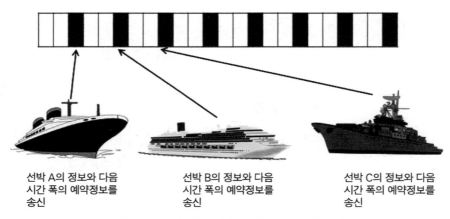

선박 A의 정보와 다음 시간 폭의 예약정보를 송신

선박 B의 정보와 다음 시간 폭의 예약정보를 송신

선박 C의 정보와 다음 시간 폭의 예약정보를 송신

선박 A, B, C 정보를 순서대로 송신하고, 반복함으로써 시간 폭 충돌을 피함

〈그림 2〉 SOTDMA 슬롯 사용 개념도

나타낸다. 그림에서 보는 바와 같이 선박 A는 선박 정보와 다음 시간 폭의 예약정보를 포함하여 송신하고, 선박 B는 선박 A의 예약 시간 폭을 피하면서 선박 B의 정보와 다음 시간 폭의 예약정보를 내보낸다. 선박 C도 선박 A와 B와 같은 방법으로 정보를 송신한다. 이와 같은 방법으로 하면 시간 폭 충돌을 피하면서 방송할 수 있다. 이는 연속 작동 중인 2개의 수신기를 통해 수행된다. AIS시스템 표준/유형에는 Class A형, Class B형, 기지국형, 항로표지(AtoN)형, 수색 및 구조(SAR)형 등이 있다.

선박용 AIS의 구성

AIS는 대체적으로 VHF 송수신부, 제어부, 표시기 등으로 구성되며, 외부 센서로서 위치정보센서, 속도센서, 방위센서 및 회두각속도 센서 등이 AIS와 접속된다.

표시부에는 ECDIS, ARPA, 통합항법장치 등이 있다.

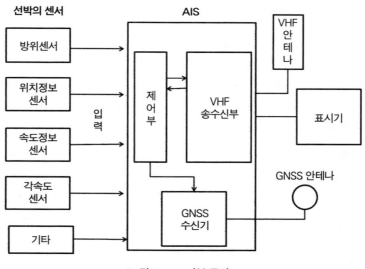

〈그림 3〉 AIS 기본 구성도

3) 방송정보

AIS 송수신기에서 전송할 수 있는 ITU 1371-4에서 정의된 최고 수준의 메시지 유형은 27가지다(64가지 가능성 있음).

클래스 A형 방송 정보

3분마다 방송하는 정보: 항해 중(속도: 2~10초마다) 및 투묘상태 있을 때

   ① 선박의 MMSI(Maritime Mobile Service Identity)

   ② 항해 상태: 투묘 중, 엔진사용 등

   ③ 선회율: 우현 또는 좌현, 분당 0도에서 720도까지

   ④ 대지속도: 0 노트에서 102 노트까지

   ⑤ 위치정확도: 경도 – 0.0001분까지

                위도 – 0.0001분까지

   ⑤ 대지침로: 진북기준으로 0.1°까지

   ⑥ 선수방위: 0~359도(예: 자이로컴퍼스)

   ⑦ 선박의 진방위: 0~359도

   ⑧ UTC 시각

6분마다 방송하는 정보

   ① IMO 선박 식별 번호

   ② 무선 호출 부호

   ③ 선명

   ④ 선박/화물 유형

   ⑤ 선박의 크기

   ⑥ 선박에 탑재된 위치 확인 시스템(예: GPS) 안테나의 위치

   ⑦ 선수, 선미의 좌·우현

⑧ 선위측정 시스템의 유형: GPS, DGPS Loran-C, 기타 GNSS 등

⑨ 선박흘수

⑩ 도착지

⑪ 도착 예정 시간(ETA)

RF 특성

AIS는 전 세계적으로 할당된 두 개의 VHF 라디오 채널 87 및 88을 사용함.

① 채널 A 161.975 MHz(87B)

② 채널 B 162.025 MHz(88B)

응용분야

AIS의 원래 목적은 전적으로 충돌 회피였지만 다양한 응용 프로그램이 개발되어 아래와 같은 여러 분야에서 사용된다.

- 충돌 회피: 선박이 항해 중일 때, 주변에 있는 다른 선박의 움직임에 관한 정보는 항해사가 다른 선박 및 위험물과의 충돌을 피하기 위한 결정을 내리는 데 중요하다. 이때 레이더 또는 ARPA 등이 이용되지만 이러한 예방 메커니즘은 시간 지연, 레이더 제한, 계산 착오, 디스플레이 오작동으로 인해 때때로 실패하고 충돌을 초래할 수 있다. AIS는 기본적인 글자 정보만 표시하는 것이지만 얻은 데이터를 전자해도나 레이더 전시시스템과 통합되어 전시함으로써 통합된 항해정보를 제공할 수 있기 때문에 해상에서의 충돌방지에 도움이 된다.

- 선단 감시 및 제어: AIS는 어선의 활동을 추적하고 감시하기 위해 국가기관에서 널리 사용된다.

- 선박 교통 서비스: 복잡한 수로와 항구에서 선박 교통을 관리하는 VTS(Vessel Traffic Service) 체계에 AIS는 추가 교통 정보와 선박구성 및 이동에 대한 정보를 제공함으로써 선박교통 서비스의 질을 향상시킨다.

- 해상 보안: AIS는 당국이 국가의 배타적 경제수역 내에서 또는 그 근처에서 특정 선박 및 그 활동을 식별할 수 있게 하며, AIS 데이터가 기존의 레이더 시스템과 융합되면 선박을 보다 쉽게 구별할 수 있게 한다. AIS 데이터는 자동으로 처리되어 개별 선박에 대한 표준화 정보를 생성할 수 있기 때문에 어떤 선박이 위반되었을 때 해상 보안 자산을 보다 효율적으로 사용할 수 있게 한다. 즉 EEZ 침범이나 영해 침범 시 국가해상 보안 자산을 적절하게 사용할 수 있다.

- 항로 표지로 사용: AIS는 전자항해에 사용되는 레이콘(레이더 비컨)을 대체할 수 있다. 항로표지로서 부표의 상태를 원격으로 감시하거나 부표에 있는 센서(예: 날씨 및 해상 상태)에서 AIS 송수신기가 장착된 선박으로 실시간 데이터를 전송할 수도 있다.

- 수색 및 구조: 해상 수색 및 구조(SAR) 작업의 현장 자원을 조정하기 위해서는 주변의 다른 선박의 위치 및 항해 상태에 관한 데이터를 가지고 있어야 한다. 이러한 경우 AIS는 AIS 범위가 VHF 라디오 범위로 제한되더라도 선박의 정보를 제공할 수 있어 수색 구조에 도움이 될 수 있다.

SAR 항공기에 대한 가능한 사용을 계획하고 항공기가 자신의 위치를 보고할 수 있도록 메시지(AIS 메시지 9)를 포함하고 있다. 조난 중인 사람들을 찾는 데 SAR 선박 및 항공기를 돕기 위해 AIS 기반 SAR 송신기(AIS-SART)용 사양(IEC 61097-14 Ed 1.0)은 IEC의 TC80 AIS 작업 그룹에 의해 이미 개발되어 사용 중이다. AIS-

SART는 2010년 1월 1일자로 GMDSS 규정에 추가되었다.

- 사고 조사: VTS가 수신하는 AIS 정보는 시간, 신원, GPS 기반 위치, 선수 방위, 대지침로 및 회전 속도 등에 대한 정확한 기록 데이터를 제공하기 때문에 사고 조사에 중요하다. 레이더가 제공하는 정확한 정보, 사고가 일어났을 때 선박의 움직임, 음성 통신 및 레이더 사진에 대한 자세한 내용은 VDR(Voyage Data Recorder) 데이터를 통해 얻을 수 있다. VDR 데이터는 IMO 요건에 따라 제한된 12시간 저장으로 인해 유지되지 않는다.

- 선대 및 화물 추적: 인터넷 사용이 가능한 AIS는 선박 관리자가 선대 또는 선박의 전 세계 위치를 추적하는 데 사용할 수 있다. 운송 중인 화물의 소유자는 화물의 진행 상황을 추적하고 항구 도착 시간을 예측할 수 있다.

2. VDR이란 무엇인가?

VDR(Voyage Data Recorder)이란 선박의 다양한 센서로부터 데이터를 수집하고 기록하여 보관하는 항해기록장치이다. 센서로부터 입력된 정보는 디지털화되고 압축되어 기억장치에 저장되며, 이 저장장치는 화재, 폭발, 충돌 및 침몰 시 충격, 압력 및 열 등에 견딜 수 있도록 설계되어야 한다. VDR은 IMO의 SOLAS 요구사항(IMO Res.A.861(20))을 준수해야 하며, 보호된 장치에 저장된 데이터의 마지막 12시간(2014년 규정의 48시간 MSC.333(90))은 당국 또는 선박 소유자가 사고 조사를 위해 복구하고 재생할 수 있다.

VDR의 주된 목적은 사고 후 사고 조사를 위한 것이지만, 예방 유지 보수, 성능 효율성 모니터링, 심한 피해 분석, 사고 회피 및 안전을 개선하고 운영 비용을 절감하기 위한 교육 목적을 위하여도 사용된다. 또 IMO 성능 표준 MSC.163 (78) 의 요구사항에 따라 정의된 간소한 데이터 기록장치(S-VDR)는 기본적인 선박의 데이터만 기록하는 소형 선박용이다.

데이터 유형

① 날짜 및 시간

② 선박의 위치 정보

③ 선수방위

④ 속도정보

⑤ 선교 음성

⑥ VHF 통신: 선박 운용과 관련된 기록이 기록되어야 함

⑦ 레이더 데이터

⑧ AIS 데이터

⑨ 음향측심기: 용골 이하 수심

⑩ 주요 경보: IMO 필수 경보

⑪ 방향타 및 응답

⑫ 엔진 주문 및 응답

⑬ 추진기 상태

⑭ 선체 개폐 상태

⑮ 수밀 및 방화문 상태

⑯ 가속도 및 선체 응력

⑰ 풍속 및 풍향

3. GPS 한계성과 대응[*]

위치정보網 통합구축을(DGPS)[**]

　　오는 22일에 'GPS 버그' 주의령이 발령됐다. GPS(Global Positioning System)는 '인공위성을 이용한 전 세계 위치측정 시스템'이다. 이 항법 방식은 정밀도가 높고 사용이 간편하다. 수신기 값도 싸서 설치, 유지, 보수가 쉽다. 이런 장점으로 선박, 항공기, 자동차 등의 교통분야, 해양탐사, 측량, 지형정보, 구난업무 및 무기체계 등 민관군에서 사용이 급증하고 있다. 73년 서비스를 시작한 GPS는 위성시간 데이터를 최대 1,023주만 표시할 수 있어, 1,024주가 되는 99년 8월 22일을 80년 1월 6일로 잘못 인식할 우려가 높아 정보통신부가 주의령을 내렸다.

　　가장 우려되는 민간용은 일시적 '버그' 이외에도 GPS 전용 지도나 해도를 사용해도 위치정보가 실제 위치와 차이가 난다. 이런 차이는 개발 당사국인 미국이 국가 안전보장을 이유로 위성신호에 고의적인 오차 신호를 포함시킨 때문이다. 이른바 SA오차와 전파 경로상의 오차로 민간용 수신기가 측정한 위치는 시간에 따라 약 100~150m 오차 내에서 불규칙하게 나타난다. 그 결과 지구상의 고정점 위치가 시간에 따라 다르게 측정되어 정확한 위치가 필요한 탐색, 구조, 해·육상 교통 및 많은 특수 분야에서 위성정보를 개선 없이 사용할 경우 위치 오차에 따른 어려움이 여전하다.

　　근래 이런 문제점을 보완한 방법이 미국 연안경비대 주도로 개발한 DGPS(Differential GPS)이다. DGPS는 별도로 설치한 육상 기준국에서 위성신호에 포함된 거리오차를 계산, 사용자에게 전송하여 보정케 함으로써 위치정밀도를 개

---

[*] 　GPS 한계성을 알리고 정책제안을 제시했던 저자의 기고문을 수록한 내용이다.

[**] 　매체: 조선일보, 일시: 1999년 8월 19일, 기고자: 해군사관학교 교수 고광섭.

선한다. DGPS의 정밀도는 미 군사용 수신기와 거의 같다. 따라서 수요가 많은 해양용 망 구축을 중심으로 매우 빠르게 확산, 미국을 비롯한 30여 개국에서 채택했고 내륙으로 확장되고 있다.

우리나라도 금년 말까지 8개의 DGPS 기지국 설치를 목표로 최초의 해양용 DGPS망을 구축하고 있다. 해양용 DGPS망의 완성은 육지에서 약 180km 이내의 해상 및 내륙에서 모든 GPS 이용자가 고정밀 실시간 위치정보에 접근할 수 있는 새로운 전환점이다. 그러나 전 내륙에 고정밀 위치정보를 서비스할 수 있는 통합 위치정보 인프라 구축에 대한 검토는 미흡하다.

이런 상황에서 구축 중인 해양용 망을 내륙으로 확장하여 통합망으로 활용하는 방안이 제기되고 있다. 이 방안의 장점은 첫째, 해양용 DGPS는 서비스 범위가 내륙으로 상당한 부분에까지 미치고, 휴전선 동서남북 직선길이가 짧아 내륙에 2~3개의 기지국을 추가하면 전국 서비스가 가능하다. 둘째, 해양용 국가망의 사용 주파수가 전파 사각지대를 축소시킬 수 있어 산악이 많은 우리나라 지형과 고층빌딩이 많은 대도시에 적합하다. 셋째, 하나의 수신기로 육·해·공 어디서나 사용할 수 있다. 넷째, 전 세계적으로 표준화되어 해상용 수신기를 사용하는 경우 추가적인 개발비용이 필요 없다.

금년 말까지 구축할 해양용 망을 내륙으로 확장해 DGPS 통합망을 만들면 별도로 내륙 전용망 구축의 중복 투자를 피할 수 있어 저비용 고효율의 효과를 기대할 수 있다.

이후 정부에서는 한국의 국가망 DGPS 관리를 해양수산부에서 일괄 관리할 수 있는 법령을 만들었다.

GPS 운용 안전대책 마련 시급[*]

이라크 전쟁이 시작된 지난달 말 조지 부시 미 대통령은 블라디미르 푸틴 러시아 대통령에게 "위성항법시스템(GPS: Global Positioning System)을 무력화시키는 무기를 이라크에 지원하지 말라"고 요구한 적이 있었다. 푸틴 대통령은 그런 일이 없다고 부인해 양측 간에 감정 섞인 대화가 오고 가기도 했다. 미국의 대통령이 직접 전화를 걸어 경고한 사실은 GPS가 미군의 이라크 공격 과정에 중요한 기능을 수행하고 있음을 보여준다.

GPS란 사용자에게 위치 정보를 실시간으로 알려주는 시스템을 말한다. 처음에는 군사용으로 개발됐으나 이제는 육상, 해상, 항공, 실생활 분야에 광범위하게 쓰이고 있다. 항공 분야만 해도 기존의 전파항법 시스템 대신에 GPS 위성항법 체계가 널리 쓰이고 있으며 일반인들조차 GPS가 없으면 생활에 불편을 겪을 정도가 됐다.

그런데 GPS 운영을 하다 보면 위성신호를 정상적으로 사용하지 못하는 비상 상황이 발생할 수 있다. 그러면 항공기나 선박 운항 및 구난체계에 혼란이 일어나 예상치 못한 참사가 초래될 가능성이 있다. 우리나라에도 GPS가 광범위하게 쓰이고 있는 만큼 당국은 시급히 대책을 마련해야 할 것이다.

GPS가 정상적으로 작동되지 않을 경우를 대비해 기존의 아날로그적 방식으로 운용하는 훈련을 실시할 필요가 있다. 첨단화 및 자동화한 시스템에만 익숙한 운용자들에게 비상시 안전조치를 할 수 있도록 교육훈련을 해야 한다. 사용 목적에 따라 항법장치의 백업체계 확보나 이미 개발했거나 개발 중인 타 위성항법 체계와의 혼합체계 사용을 위한 제도적 노력이 필요하다.

지금까지 국내에서의 GPS 운영은 기능과 정밀도를 향상시키는 것에 중점을 둬왔다. 이제는 GPS의 안전성 및 위기 시 대응 시스템 개발을 서둘러야 할

---

[*] 매체: 한국일보, 일시: 2003년 4월 13일, 기고자: 해군사관학교 교수 고광섭.

때이다. 러시아는 GPS 교란 장치를 이미 개발하고 있으며 부시 대통령이 이번에 직접 경고를 보내는 간접 원인이 됐다. 특정 집단이나 개인에 의해 불순한 의도로 사용될 수 있는 가능성은 진작부터 예견된 일이다. 미국은 이미 여기에 대비해 미 본토 특정 구역을 전파교란 구역으로 공지해 가상 훈련을 실시하고 있다.

이후 해양수산부, 국방부 등 관계부처에서 GPS의 한계성에 대한 인식이 확산되었으며, 대체항법에 대한 관심을 갖게 되었다.

GPS 항법신호를 사용할 수 없게 된다면…*

최근 국내 모 일간지 영문판에 실린 GPS(Global Positioning System) 재밍(Jamming: 전파교란) 관련 기사가 미국의 유명 잡지 'GPS World'에 소개된 일이 있다. 북한이 러시아제 재밍기를 복사해 만든 GPS 재밍기를 이란·시리아를 포함한 중동국가로 수출을 시도한 바 있고, 중국에서도 이러한 장비를 개발했다는 것이 주된 내용이다.

또 미국을 비롯한 상당수 국가에서 GPS 항법신호 재밍의 가능성에 대한 우려와 대응 방안에 관심이 커지고 있다. GPS 재밍과 대응에 대한 관심이 높아지는 이유는 위성항법 신호가 지구 상공 약 2만 km에서 발사되므로 지상에서의 수신 강도가 매우 미약해 상용 수신기는 물론 군사용 수신기도 재밍에 취약하기 때문이다.

이러한 문제점은 전문가들과 각종 연구소 등에서 꾸준히 제기됐으며, 러시아에서 GPS 재밍기를 개발한 1996년 이후 활발하게 논의돼 왔다. 이와 병행해

---

* 매체: 국방일보/칼럼, 일시: 2008년 10월 20일, 기고자: 해군대학 교수부장(대령) 고광섭.

미 안보 담당자들은 적성국가나 테러리스트들의 위치정보 도용과 위성신호 재밍에 의한 적대 행위에 대해 경계심과 대응책을 강구해 왔다.

특히 미국·이라크 전쟁 직전까지 이라크의 GPS 재밍에 대비한 사전 훈련을 실시한 바 있으며, 최근까지도 지속적으로 재밍과 연관된 훈련을 하고 있는 것으로 알려지고 있다. 인터넷에 공개된 재밍 훈련 지역, 시간·방법 등이 이를 입증하고 있다.

GPS는 현대사회에서 인터넷·이동통신과 더불어 일상생활에까지 널리 사용되고 있어 정보화 인프라로서 차지하는 비중이 크고, 군사 분야의 미래전 수행과 다양한 군사작전에서도 핵심 역할을 하고 있으며, 앞으로도 민·군 영역에서의 사용 의존도가 커질 것으로 전망된다.

한편 GPS 항법신호 사용제한 가능성과 대응 방안에 대한 관심 역시 높아지고 있다. 미국의 인터넷 포털 등에서의 재밍 기술에 대한 정보교류, 다양한 종류의 재밍기·대응장치에 대한 판촉활동 등에서 이를 짐작할 수 있다. 개발 당사국에 의해 GPS 사용 안전도를 높이기 위한 GPS 현대화 정책 추진, 재밍 대응 수신기 개발 등이 이뤄지고 있지만 전문가들은 여전히 GPS 신호 사용 제한 가능성과 이에 대한 대응책을 강조하고 있다.

우발적 혹은 의도적인 요인 등으로 GPS 신호 사용이 제한을 받게 될 경우 위성항법 정보를 사용하고 있는 각종 시스템은 제 기능을 발휘할 수 없다. GPS 위성항법 신호 사용이 제한될 시 위성항법 정보를 사용하는 영역별로 어떤 영향을 받게 되는지, 이를 극복해 영향을 최소화할 수 있는 방법은 무엇인지 살펴볼 필요가 있다. 특히 GPS 항법정보 신호 사용 제한 상황을 가정해 차선의 임무 수행에 필요한 대체 수단 유지와 더불어 이를 극대화하기 위한 교육훈련, 기술적 보완 사항 등을 제고해 볼 필요가 있다.

이후 GPS 신호의 군사적 목적 사용에 대한 논의가 본격적으로 추진되었다.

GPS 전파 교란 극복할 수 있다[*]

최근 북한의 GPS에 대한 전파 교란으로 국내 일부 지역의 이동통신 장애는 물론 동해상에서 조업하는 어선들의 항해 안전에도 문제가 된 바 있다. 작년과 올해에 이어 앞으로도 북한의 의도적인 전파 방해행위는 계속될 것으로 보여 대책이 필요하다.

GPS의 특징은 과거의 어떠한 지상 전파항법방식보다도 우수한 3차원 실시간 위치 정보, 속도 정보 및 시각 정보를 제공할 수 있다는 데 있다. 이런 장점 때문에 군사 및 민간 산업 분야에서 널리 사용되지만, 지상에서의 수신 강도가 미약해 전파 교란에 취약한 약점도 있다.

최근의 이동통신과 해상에서의 선박 항해 장애도 전파 교란에 의해 통신 네트워크 구축에 필요한 시각 정보와 위치 정보의 일시적 손실로 인해 발생했다. GPS 단독 사용의 문제점을 보여주는 좋은 예이다.

이런 GPS에 대한 교란문제는 1996년부터 미국에서 본격 논의됐다. 미 정부는 GPS 현대화정책을 추진하고 있으며, 민간에서도 수신 성능 향상을 위해 노력하고 있다. 미군에서는 새로운 전자전 형태인 '항법전(NAVWAR)' 훈련을 하고 있는 것도 잘 알려져 있다.

또한 새로운 위성항법시스템의 출현과 환경 변화에 주목할 필요가 있다. 러시아의 '글로나스' 현대화, 유럽연합의 'GALILEO'와 중국의 '컴퍼스' 시스템 구축 등이 2015년을 전후해 마무리될 것으로 보인다. 이러한 전 세계 위성항법시스템이 구축되면 GPS 의존도를 획기적으로 낮출 수 있고, 현행 GPS 전파 교란문제도 상당히 개선될 것으로 전망된다.

무선 전파를 사용하는 레이더와 대부분의 통신시스템처럼 위성항법시스템도 전파 교란에서 완전히 자유로울 수는 없다. 따라서 향후 수년 내 새로운 위

---

* 매체: 조선일보, 일시: 2011년 3월 15일, 기고자: 해군사관학교 교수 고광섭.

전자항법과 GPS: 전자·위성항법의 이론과 실무

성항법 환경 변화에 대한 신축적인 준비와 전파 교란 피해를 최소화할 수 있는 체계적인 매뉴얼을 만들 필요가 있다.

무엇보다도 정부의 정책적 관심과 민·관·군의 협조체계 유지가 중요하다. GPS 전파 교란 상황에 대한 감시 및 전파체계가 잘 갖추어 있는지 GPS 사용 현장에 대한 점검과 교육훈련도 필요하다.

그 밖에 위성항법 사용으로 인해 사용이 미미해진 지상 전파항법시스템 등의 대체 항법방식들도 개선 요소는 없는지 살펴봐야 한다. GPS 전파 교란은 자연재해가 아니라 인위적인 전파 방해행위이다. 유비무환의 자세로 경계하고 체계적으로 대응 방안을 강구한다면 얼마든지 극복할 수 있다.

이후 국내에서 GPS 대체 항법 방식에 대한 대안 논의가 본격적으로 추진되었다.

북한의 GPS 전파교란 피해 줄이려면*

최근 북한의 위성위치확인시스템(GPS) 전파 교란으로 인해 국내 및 외국 국적 민간 항공기와 선박들이 운항에 불편을 겪고, 일부 외국 군용기도 전파 교란 흔적을 감지해 국내 당국에 보고했다고 한다. 정부 당국은 북한에 항의 서한 전달을 시도한 데 이어 국제기구에도 조치를 요구했다.

GPS 전파 교란에 대응해 취할 수 있는 방법이 뚜렷하게 제시된 바 없어 GPS 사용자는 물론이고 일반 국민도 답답해하고 있다. GPS 개발 당사국인 미국마저 정부 주도로 GPS 현대화 정책의 일환으로 위성 전파의 출력을 다소 올

---

* 매체: 동아일보, 일시: 2012년 5월 16일, 기고자: 목포해양대 해상운송학부 교수 고광섭.

리는 것 외에 전파 교란 방지를 위한 뚜렷한 방법을 제시하지 못하고 있다. 민간 수신기 제작사 중심으로 수신기 안테나 개선을 포함해 몇 가지 기술을 개발하고 있으나 완벽한 방법은 되지 못하고 있다.

이는 근본적으로 지구 상공 약 2만 km에서 발사되는 위성 신호의 지상 수신 강도가 매우 약해 저전력 교란장치만으로도 GPS 수신기를 쉽게 교란시킬 수 있어 전파교란 대책에 한계가 있기 때문이다. 실제로 2003년 이라크전쟁 초기 미 해군 함정이 이라크 본토로 미사일 공격을 한창 하던 때 러시아의 GPS 교란장치 이라크 지원 문제를 두고 미국과 러시아 대통령이 전화로 설전을 벌인 일이 있다. 이는 GPS가 미사일이나 무인항공기 등과 같은 첨단 군사 무기체계 운용에까지 중요한 역할을 하고 있으나 전파 교란에서 자유롭지 못하다는 것을 말해 주는 예다.

1995년 GPS 전면 운용 이후 러시아와 유럽연합, 중국 등 강대국 위주로 독자적인 세계 위성항법체계(GNSS) 개발이 활발히 진행돼 왔다. 러시아는 기존 글로나스체계 성능을 획기적으로 향상했고, 중국은 2011년 12월 우주 개발 의지의 산물인 베이두·컴퍼스체계의 초기 운용을 선언했다. 유럽연합도 2014년 GALILEO 초기 운용을 공지했다. 새로운 위성항법 시대와 통합 위성항법 시대가 도래하고 있음을 시사하는 것이다.

북한의 불법적인 GPS 전파 교란과 유사한 인위적 전파 방해 행위가 앞으로도 발생할 수 있고, GPS 전파 장애는 GPS 수신기에 대한 의도적인 교란 행위 외에 이온층의 변화, 수신기 주변의 전기기기 등의 전파 방해로도 생길 가능성이 있기 때문에 불특정 다수가 혼란을 겪고 피해를 볼 수 있다.

GPS 전파 장애 시 혼란과 피해를 줄이려면 각 사용자의 항해 안전에 대한 기본상식을 바탕으로 한 능동적인 대처능력과 경계심, 관계당국의 체계적인 정책 운용이 중요하다. 이를 위해서는 관계기관의 상호 유기적인 협력을 바탕으로 한 전파 교란 통합감시체계, 전파체계 확립과 병행해 관계기관 산하 직능별, 사용자 그룹별로 필요한 대응 교육 또는 훈련을 해둘 필요가 있다. 아울러 새로운 통합 위성항법시대 도래에 따라 우리가 얻을 수 있는 이점이 무엇인지, 전파 교란과 같은 문제에 대해서도 국제 공조를 통해 신축적으로 대응할 수 있는지 살펴보아야 한다. 북한의 GPS 신호 교란이 새로운 교훈이 되고 대응방법을 강구하는 계기가 되길 기대한다.

이후 국내에서 GPS대체 항법 방식에 대한 대안 논의가 본격적으로 추진되었다.

영문약어집

A/J	Anti-Jamming
ADF	Automatic Direction Finder
ADS	Automatic Dependent Surveillance
AIM	Autonomous Integrity Monitoring
AIS	Aeronautical Information Service
AIS	Automatic Identification System (for ships)
ARPA	Automatic Radar Plotting Aid
A-S	Anti-Spoofing
ATC	Air Traffic Control
ATON	Aids to Navigation
AUV	Airborne Unmanned Vehicle
AUV	Autonomous Underwater Vehicle
C/A	Coarse Acquisition Code
C/N	Carrier to Noise Ratio
C/No	Carrier to Noise Ratio
CAT-1	Category I Unstrument Landing System
CDMA	Code Division Multiplex Access
CEP	Circular Error Probable

전자항법과 GPS: 전자 · 위성항법의 이론과 실무

CGS	Civil GPS Service
CNS	Communication, Navigation and Surveillance
COG	Course Over Ground
CORS	Continously Operating Reference Station
CS	Control Segment
CW	Continous Wave
dBHz	Decibels with Respect to one Hertz
dBm	Decibels with respect to one mW
dBW	Decibels with respect to one Watt
dBW	Decibel Watt (decivels relative to one watt)
DGLONASS	Differential GLONASS
DGNSS	Differential GNSS
DGPS	Differential GPS (Global Positioning System)
DHS	Department of Homeland Security
DME	Distance Measuring Equipment
DoD	U.S. Department of Defence
DOP	Dilution Of Precision
DoT	U.S. Department of Transport
DR	Dead Reckoning
dRMS	Distance Root Mean Square
drms	distance root mean squared
DRS	Dead Reckoning System
EA	Electronic Attack
EC	European Commission
ECDIS	Electronic Chart Display & Information System
ECEF	Earth-Centered Earth-Fixed
EFIS	Electronic Flight Instrument System
EGNOS	European Geostationary Navigation Overlay Service by INMARSAT

EIRP	Equivalent Isotropically Radiated Power
eLoran	Enhanced Loran
EM	Electro-Magnetic
EMC	Electro-Magnetic Compatibility
EMCON	Emission Control
EMI	Electro-Magnetic Interference
EMP	Electro-Magnetic Pulse
ENC	Electronic Navigation Chart
EPIRBs	Emergency Position-Indicating Radio Beacons
ESA	European Space Agency
ETA	Estimated Time Arrival
FAA	Federal Aviation Administration (USA)
FAR	Federal Aviation Regulation
FDMA	Frequency Division Multiple Access
FDMA / CDMA	Frequency Division Multiple Access / Code Division Multiple Access
FHWA	Federal Highway Administration (USA)
FOC	Full Operational Capability
FRP	Federal Radionavigation Plan (USA)
FRS	Federal Radionavigation Systems
ft	feet
G/S	Ground Segment
GALILEO	European satellite-based navigation and positioning system
GBAS	Ground Based Augmentation System
GDGPS	Global Differential GPS
GDOP	Geometric Dilution of Precision
GEO	Geostationary Earth Orbit, or Geosynchronous Earth Orbit
GHz	Gigahertz
GIS	Geographic Information Systems

전자항법과 GPS: 전자 · 위성항법의 이론과 실무

GLONASS	GLObal NAvigation Satellite System or GLObal'aya Navigatsionnaya
GMDSS	Global Maritime Distress and Safety System
GMT	Greenwich Mean Time
GNSS	Global Navigation Satellite System
GPS	Global Positioning System
HDG	Heading
HDOP	Horizontal Dilution Of Precision
Hz	Hertz (cycles per second)
ICAO	International Civil Aviation Organisation
IEC	International Electrotechnical Commission
IEEE	Institute of Electrical and Electronics Engineers
IGEB	Interagency GPS Executive Board
IGS	International GPS Service for Geodynamics
IHB	International Hydrographic Breau, Monaco
IHO	International Hydrographic Office, 국제수로국
IHO	International Hydrographic Organization
ILA	International Loran Association
ILS	Instrument Landing System
IMO	International Maritime Organization - Formerly called IMCO
INMARSAT	International Maritime Satellite Organization
INS	Inertial Navigation System
INS	Integrated Navigation System
IOC	Initial Operational Capability
ION	Institute of Navigation
ITS	Intelligent Transpotation Systems
ITU	International Telecommunications Union
J/S	Jamming to Signal Ratio
JPO	Joint Program Office

kHz	kilohertz
km	kilometer
L1	GPS primary frequency, 1575.42 MHz
L2	Thesecondaryfrequency,forGPSthisis1227.6MHzandGLONASSitis 1246+kX0.4375MHz(wherekdenotestheCnannelnumber)
L5	Proposed 3rd civil GPS frequency, 1176.45 MHz
LAAS	Local Area Augmentation System
LADGLONASS	Local Area DGLONASS
LADGPS	Local Area DGPS
LADGPS	Local Area Differential GPS
LOP	Line of Postion
LORAN	Long Range Navigation
m	meter
M&C	Monitoring and Control
MDGPS	Maritime Differential GPS service
MHz	Megahertz
MLS	Microwave Landing System
mm	millimeter
MOU	Memorandum of Understanding
MRS	Monitoring & Ranging Station
MS	Monitor Stations
ms	millisecond
MSL	Mean Sea Level
NAD	North American Datum
NAG	Naval Astronautics Group
NASA	National Aeronautics and Space Administration (USA)
NATO	North Atlantic Treaty Organization
NAVD	North American Vertical Datum

전자항법과 GPS: 전자 · 위성항법의 이론과 실무

NAVSTAR	Navigation System with Time and Ranging
NAVWAR	Navigation Warfare
NDB	Non-directional radio beacon
NDGPS	Nationwide Differential Global Positioning Service
NDPGS	Nationwide Differential GPS
NELS	North-west European Loran-C System
NIMA	National Imagery and Mapping Agency
NIS	Navigation Information Service
nm	Nautical mile. Equal to 1.852 meters.
NM	Notice to Mariners
nm	nautical mile
NMEA 0183	National Marine Electronics Association의 위원회 번호
nmi	Nautical mile. (1.852 m.)
NNSS	Navy Navigation Satellite System (Transit)
NOAA	National Oceanic& Atmospheric Administration, USA
ns	nanosecond
OTF	On-the-Fly
OTH	Over The Horizon
OTHF	Over The Horizon Targeting
P-code	Precision Code, Pseudorandom Tracking Code, Precise Code.
PDOP	Position Dilution Of Precision
PM	Phase Modulate
PNT	Positioning, Navigation, and Timming
POS/NAV	Positioning and Navigation
PPM	Pulse Per Minute
PPS	Precision Positioning Services
PPS	Pulse Per Second
PR	Pseudo Ranges

PRC	Pseudo Range Correction
PRN	Pseudo-Random Noise
PVT	Position, Velocity, and Time
PZ-90	Geometrical reference system used by GLONASS
QZSS	Quasi Zenith Satelite System
RACON	Radar Transponder Beacon
RAIM	Receiver Autonomous Integrity Monitoring
RAM	Random Access Memory
RBN	Radiobeacon
RCVR	Receiver
RDF	Radio Direction Finder
RF	Radio Frequency
RFI	RF Interference
RINEX	Receiver Independent Exchange
rms, RMS	Root Mean Square
RNSS	Regional Navigation Satellite System (India)
RNSS	Radionavigation Satellite Service
RSS	Root Sum Square
RTCA	Radio Technical Commission for Aeronautics
RTCA	Requirements and Technical Concepts for Aviation
RTCM	Radio Technical Commission for Maritime Services
RTCM (/A)	Radio Technical Committee Maritime (/Aviation) Services
RTK	Real-Time Kinematic
S/A, SA	Selective Availability
S-52 IHO	SpecialPublication52,titled "SpecificationsforchartcontentanddisplayaspectsfoECDIS"
S-57 IHO	SpecialPublication57,IHOTransferStandardforDigital Hydrographicdata(objectcatalogue,datamodel,transferformat)

SAIM	Satellite Autonomous Intergrity Monitoring
SAR	Search and Rescue
SARSAT	Search and Rescue Aided Tracking
SATCOM	Satellite Communication
SATNAV	Satellite-Based Augmentation System
SBAS	Space-Based Augmentation System
sec	second
SEP	Spherical Error Probable
SNR	Signal-to-Noise Ratio
SOLAS	Intenational Convention for the Safety of Life at Sea, IMO
SPS	Standard Positioning Service
STCW	InternationalConventiononStandardsof Training, CertificationandWatchkeeping, IMO
STDMA	Self-Organized Time Division Multiple Access
SV	Space Vehicle
TACAN UHF	Tatical Air Navigation Aid
TD	Time Difference
TDM	Time Division Multiplexed
TDMA	Time Division Multiple Access
TDOP	Time Dilution of Precision
TOA	Time of Arrival
UDRE	User Differential Range Error
UE	User Equipment
UEE	UE Error
UERE	User Equivalent Range Error
UHF	Ultra High Frequency
URE	User Range Error
USCG	United States Coast Guard

USN	United States Navy
UT	Universal Time
UTC	Universal Time Coordinated
UTC (SU)	Universal Time Coordinated (Soviet Union)
UTC (USNO)	Universal Time Coordinated (U.S. Naval Observatory)
VDB	VHF Data Broadcast
VDL	VHF Data Link
VDOP	Vertical Dilution of Precision
VDR	Voyage Data Recorder
VLBI	Very Long Baseline Interferometry
VOR	Very High Frequency (VHF) Omnidirectional Range
VTS	Vessel Traffic Services
WAAS	Wide Area Augmentation System
WADGLONASS	Wide Area DGLONASS
WADGNSS	Wida Area DGNSS
WADGPS	Wide Area DGPS
WGS	World Geodetic System
WGS-84	World Geodetic System 1984
Y-Code	The encrypted P-code

참고문헌

고광섭(1982), 무선공학 특론, 한국해양대학원, 강의자료 및 노트.

_____(1982), 전파항법특론, 대학원 연구노트.

_____(1982), 항법특론 및 수로측량, 한국해양대학교 대학원, 대학원 강의자료 및 노트.

_____(1983), GPS에 있어서의 의사잡음위상변조 통신방식에 대한 연구, 석사학위논문, 한국해양대학.

_____(1993), QL-303 Loran-C 신호 시뮬레이터를 이용한 합동방식 Loran-C체인 설계에 대한 기초연구, 해양논총, 11호.

_____(1999), 인공위성 항법시스템 GNSS(GPS + GLONASS)의 좌표 변환과 위치 편위에 대한 연구, 해양연구논총, 제27집.

_____(2002), 통합형 NDGPS 구축을 위한 RBN/DGPS전파특성 및 실측분석, 해양연구논총, 29집.

_____(2010), GNSS 구축 환경변화와 현대무기체계에의 항법기술 사용전략, 한국해양정보통신학회논문지, 제14권 1호.

_____(2015), 실험 및 통계적 분석을 통한 L1, C/A코드 GPS의 항법 파라미터연구, 한국정보통신학회논문지 제19권 8호.

_____(2017), GALILEO 측정실험, 연구노트, 9월.

_____(2017), 현대 전자항법, 젊은느티나무.

고광섭·심재관 외 2, 설계 유호범위 이상에서의 RBN/NDGPS 정밀도 및 신뢰성에 관한 연구(한국 남해안에서의 DGPS 정밀도 분석(일본 DGPS 기준국을 중심으로)).

고광섭·심재관·최창묵·정세모(2000), 설계 유효범위 이상에서의 RBN/DGPS 정밀도 및 신뢰성에 관한 연구, 항해학회지 24권 3호, pp. 157-165.

고광섭·이형욱·정세모(1998), 한국동해안에서의 MARINE RADIOBEACON/DGPS 정밀도 분석에 관한 연구, 한국항해학회논문집, 제22권 제1호.

고광섭·임정빈·임봉택(1995), 측지계 변환에 따른 해양 안전에 관한 연구, 해양안전학회지 제1권 2호, pp. 39-51.

고광섭·정세모·이형욱·홍성래(1997), 한국의 DGPS/Marine Radiobeacon망 구축 및 위치 정확도 분석,

'97 GPS Workshop 논문집, pp. 564-570.

고광섭 · 최창묵(2010), Mathematic Algorithms for Two-Dimensional Positioning Based on GPS Pseudorange Technique, 한국항해항만학회지, vol. 8, no. 5.

고광섭 · 홍성래 · 정세모(1998), OPTIMAL 및 SUBOPTIMAL 기준점을 사용한 DGPS 설계 및 성능평가, 한국해양정보통신학회논문지, 제2권 3호.

고광섭 외 2(2003), 복잡한 해역에서의 위성항법장치의 효과적인 활용에 관한 연구, 해양연구논총, 제31집.

국토해양부(2008), Enhanced Loran 도입을 위한 기획 연구, 한국해양대학교 산학협력단.

권태환 역(1992), 전자전 102(*A Second Course in Electronic Warfare, David L. Adamy*), 국방대학원.

김기성(1992), 측지학 개요, 기공사.

김영해 역(1993), 레이더 기술, 기전연구사.

류근관(2010), 통계학, 법문사.

박양기 · 박성기, 지문항해(1984), 연경문화사.

선박설비기준(해양수산부고시 제2016-121호, 2016년 9월 6일 일부개정)

선박안전법(법률 제17028호, 2020년 2월 18일 일부개정)

신철호 · 김우숙(2001), 전자항해학, 효성출판사.

유용남 편저(1995), 최신 무선공학, 우신.

이영철 외 1 역(1986), 전자전의 원리(*Principle of Electronic Warfare*), 해군사관학교.

이은방 · 이윤석 · 박영수 · 김종성, 전파전자항해학, 상학당, 2014.

이회재 · 고광섭 · 정세모(2000), 극동 아시아에 있어서의 DGPS 기준국들의 COVERAGE 예측에 관한연구, 한국항해학회논문지 제24권 5호.

이훈영(2003), 기초통계학, 청람.

이희용(2004), 전자해도 데이터의 표준 및 전자해도, 2004 시스템 성능사양, 월간해기 2004년 4월호, pp. 18-26.

정세모 · 고광섭(1982), GPS에 있어서의 의사잡음위상변조 통신방식에 대한 연구, 한국항해학회 제6권 2호.

정세모(1986), 전파항법, 아성출판사.

_____(1987), 전파항법 및 전파수로측량, 아성출판사.

정한길(1995), WGS-84 지도 좌표체계 소개, 교육 발전지, 해군 교육사령부, 4월호, pp. 118-130.

조익순 · 김대해(2015), 항해사를 위한 ECDIS 기초, KeNit PRESS.

최창묵 · 고광섭(2017), 2017 한국정보통신학회 추계 학술대회,21권 1호, 동의대학교.

_____(2011), 위성항법통합시스템을 이용한 DOP향상에 관한 연구,한국해양정보통신학회논문지, 제15권 9호.

한국선급(2016), 해상인명안전협약(SOLAS) 2016 통합본.

한국해양수산연수원(2014), ECDIS 교육.

해군본부(1989), 해양공학개론.

_____(1992), 전천후 최신 위성항법.

_____(2007), 소나의 원리와 실무응용.

_____(2008), 해군무기체계 발전현황.

해군사관학교(1986), 연안항법.

_____(1981), 전파통신 시스템 및 레이더 운용, 학습지침서.

해양수산부, 전파표지.

EU 차세대 갈릴레오 프로젝트 참여방안 연구/ 국회도서관.

A. H. Phillips, Geometrical Determination of PDOP(1984-85), Journal of Navigation, vol. 31, no. 4, pp. 329-333.

A. J. VAN DIERENDONCK, S.S. RUSSEL(1978), The GPS Navigation Message, Navigation, Vol. 25, No. 2, pp. 147-148.

Ahmed El-Rabbany(2002), Introduction to GPS, Artech House, pp. 69-90.

Akio Yosuda, Hiromune Nauie, Takahiro Yamada and Takuya Takahashi(1996), DGPS Correction Data Broadcasting in Japan bt MF Marine Radiobeacon and Evaluation of the Positioning Accuracy, Proceedings of ION GPS-96, pp. 385-392.

Anon.(1992), Data Standard for Differential GPS Corrections, Radio Technical Commission Maritime, Special Committee 104.

B. Hofmann-Wellenhof, H. Lichtenegger, J. Collins(1993), Global Positioning System, Springer-Verlag Wein New York.

B. Hofmann-Wellenof, K. Legat, M. Wieser(2003), Navigation Principle of Positioning and Guidance, New York: Springer Wien.

B. W. Parkinson, J. J. Spilker Jr.(1996), Global Positioning System: Theory and Applications Volume Ⅰ, Washington DC: AIAA.

Börje Forssel(1991), Radio Navigation Systems, Prentice Hall.

China National Space Administration(2010), The construction of BeiDou navigation system steps into important stage, Three Steps development guideline clear and certain.

China Satellite Navigation Office(2013), Report on the Development of BeiDou(COMPASS) Navigation Satellite System, Version 2.2.

China Satellite Navigation Office(2013), The BDS Service Area(partial enlarged detail), BeiDou Navigation Satellite System Open Service Performance Standard version 1.0, BDS-OS-PS-1.0 .

David W.(1987), Guid to GPS Positioning, Canadian GPS Associates, New Brunswick, Canada.

Defence Mapping Agency(1993), MADTRAN(Mapping Datum Transformation), Ed. No. 004.

DMA Technical Report(1991), DEPARTMENT OF DEFFENSE WORLD GEODETIC SYSTEM 1984, DMA TR 8350.2. second Ed.

DOD, DOS and DOH(2012), 2012 Fedral Navigation Plan.

DOT, DoD, DHS(2012), 2012 Fedral Radionavigation Plan, US DOT, DOT & DHS.

_____(2014), 2014 Fedral Radionavigation Plan, US DOT, DOT & DHS, Augmentations to GPS.

E. D. Kaplan, C. J. Hegarty(2006), Understanding GPS Principles and Applications, MA: Artec House.

E. D. Kaplan(1996), Understand GPS Principles and Application, Artech House Boston London.

Forssell B.(1991), Radionavigation systems, Prentice Hall, New York.

FURUNO Electric Co.,Ltd.(2021), Electronic Chart Display and Information System(ECDIS) FMD-3200/3300 Operator's Manual.

G. Rutkowski, ECDIS Limitations, Data Reliability(2018), Alarm Management and Safety Settings Recommended for Passage Planning and Route Monitoring on VLCC Tankers, The International Journal on Marine Navigation and Safety of Sea Transportation, DOI:10.12716/1001.12.03.06, 2018.

Garner HD(1993), The mechanism of China's south-pointing carriage, Navigation, 40(1), pp. 9-17.

Gonin IM, Dowd MK(1994), At-sea evaluation of ECDIS, Navigation, 41(4), pp. 435-449.

GPS World(2008), "Galileo, Compass on collision course," GPS World, 19(4), p. 27.

Greenspan RL(1995), Inertial navigation technology from 1970-1995, Navigation, 42(1), pp. 165-185.

Higekazu Shibuya et al.(1984), A BASIC ATLAS Of RADIO-WAVE PROPAGATION, JOHN WILEY & SONS, New York, pp. 36-40.

ILA(2007), Enhanced(eLoran) Definition Document, RPT Ver: 1.0.

Jan Van Sickle(2001), GPS for Land Surveyors, CRC PRESS, London.

Japan Radio Co. Ltd.(2021), JAN-7201/9201 ECDIS Instruction Manual.

JAXA(2014), Quasi-Zenith Satellite System Navigation Service IS-QZSS V1.5, Japan Aerospace Exploration Agency.

Jay A. Farrel & Matthew Barth(2002), The Global Positioning System & Inertial Navigation, McGraw-Hill.

K.S. Ko, C.M. Choi(2015), "A Study on Navigation Signal Characteristics of China Beidou Satellite Navigation System," Journal of the Korea Institute of Information and Communication Engineering, 19(8), pp. 1951-1958.

K.S. Ko, C.M. Choi(2016), "Performance Analysis of Integrated GNSS with and QZSS," Journal of the Korea Institute of Information and Communication Engineering, 20(5), pp. 1031-1039.

K.S. Ko, C.M. Choi(2017), "An Analysis of the Navigation Parameters of Japanese DGNSS-MSAS," Journal of the Korea Institute of Information and Communication Engineering, 21(8).

Kachmar PM, Wood LJ, Space navigation applications, Navigation, 42(1), 1995, pp.187-234.

Kalafus, R. M.(1986), Van Dierendonck, A. J., and Pealer, N. A., Special Committee 104 Recommendations for Differential GPS Service, Navigation, 33(1).

Kim, K. S.(2015), The Development Trend of the GNSS and BeiDou Satellite Navigation System, Thesis of the Dept. of Navigation in Korea Maritime University.

Ko, K. S.(2010), Circumstance Change of GNSS & Application Strategy of Navigation Technology for Modern Weapon System, The Journal of the Korea Institute of Information & Communication Engineering, 14(1), pp. 267-275.

_____(2016), Investigation on Availability of MSAS Signal around Korean Peninsula, Journl Of Korea

Institute of Information and Communication Engineering, Proceeding, Busan, Korea.

Koji Terada(JAXA)(2011), "Current Status of Quasi-Zenith Satellite System(QZSS)," the Munich Navigation Congress.

Kongsberg, Principle of Dynamic Position.

Kwangsoob Ko, Semo Chung(1997), The Status of DGNSS & Experimental Test of DGPS in Korea, Proceedings of KIN-CIN Joint Symposium '97, pp. 71-86.

Ministry of Defence(1987), Admiralty Manual of Navigation Vol. 1 Revised Naval Warfare, London, pp. 1-7.

N. B. HEHESATU(1978), Performance Enhancements of GPS User Equipment, Navigation, 25(2), pp. 195-198.

PETER C. ouid and ROBERT(1981), Vanwechel, all Digital GPS Receiver Mechanization, 28(3), pp. 178-183.

Principle of Naval Weapon System(2006), the Unaited States Naval Institute, Electromagnetic Fundamentals.

RALPH T. COMTON(1978), An Adaptive Array in a Spectrum Communication System, Proceeding of the IEEE, 66(33).

Richard R. Hobbs(1981), Marine Navigation 2th Edition.

_____(1998), Marine Navigation 4th Edition, Naval Institute Press Annapolis, Maryland.

Robert Lily et al.(2006), GPS Back up for Position, Navigation and Timing Transition Strategy for Navigation and Surveillance, Aviation Management Associates, INC.

S. Bian, J. Jin, Z. Fang(2005), The BeiDou Satellite Positioning Systems and It's Positioning Accuracy, J. of the Institute of Navigation, 52(3).

S.S. RUSSEL and N. SCHABLY(1978), Control Segment and User Performance, Navigation, 25(2), pp. 166-169.

Sally Basker, eNavigation & eLoran, GLA, June, 2006.

Shuji Nishi(1980), NAVSTAR/GPSの紹介 日本航海學會誌, 62號, pp. 9-19.

Spilker JJ(1996), GPS signal structure and theoretical performance. In: Parkinson BW, spilker JJ (eds): Global Positioning System: theory and applications, vol 1. American Institute of Aeronautics and Astronautics, Washington D. C., pp. 57-119.

Tetley L, Calcutt D(1995), Electronic aids to navigation: position fixing, Arnold, London.

Thomas J. Cutier(2004), Dutton's Nautical Navigation, 15th Edition, Naval Institute Press Annapolis, Maryland.

U-BLOX(2014), EVK-7/EVK-M8 Evaluation Kits User Guide.

Van Sickle, J.(2001), GPS for Land Surveyors CRC Press, London.

W. Parkinson and J. J. Spilker Jr.(1996), Global Positioning System: Theory and Applications Volumel, Washington, American Institute of Aeronautics and Astronautics, Inc.,

WAYNE F. BRADY and PAUL S. JORGNESEN(1981), Wordwide coverage of the Phase NAVSTAR, NAVICATION, 28(3), pp. 167-174.

Wikipedia(2013), BeiDou Navigation Satellite System.

Williams JED(1981), From sails to satellites, Oxford University, Oxford.

Williams Cramp Curtis(2004), Experimental study of the radar cross section of maritime targets, Electronic Circuits and Systems, 2(4), July 1978, amended by I. Harre.

Hofmann AJ, Wolfe P(1985), The traveling salesman problem: a guided tour of combinatorial optimization, Wiley, Chichester.

Bankok Post News, Thailand to use China's GPS System, 2013.4.4. Available: http://www. bankokpost.com.

BBC Technology News, China's Beidou GPS-substitute opens to public in Asia, 2012.12.27. Available: http://www. bbc.co.uk/ news/technology.

eidou Navigation Satellite System Website. Available: http://www.beidou.gov.cn.

China Daily, China to invest big to support BeiDou System, 2013.5.18. Available: http://usa. chinadaily.com.

GALILEO Website. Available: http://www.ec.europa.eu/ galileo.

GLONASS Website, Available: http://www.glonass-center.ru.

GPS Website. Available: http://www.gps.gov.

http://alexnld.com/product/helical-antenna

http://openems.de/forum/viewtopic.php

http://www.ahsystems.com/catalog/monopole-antennas.php

http://www.antenna.com.tw/L2Whip.html

http://www.globalsecurity.org/military/world/stealth-aircraft-rcs.htm

http://www.keyword-suggestions.com

http://www.mar-it.de/Radar/RCS/Ship_RCS_Table.pdf

http://www.sameercal.org/micro_millimeter.html

http://www.ursanav.com/solutions/technology/eloran/

http://www.wow.com/wiki/VLF

https://en.wikipedia.org/wiki/Global_Positioning_System

https://www.admiralty.co.uk

https://www.chartkorea.com

https://www.css-timemachines.com/product/18db-gps-patch-antenna/

https://www.jrc.co.jp

https://www.khoa.go.kr

https://www.pinterest.co.kr/shigeruyoshino5/loop-antenna

http://www.rfcafe.com

https://www.samyoungenc.com

Ifland P, The History of the sextant, 2002, Available at http://pwifland.tripod.com/historysextant.

International GNSS Service Website [Internet]. Available: http://mgex.igs.org/IGS_MGEX_Status_ SBAS.htm.

JAXA. QZSS Project Team., "Current Status of Quasi-Zenith Satellite System," #4 International Committee on GNSS, Saint-Petersburg, Russian Federation, Sep. 2009. Available: http://www. unoosa.org/pdf/icg/2009/icg-4/05-1.pdf.

Levin Dan, Chinese square off with Europe in space, The New York Times, 2009.3.23. Available: http://www.nytimes.com.

Mitsubishi Heavy Industries, Ltd. & JAXA, Launch Result of the First Quasi-Zenith Satellite 'MICHIBIKI' by H-IIA Launch Vehicle No. 18, 2010. Available: http://global.jaxa.jp/press/2010/09/ 20100911_h2af18_e.html.

Navipedia Website, "QZSS". Available: http://www.navipedia.net /index.php/QZSS.

Official U.S. Government information about GPS Website, Augmentation Systems. [Internet] Available: http://www.gps.gov /systems/augmentations/08-1.pdf.

_____. Government information about GPS Website, FAA Global Navigation Satellite System Wide Area Augmentation System (WAAS). [Internet]. Available: http://www.gps.gov/multimedia/ presentations/2011/09/ICG/.

People Daily News, China's BeiDou system to cover Thailand, 2013.11.2. Available: http://en.people. cn.

QZSS Website. Available: http://qzss.go.jp/en/.

ROK Ministry of Oceans and Fisheries Website [Internet]. Available: http://www.nmpnt.go.kr/html/kr/ dgnss.

Satoshi Kogure, "QZSS (Quasi-Zenith Satellite System) Update," ICG Expert Meeting on Global Navigation Satellite, 2008. Available: http://www.unoosa.org/pdf/icg/ 2008/expert/2-4b.pdf.

Spaceflight Now News, Chinese navigatin system enters new phase with successful launch, 2015.3.30. Available: http://www.spaceflight.com.

Stephen Clark, "Japan to build fleet of navigation satellites," Spaceflight Now, April 4, 2013. Available: http://www. spaceflightnow. com/news/n1304/04qzss/.

USCG Website [Internet]. Available: http://www.navcen.uscg.gov.

Wikipedia Website, "QZSS". Available: https://en.wikipedia. org /wiki/Quasi-Zenith_Satellite_System.

찾아보기

123

저자

고광섭
해군사관학교 졸업

한국해양대학교 대학원 항해학과 졸업(공학석사)

미국 Clarkson대 대학원 전자공학과 졸업(공학박사)

현 국립목포해양대학교 해군사관학부 교수, 해군사관학교 명예교수

주요 연구분야: 전자항법, 인공위성항법, 이순신해전

최창묵
해군사관학교 졸업

군사과학대학원 졸업 해양공학과 졸업 (공학석사)

한국해양대학원 전파공학과 졸업(공학박사)

현 해군사관학교 항해학과 교수

주요 연구분야: 전자항법, 위성항법, EMC 대책

김득봉
목포해양대학교 해상운송시스템학과 졸업

목포해양대학교 대학원 해상운송시스템학과 졸업(공학석사)

한국해양대학교 대학원 항해학과 졸업(공학박사)

현 국립목포해양대학교 항해정보학부 교수

주요 연구분야: 해상교통, 해상교통안전진단

이홍훈
목포해양대학교 해상운송시스템학부 졸업

목포대학교 대학원 선박해양공학과 졸업(공학석사)

목포해양대학교 대학원 해상운송시스템학과 졸업(공학박사)

현 국립목포해양대학교 항해학부 교수

주요 연구분야: 해양안전, 항만설계

오성원
해군사관학교 졸업

연세대학교 전기공학과 졸업(공학석사)

포항공대 대학원 정보통신학과 졸업(공학석사)

미국 Texas A&M 대학원 전기공학과 졸업(공학박사)

현 국립목포해양대학교 해군사관학부 교수

주요 연구분야: 안테나, 신무기체계